선형방법론

구자용
박관영
신재경
정재환
지음

자유아카데미

차 례

부록 141

들어가는 말

관심 대상 변수인 반응변수와 유한개의 예측변수들 사이의 관계를 규명하는 회귀분석 방법론은 통계학의 핵심 연구 주제이며 자연과학, 공학, 사회과학 제반 분야에서 널리 활용된다. 반응변수와 예측변수 사이 함수적 관계를 정의하는 회귀함수를 정확하게 추정하면 데이터에 기반하여 현상을 이해하고 나아가 새로운 데이터에 대해 반응변수의 값을 예측할 수 있다. 회귀함수가 예측변수들 혹은 예측변수들의 변환을 통해 생성한 파생변수들의 선형결합으로 표현된다고 가정하는 모형을 선형모형이라 한다. 선형모형은 통계 분석에서 빈번하게 사용하는 선형회귀분석, 분산분석 등 다수의 방법론을 포괄적으로 설명할 수 있는 모형으로 그 구조가 간편하여 회귀분석 이론의 핵심이 된다.

그런데 변수들 사이에 함수적 관계가 복잡한 경우 선형모형의 가정이 온전히 성립하기 어렵다. 이 경우 모형 설정의 오류를 피하고 복잡한 현상을 설명할 수 있는 유연한 추정 방법을 개발할 필요가 있다. 이 책에서는 복잡한 함수적 관계를 추정하기 위한 선형방법론을 소개하고자 한다. 선형방법론의 요체는 입력변수들을 변환하여 복잡도가 높은 함수공간의 기저함수를 생성하고 기저함수의 선형결합을 통해 회귀함수를 추정하는 것이다. 선형방법론의 기초가 되는 선형모형의 핵심 이론을 학습한 후 선형방법론의 이론적 기초와 대표적인 선형방법론으로서 스플라인 방법론을 설명하고자 한다. 선형방법론에 기반한 추정 방법과 그 이론은 통계학습론 statistical learning theory 을 포함한 다양한 분야에 적용할 수 있을 것으로 기대한다. 끝으로, 출간 후 나올 수 있는 수정사항 등은 자유아카데미 홈페이지(www.freeaca.com) 자료실에 올릴 예정이니 참고하기를 바란다.

1

회귀 개념

이 장에서는 선형방법론의 핵심주제로서 회귀모형에 대한 기본사항을 살펴본다. 회귀모형이 무엇인지, 언제 선형회귀모형을 이용하는지, 선형방법론은 무엇을 의미하는지, 기저함수방법은 무엇인지 등을 개념위주로 설명하고자 한다.

1.1 회귀분석 목표

회귀는 한자로는 '回歸'로, 영어로는 'regression' 으로 쓰며 그 뜻은 '이전상태로 되돌아간다' 이다. 통계학에서는 평균으로 되돌아간다는 의미로 쓰이는데 이에 대해서는 추후 이론과 실데이터를 이용한 회귀분석 예제들을 통해 그 의미가 보다 명확해질 것이다.

분석자의 주된 관심사인 특성은 반응변수 response variable 라 하며 반응변수를 설명하는 데에 도움이 되는 것으로 보이는 특성들은 입력변수 input variable 라 한다. 입력변수는 예측변수 predictors, 설명변수 explanatory variable, 독립변수 등으로 부르며 반응변수는 출력변수 output variable, 종속변수 등으로 부르기도 하는데 독립변수와 종속변수라는 용어는 혼동을 줄 수 있어 이 책에서는 사용하지 않기로 한다.

회귀분석은 반응변수와 입력변수들 사이의 입출력관계를 모형화하는 방법으로 이해할 수 있는데 입출력관계를 모형화하는 것을 입출력모형화라 일컫는다. 입출력모형화의 목표는 입력변수들 $X_1, \ldots, X_M$ 을

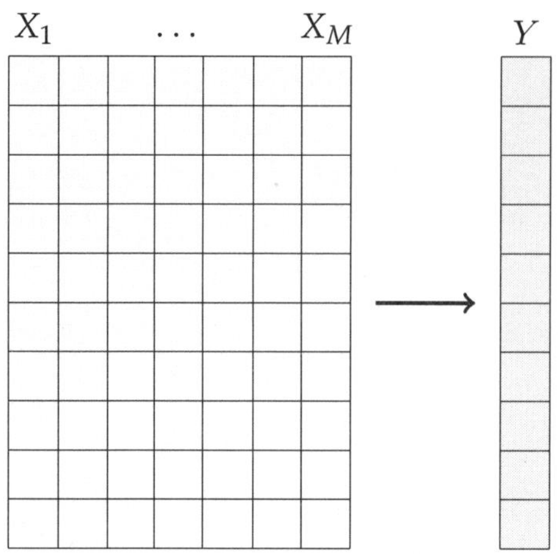

그림 1.1: 입출력모형화 도식화 그림이다. 입력변수들 $X_1, \ldots, X_M$ 을 이용하여 반응변수 Y를 설명하는 것이 입출력관계 모형화 목표이다. 이를 위해서 데이터를 수집하게 되는데 입력변수들에 대한 데이터는 행렬로, 반응변수에 대한 데이터는 벡터로 정리한다.

이용하여 반응변수 Y 를 설명 또는 예측하는 것이다. 여기서 '설명'은 M 차원 입력 $\boldsymbol{X} = (X_1, \ldots, X_M)$ 과 반응변수 Y 사이의 특정 의존관계 dependence structure를 제시하는 것이다.

입력은 '입력변수들로 구성된 벡터' 의 약어이다.

그림 1.1 은 입출력모형화를 도식화한 것이다. 입출력모형화를 위해서 데이터를 수집하게 되는데 입력변수들에 대한 데이터는 행렬로, 반응변수에 대한 데이터는 벡터로 표현하면 입출력관계 모형화를 보다 명확히 이해할 수 있다. 그림 1.1 에서 X_j 밑에 있는 직사각형 하나는 입력변수 X_j 의 관측값을 도식화한 것이며 Y 밑에 있는 직사각형 역시 반응변수의 관측값을 도식화한 것이다.

다양한 입출력관계 모형화 방법 중에서 기본이 되는 것이 회귀모형인데 회귀모형은 반응변수 Y 의 평균과 입력 $\boldsymbol{X}$ 의 의존관계에 대한 통계모형이다. 이 의존관계는 회귀함수로 규정하며 통계이론상 회귀함수는 입력변수가 주어졌을 때 반응변수의 조건부평균함수로 정의된다. 회귀함수는 입출력관계를 모형화하는데 기본이 되므로 회귀함수에 대한 기본 정의를 이해하는 것이 요구된다.

표본 또는 데이터는 상대적으로 큰 모집단에서 뽑은 관측값들의 집합으로서 일반적으로는 숫자들로 이루어진다. 영상인식과 같은 분야에서 데이터는 영상이지만 통계 분석을 위해서는 숫자로 표현되어야 한다. 모집단은 관측값들의 집합으로 정의하기도 하지만 표본 또는 데이터 생성 시스템을 규정하는 모형으로도 이해할 수도 있다. 표본은 보통 모집단에 대하여 설명하고자 수집되는데 표본과 모집단은 개념상 다르며 그 차이를

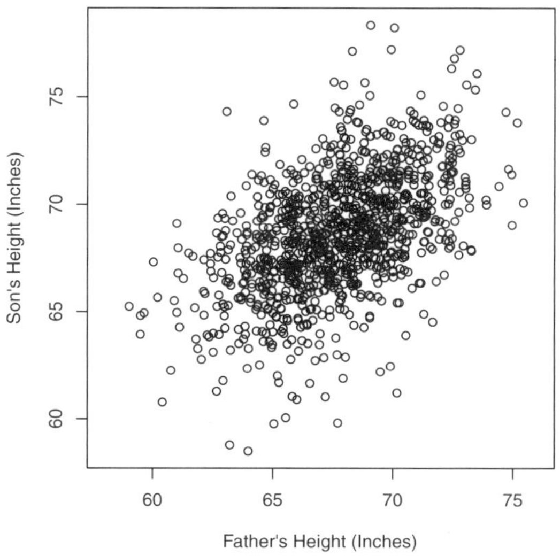

그림 1.2: 골턴 데이터에 대한 산점도. 총 1,078명의 부모들과 그들 자식들의 키를 측정하였으므로 데이터의 크기는 1,078가 되어 산점도에 그려진 점들의 수는 1,078이다. 데이터구름이 럭비공 모양이어서 이변량정규분포에 따른다고 할 수 있고 두 변수들 간에 양연관성이 있는 것으로 보인다.

구별하는 것이 중요하다.

표본 또는 데이터가 통계학에서 중심역할을 하고 있는 다변량정규분포에 따르면 회귀모형은 선형회귀모형이 되는데 선형회귀모형은 그 해석상 간편성으로 회귀분석에서 중심 역할을 하고 있는 회귀모형이다. 데이터가 다변량정규분포에 따르지 않는 경우에는 회귀함수를 추정하기 위해서는 다른 모형을 고려해야 한다. 이러한 상황에서 적용할 수 있는 방법론이 적절한 기저전개 basis expansion 에 의한 선형방법론 linear methodology 이다.

1.2 골턴 데이터

프랜시스 골턴 Francis Galton 은 가족구성원들간의 닮음을 이해하기 위하여 1,078명의 부모들과 그들 자식들이 성장했을 때의 키를 측정하였다 [Galton, 1886, Pearson and Lee, 1903]. 골턴 데이터에서 총 1,078명의 부모들과 그들 자식들의 키들은 표본이 되며 모든 부모들과 자식들의 키의 모임이 모집단이 된다.

두 변수들 간의 관계를 탐색하기 위해 산점도를 그리는데 그림 1.2 는 골턴 데이터에 대한 산점도이다. 이 그림으로 부모의 키와 자식의 키 사이의 관계를 개략적으로 파악할 수 있는데 부모의 키를 입력변수로 간주하여

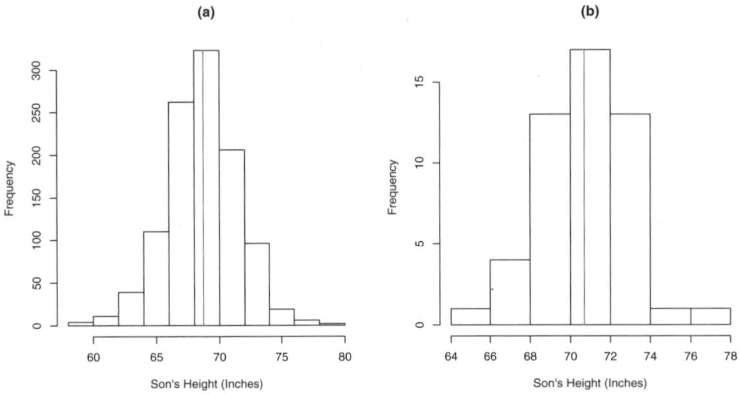

그림 1.3: 골턴 데이터에 대한 히스토그램. (a) 는 1,078 명의 자식들에 대한 히스토그램을 보여주며 표본평균 $\bar{y} = 68.7$ 은 붉은선으로 표시된다. (b) 는 부모의 키가 71.5 인치와 72.5 인치 사이인 그룹에 속하는 자식들의 키에 대한 히스토그램을 나타내는데 이 그룹에 속하는 자식들의 키의 평균 70.7 인치는 역시 붉은선으로 표시된다.

x축에 표현하고, 자식의 키는 반응변수로 y축에 표현한다. 총 1,078명의 부모들과 그들 자식들의 키를 측정하였으므로 데이터의 크기는 1,078이며 산점도에 그려진 점들의 수는 1,078이다. 그림 1.2 를 보고 발견할 수 있는 사실들은 데이터 모양이 럭비공 모양이어서 이변량 정규분포에 따른다고 할 수 있고 두 변수들간에 양의 연관성이 있는 것으로 보인다는 것이다.

데이터 시각화 외에도 데이터에 대한 정보를 추출하기 위한 작업으로서 숫자에 의한 요약을 들 수 있다. 기술통계학에서 요약통계량들은 주어진 관측값들을 가능하면 간단하게 정리하기 위하여 구하게 된다. 두 개의 변수에 대한 대표 요약통계량으로는 중심을 나타내는 표본평균, 퍼짐을 나타내는 표본표준편차, 두 변수의 연관성의 강도와 방향성을 보여주는 표본상관계수 등이 있다. 입력변수인 부모의 키 X와 반응변수 자식의 키 Y에 대한 요약통계량은

$$\bar{x} = 67.69, \quad \bar{y} = 68.68, \quad sd_x = 2.74, \quad sd_y = 2.81, \quad cor_{xy} = 0.5.$$

여기서 $\bar{x}$ 와 $\bar{y}$ 들은 표본평균을, sd_x, sd_y 들은 표본표준편차를, $cor(x, y)$ 은 표본상관계수를 나타낸다. 그림 1.3 (a) 는 1078명 자식들의 키에 대한 히스토그램을 나타내는데 붉은선은 평균 $\bar{y} = 68.7$ 인치를 표시한다. 임의로 뽑은 자식의 키를 예측하는 문제에서 추가적으로 이용할 정보가 없다면 자식의 키를 $\bar{y} = 68.7$ 인치로 예측하는 것이 타당한 것으로 보인다.

부모의 키에 대한 정보가 있는 경우에는, 임의로 뽑은 자식의 키를

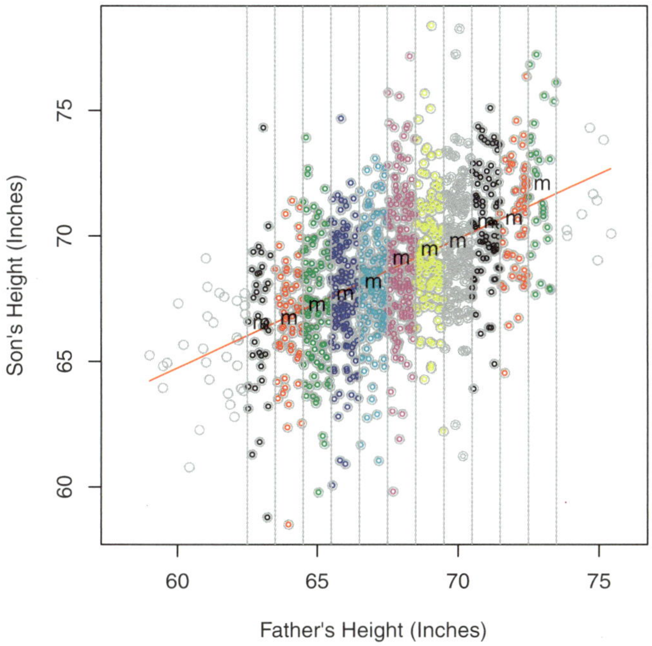

그림 1.4: 골턴 데이터에 대한 국소평균들과 최소제곱직선. 부모의 키에 따라 모집단을 부모의 키의 간격이 1이 되도록 그룹들로 나누고, 선들 사이로 정의되는 각 그룹에 속하는 자식들의 국소평균들은 m으로 표현된다. 또한 최소제곱직선 $y = 33.89 + 0.51x$ 은 붉은선으로 표현되는데 이들 국소평균들과 유사한 특성을 보여준다.

$\bar{y} = 68.7$ 인치로 짐작하는 것은 사용할 수 있는 정보를 충분히 사용하지 못한다는 문제점을 야기한다. 논점을 명확히 하기 위해 부모의 키가 71.5 인치와 72.5인치 사이인 그룹에 속하는 자식들 중에서 임의로 선택한 자식의 키를 짐작하는 문제를 고려해보자. 부모의 키가 71.5인치와 72.5인치 사이로 규정했으므로 모든 자식들의 집합이라는 모집단이 부모의 키가 71.5인치와 72.5인치 사이라는 조건에 맞는 자식들의 집합이라는 모집단으로 변했음을 알 수 있다. 이와 같이 부모의 키를 특정 구간으로 국한하는 것은 조건화로 이해할 수 있다. 즉, 조건화를 통하여 관심대상인 모집단이 부모의 키가 71.5인치와 72.5인치 사이인 자식들로 변하게 된다. 따라서 이러한 정보가 주어진 경우에는 부모의 키가 71.5인치와 72.5인치 사이인 자식들의 키의 평균인 70.7 인치로 임의로 선택한 자식의 키를 짐작하는 것이 타당하다 (그림 1.3 (b)).

그림 1.4 에서 m은 국소평균들을 나타내며 붉은선은 최소제곱직선을

나타낸다. 통계학 이론에 따르면 회귀는 입력변수들이 주어졌을 때 반응변수의 조건부평균으로 정의되는데 데이터가 이변량정규분포에 따르는 경우 회귀는 입력변수에 대해 직선관계가 된다. 그림 1.4 에 따르면 골턴 데이터 산점도의 형태가 럭비공 모양이므로 데이터가 이변량정규분포에 따른다고 생각할 수 있으며, 골턴 데이터에 대한 최소제곱직선이 조건부평균의 적합한 추정치인 국소평균들을 잘 근사하고 두 변수 간의 직선관계를 잘 설명하는 것으로 보여진다. 이러한 결과는 우연이 아니라, 데이터가 이변량정규분포에 따르면 회귀가 입력변수에 대해 직선이 된다는 통계이론에 부합된다.

1.3 회귀함수추정

과학 활동의 목표 중의 하나는 여러 가지 현상에 대한 공통의 원리를 찾아 주어진 현상을 설명해 내고, 유사한 경우나 미래에 대해 예측하는 데에 있다. 현대 과학의 많은 분야에서는 불충분하거나 불완전한 정보에 근거하여 랜덤한 요소가 포함되어 있는 현상에 대해 설명해야 할 경우가 많은데 여기에는 통계 방법이 필요하게 된다.

이 절에서는 입력과 반응변수의 의존관계를 설명하기 위한 회귀함수추정 문제를 정의한다. 간단한 분할표 예제를 통해 회귀함수가 뜻하는 바를 알아본 후 회귀함수추정을 위한 모형화 방식을 설명하고자 한다.

회귀함수추정

회귀함수추정 문제를 명확히 하기 위해 다음과 같은 기호를 이용하여 설명하고자 한다. M 차원 입력 $\boldsymbol{X}$ 가 택하는 입력값 $\boldsymbol{x} = (x_1, \ldots, x_M)$ 은 $\mathbb{R}^M$ 의 부분집합 $\mathcal{X}$ 에 속한다고 하는데 $\mathcal{X}$ 를 입력공간input space이라고 일컫는다. 주어진 입력변수 $\boldsymbol{X}$ 와 반응변수 Y 간의 특정 의존 구조를 알아내고자 하는 일련의 작업 중 하나가 데이터를 이용하여 조건부평균함수 $\mu(\boldsymbol{x}) = \mathsf{E}[Y|\boldsymbol{X} = \boldsymbol{x}]$ 로 정의되는 회귀함수 $\mu(\cdot)$ 를 추정하는 것이다. 여기서 회귀함수 $\mu(\cdot)$ 는 $\mathcal{X}$ 위 함수가 된다.

$\mathcal{X}$ 위 함수 또는 $\mathcal{X}$-함수는 정의구역이 $\mathcal{X}$ 인 함수를 말한다. 한편, '$\cdot$' 는 인자argument를 의미한다. μ가 숫자가 아니라 함수임을 강조하는 경우 $\mu(\cdot)$ 라는 기호를 사용하는데, 이는 함수값 $\mu(x)$ 와 달리 함수를 의미한다는 사실을 명시할 때 유용하다.

입력변수를 확률변수로 간주하는지 여부에 따라 회귀모형을 두 가지로 분류할 수 있다. 위와 같이 확률표본에서 입력변수들을 확률변수로 간주하는 경우에는 랜덤설계 회귀모형이라 하며 입력변수들이 고정된 상수라고 가정하는 경우는 고정설계 회귀모형이라고 한다. 고정설계 회귀함수추정

에서는 입력변수의 값이 $\boldsymbol{x}$ 일 때 회귀모형을

$$Y = \mu(\boldsymbol{x}) + \varepsilon$$

으로 표현하는데 오차 ε 는 기댓값이 0 인 확률변수이다. 향후 논의에서는 주로 고정설계 회귀함수추정문제를 고려하고자 하는데 이때 데이터는 $(\boldsymbol{x}_1, Y_1), \ldots, (\boldsymbol{x}_n, Y_n)$ 으로 표현한다.

분할표와 회귀함수

이차원분할표를 이용하여 회귀함수가 뜻하는 바를 알아보기로 한다. 표 1.1 은 전체 모집단 100명을 나이대와 수입에 따라 정리한 분할표이다.

수입(X)/나이대(Y)	30대	50대	합
4000만원	40	10	50
7000만원	5	45	50
합	45	55	100

표 1.1: 전체 모집단 100명을 나이대와 수입에 따라 정리한 표이다.

표 1.1 을 이용하여 수입(X) 와 나이대(Y) 의 결합밀도함수와 X 의 주변밀도함수를 계산할 수 있는데 이에 대한 결과가 표 1.2 에 주어진다. 예컨대 임의로 한 명을 추출할 때 30대이며 수입이 4000만원일 확률은 0.40이며 50대가 뽑힐 확률은 0.55이다.

$f_{XY}(x,y)$	30	50	합
4000	.40	.10	.50
7000	.05	.45	.50
합	.45	.55	1

x	30	50
$f_X(x)$	.45	.55

표 1.2: 왼쪽은 (X, Y) 의 결합분포를 나타내며 오른쪽은 X 의 주변분포를 보여준다.

그림 1.5 는 (X, Y) 의 결합분포를 도식화한 것으로서 각 원의 크기는 결합분포밀도함수의 값에 비례한다. m 은 회귀함수값을 나타내는데 다음과 같이 계산할 수 있다.

y	4000	7000
$f_{Y\|X}(y\|30)$	40/45	5/45
$f_{Y\|X}(y\|50)$	10/55	45/55

표 1.3: $X = 30$ 과 $X = 50$ 일 때 조건부밀도함수를 보여준다.

표 1.3 은 조건부밀도함수를 정의에 따라 계산한 결과이며 이를 이용하

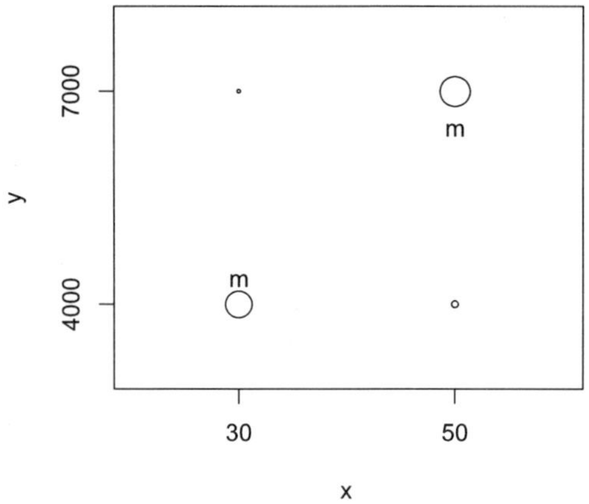

그림 1.5: 이차원 분할표의 결합분포를 도식화한 것으로서 각 원의 크기는 결합분포밀도함수 값에 비례한다. m은 회귀함수값을 나타낸다.

여 조건부평균함수를 공식에 따라 구하면

$$\mu(30) = \mathsf{E}[Y|X=30] = 4000 \times 40/45 + 7000 \times 5/45 \approx 4333$$
$$\mu(50) = \mathsf{E}[Y|X=50] = 4000 \times 10/55 + 7000 \times 45/55 \approx 6455$$

이므로 회귀함수는 표 1.4 와 같다.

x	30	50
$\mu(x)$	4333	6455

표 1.4: 회귀함수를 표로 보여준다.

y	4000	7000	합
명수	40	5	45
조건부분포	40/45	5/45	1

표 1.5: $X = 30$ 이라고 주어졌을 경우 Y 의 조건부분포 $f_{Y|X}(y|30)$을 표로 보여준다.

나이대가 $X = 30$ 이라고 주어졌다고 가정하면 30대라는 조건에 따라 새로운 모집단이 생성된다. 새롭게 생성된 모집단에 대한 분포는 표 1.5 와 같다. 새로운 모집단에서 수입의 평균은 $4000 \times 40/45 + 7000 \times 5/45$ 으로 계산되며 이는 위에서 계산한 $\mathsf{E}[Y|X=30] = 4333$ 와 일치한다.

모형화 방식

주어진 현상의 모형화 방식에는 유한 개의 모수로 모형을 설정하는 모수적 접근방식과 무한 개의 모수, 즉 함수로 모형화하는 함수추정 function estimation

접근방식이 있다. 따라서 통계 방법을 적용하는 방식도 모수적 방법과 함수추정방식으로 구별할 수 있다.

함수추정방식은 비모수적 추정 방식인데 이는 부호검정과 같은 분포 무관 방법과 같은 비모수적 추론과는 구별된다. 또한 비모수적 추정이라는 말에서 함수추정이 마치 모수가 없다는 뜻으로 오해할 수 있는데 함수추정에서는 모수의 개수가 무한히 많다는 뜻이지 없다는 뜻은 아니다. 예컨대, 회귀함수추정에서 모수는 회귀함수인데 회귀함수에 대한 별도의 가정이 없으면 회귀함수의 모든 값이 모수가 되므로 모수의 개수는 무한대이다. 이러한 특성으로 비모수적 방법이라는 말보다는 함수추정 또는 무한차원 추론이라는 용어가 더 정확한 표현이라고 보인다.

데이터가 다변량정규분포에 따르면 모수적 모형화가 가능한데 이에 대해 1.4 절에서 간략히 살펴보고자 한다. 데이터가 복잡한 경향성을 보이는 경우 유연한 모형화를 위해 함수추정방법을 적용하여야 한다. 함수추정방법의 필요성을 1.5 절의 예제를 통해 살펴보고 1.6 절에서 함수추정방법 중 하나인 선형방법론에 대해 알아보고자 한다.

1.4 다변량정규분포의 회귀함수

3 장에서 자세히 다룰 내용으로 데이터가 다변량정규분포에 따르는 경우 회귀함수는 $\boldsymbol{x}$ 의 아핀변환이다. 여기서, 상수 $\beta_0, \beta_1, \ldots, \beta_M$ 에 대한 아핀변환은 함수

$$\boldsymbol{x} \mapsto \beta_0 + \beta_1 x_1 + \cdots + \beta_M x_M$$

를 의미한다. 예컨대, $M = 1$ 인 경우 아핀변환은 x 를 $\beta_0 + \beta_1 x$ 에 대응시키는 함수로서 $x \mapsto \beta_0 + \beta_1 x$ 으로 표현하며, 이는 절편이 β_0이고 기울기가 β_1 인 직선을 나타낸다. 1.2 절의 골턴 데이터는 이변량정규분포를 따르므로 회귀함수가 직선의 형태로 나타날 것이라 짐작할 수 있다. 한편, $M = 2$ 인 경우에는 평면이 되므로 $M = 1, 2$ 인 경우를 일반화하여 아핀변환은 초평면을 규정한다. 이 사실은 다변량정규분포에 따르는 데이터에 대해서는 아핀변환으로 입력변수들과 반응변수 관계를 모형화하는 것에 대한 이론상 기초가 된다.

그림 1.6 은 평균벡터가 $\mu = (1, 2)$ 이고 공분산행렬이 $\boldsymbol{\Sigma} = \begin{bmatrix} 0.5 & 0 \\ 0 & 1 \end{bmatrix}$ 인 이변량정규분포 결합밀도함수의 겨냥도와 등고선도를 보여준다. 결

합밀도함수는 평균벡터 부근에서 큰 값을 가지며 평균벡터를 기준으로 퍼지며 값이 작아지는 것을 알 수 있다.

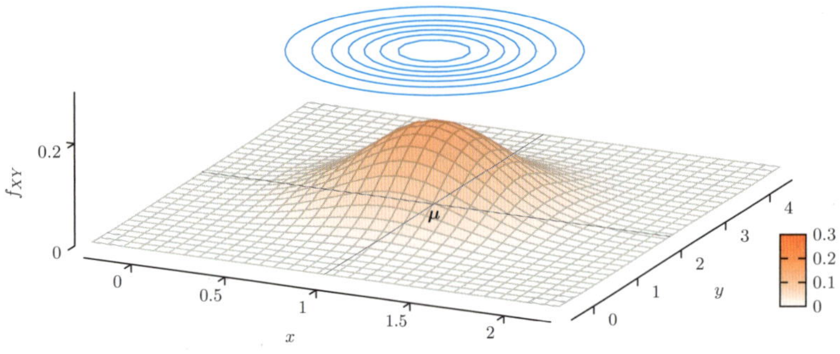

그림 1.6: 이변량정규분포 밀도함수를 겨냥도와 등고선도로 도식화한 그림이다. 평균벡터는 $\mu = (1,2)$ 인데 밀도함수가 점 $(1,2)$ 에서 그 최댓값을 가지며 평균 벡터에서 멀어지면 0으로 수렴함을 알 수 있다.

확률벡터 $(\boldsymbol{X}, Y)$ 가 평균벡터가 $\boldsymbol{\mu}$ 이고 공분산행렬이 $\boldsymbol{\Sigma}$ 인 다변량정규분포에 따른다고 가정하자. 이러한 가정 하에서 회귀함수는

$$\mu(\boldsymbol{x}) = \beta_0 + \beta_1 x_1 + \cdots + \beta_M x_M, \quad \boldsymbol{x} \in \mathbb{R}^M \tag{1.1}$$

이 되는데 이러한 형태의 회귀함수 $\mu(\cdot)$ 는 $\boldsymbol{x}$ 의 아핀변환이며 기하학 관점에서는 평면이다. 이러한 사실들은 3 장에서 증명된다.

1.5 오토바이 데이터

데이터가 이변량정규분포에 따르면 최소제곱직선으로 두 변수 간의 관계를 설명하는 것이 이론적으로나 실제적으로 타당한 접근방식이지만 데이터가 비정규성을 보인다면 직선에 의한 모형화는 한계점을 가진다.

오토바이 데이터는 오토바이 헬멧의 효용성을 실험하기 위해 오토바이 충돌 후 머리의 가속도를 측정한 모의실험 데이터이다. 입력변수로 충돌 후 시간, 반응변수로 머리의 가속도가 사용되었다. 오토바이 데이터에 대한 자세한 설명과 다른 분석결과는 Silverman [1985] 에 있다. 그림 1.7 은 오토바이 데이터에 대한 산점도를 보여준다. 데이터의 산점도가 럭비공 모양에서 많이 벗어나므로 데이터가 이변량정규분포에 따르지 않음을 알 수 있다. 정규분포에 따르지 않는 경우 반응변수와 입력변수들간의 관계를 직선으로 설명하는 것은 문제가 있을 수 있는데 본 데이터는 이러한 문제점을 극명하게 보여준다. 그림 1.7 에서 푸른 직선은 최소제곱직선을 나타내는데 두 변수 간의 관계를 제대로 설명해주지 못하는 것으로

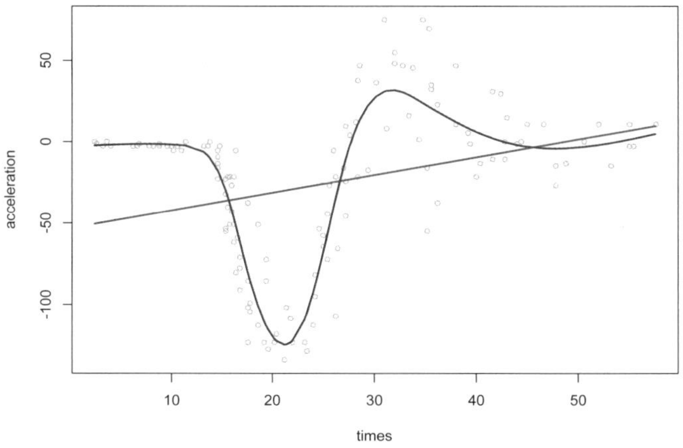

그림 1.7: 점들은 오토바이 데이터에 대한 산점도를 보여주고 파란 직선은 최소제곱 직선, 붉은 곡선은 자연스플라인을 이용한 적합을 나타낸다.

보인다.

두 변수 간의 관계를 직선으로 설명하는 것이 어려운 경우에는 곡선을 이용하여 설명하는 것이 타당할 수 있다. 그림 1.7 에서 붉은 곡선은 자연스플라인을 이용한 적합을 나타내는데 최소제곱직선보다 두 변수 간의 특징을 상대적으로 잘 표현하는 것으로 보여진다.

1.6 선형방법론의 요체

1.5 절에서 데이터가 다변량정규분포에 따르지 않는 경우 최소제곱직선을 통해 입력과 반응변수의 관계를 밝혀내는데 한계점이 있음을 확인하였다. 이 절에서는 이 한계점을 극복할 수 있는 함수추정방법 중 하나인 선형방법론의 기본개념을 살펴보고자 한다. 선형방법론은 통계학에서 가장 역사가 깊은 방법 중 하나로 그 자체로도 의미가 있지만 최신 통계기법들의 기본이 되는 경우가 있어 깊이 이해할 필요가 있다.

선형방법론의 요체는 입력 $\boldsymbol{X}$ 의 변환인 피쳐 feature 들은 입력변수의 비선형함수일 수 있지만 추정 대상함수를 이들 피쳐들의 선형결합으로 통계모형화 한다는 것이다. 예컨대 이차다항식들로 반응변수를 설명한다면 피쳐들은 $1, x, x^2$이 되어 입력변수 x 의 비선형함수이지만 이차다항식은 이 피쳐들의 선형결합이 된다. 이 책에서는 피쳐들로 구성된 집합을 특정 벡터공간 또는 선형공간의 부분공간으로 이해한다.

그림 1.8 은 선형방법론을 도식화한 그림이다. 입력변수들로 구성된 벡터 $\boldsymbol{X} \in \mathbb{R}^M$ 에 대한 함수, 즉 피쳐들 $g_1(\boldsymbol{X}), \ldots, g_p(\boldsymbol{X})$ 을 생성한 후 이들 피쳐들을 입력변수로 하여 반응변수 Y 의 평균을 이들 피쳐들의 선형결합으로 근사하여 모형화한다는 것이 선형방법론의 요체이다. 여기서 피쳐들의 개수 p 는 자유도, 차원, 복잡도 등으로 부르는데 이는 M 보다 작을 수 있고 보통 고정된 자연수이지만 경우에 따라서는 표본크기 n 에 따라 증가할 수 있다. 그림 1.8 에서 μ^* 는 피쳐들의 선형결합 중에서 회귀함수 μ 를 가장 잘 표현하는 최적근사를 나타낸다.

이 책에서는 선형방법론을 선형모형과 구분해서 설명하고 있다. 선형모형에서는 반응변수의 평균을 규정하는 함수들이 알려져 있으며 사전에 그 형태나 개수가 정해져 있다. 그런데, 선형방법론에서는 이러한 제약을 벗어나 다양한 형태의 함수들을 이용하여 반응변수의 평균을 모형화하고자 한다. 따라서 선형방법론은 선형모형의 일반화로 이해할 수 있으며 이를 통해 모형 설정의 오류를 피하고 복잡한 현상을 설명할 수 있는 유연한 추정 방법의 개발이 가능하다.

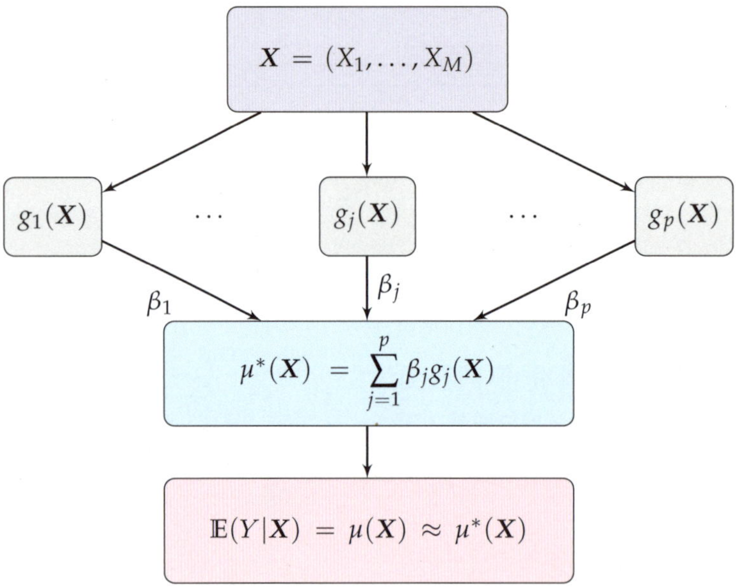

그림 1.8: 선형방법론을 도식화한 그림이다. 입력변수들로 이루어진 벡터 $\boldsymbol{X} \in \mathbb{R}^M$ 에 대한 함수, 즉 피쳐들 $g_1(\boldsymbol{X}), \ldots, g_p(\boldsymbol{X})$ 을 생성한 후 이들 피쳐들을 입력변수로 하여 반응변수 Y 의 회귀함수 $\mu(\cdot)$을 이들 피쳐들의 선형결합으로 근사하여 모형화한다는 것이 선형방법론의 요체이다.

선형방법론의 핵심 방법론 중 하나는 기저방법론[basis methodology] 인데 그 기본 생각은 피쳐들을 적절한 기저로 사용하는 것이다. 집합 $\{g_1, \ldots, g_p\}$ 을 특정 기저라 하고 그 생성을 $\mathcal{G} = \mathrm{Span}\{g_1, \ldots, g_p\}$ 라 하

자. 정의상 $\mathcal{G}$ 의 임의의 원소는 $g = \sum_{j=1}^{p} b_j g_j$ 형태로 표현되며 $\boldsymbol{x} \in \mathcal{X}$ 에 대한 함수값은 $g(\boldsymbol{x}) = \sum_{j=1}^{p} b_j g_j(\boldsymbol{x})$ 으로 계산한다. 함수 g 는 $\boldsymbol{x}$ 에 대해 비선형함수일 수도 있지만 계수 벡터 $b = (b_1, \ldots, b_p) \in \mathbb{R}^p$ 에 대해서는 선형이다. 물론 Y_i 의 기댓값이 $g(\boldsymbol{x}_i)$ 일 필요가 없으므로 통상적인 의미로 선형모형은 아니다.

함수들 집합에서 기저, 생성 등의 개념은 7장에 보다 자세히 설명되어 있다.

최제추정량 $\hat{\boldsymbol{\beta}}$ 은 잔차제곱합을 최소로 하는 벡터인데 이를 기호로 표현하면 다음과 같다.

'argmin' 은 B.1 절에 설명되어 있다.

$$\hat{\boldsymbol{\beta}} = \underset{\boldsymbol{b} \in \mathbb{R}^p}{\operatorname{argmin}} \sum_{i=1}^{n} \left(Y_i - \sum_{j=1}^{p} b_j g_j(\boldsymbol{x}_i) \right)^2$$

기저를 이용한 회귀함수추정량 $\hat{\mu}(\cdot)$ 을 기저추정량 basis estimator 이라 부르는데 최제추정량 $\hat{\boldsymbol{\beta}}$ 을 이용하여 표현하면

$$\hat{\mu}(\cdot) = \sum_{j=1}^{p} \hat{\beta}_j g_j = \hat{\beta}_1 g_1 + \cdots + \hat{\beta}_p g_p$$

이며 $\boldsymbol{x} \in \mathcal{X}$ 에 대한 기저추정량 $\hat{\mu}(\cdot)$ 의 값은

$$\hat{\mu}(x) = \sum_{j=1}^{p} \hat{\beta}_j g_j(x) = \hat{\beta}_1 g_1(x) + \cdots + \hat{\beta}_p g_p(x)$$

으로 계산한다.

선형방법론의 가장 간단한 예는 피쳐들을

$$g_1(\boldsymbol{X}) = 1,\ g_2(\boldsymbol{X}) = X_1,\ \ldots,\ g_p(\boldsymbol{X}) = X_M$$

로 이용하여 초평면을 적합하는 통상 선형회귀 방법이다. 다변량정규분포의 경우 식 (1.1) 과 같이 조건부평균함수가 입력변수에 대해 선형, 즉 초평면이 되므로 선형회귀 방법을 적용하는 것은 논리적으로 타당한 것으로 보인다. 하지만 회귀함수가 복잡한 형태를 가지는 경우 적절한 피쳐들을 이용한 선형방법론을 적용하여 입력과 반응변수의 관계를 도출해내는 것이 합리적일 것이다.

1.7 연습문제

1.1 골턴 데이터에 대해 다음 물음에 답하시오.

1. 그림 1.2 를 보고 골턴 데이터가 이변량정규분포에 따른다고 할 수 있는 근거를 서술하시오.
2. 그림 1.4 에서 m을 구하는 방법을 서술하시오.
3. 그림 1.4 에서 m 들이 직선과 차이가 적은 이유를 서술하시오.
4. 부모의 키가 64.5인치에서 65.5인치 사이라는 가정이 있을 경우 자식의 키를 예측하시오.

1.2 표 1.6 에 대해 다음 물음에 답하시오.

$f(x,y)$	$x = 30$	$x = 50$	합
$y = 4000$	.225	.275	.50
$y = 7000$	.225	.275	.50
합	.45	.55	1

표 1.6: (X, Y) 의 결합분포

1. Y 의 평균을 구하시오.
2. X 의 주변분포를 구하시오.
3. $X = 50$일 때 Y 의 조건부분포를 구하시오.
4. $X = 50$일 때 Y 의 회귀함수를 정의에 따라고 구하고, Y 의 평균과 비교하시오.
5. 4 번 문제의 답에 대한 일반 규칙을 설명하시오.

1.3 다음 물음에 간단히 답하시오.

1. 회귀는 반드시 입력변수들의 선형일 필요가 없는데 그 이유를 간략히 설명하시오.
2. 입력변수들의 아핀함수는 반응변수와의 관계를 설명하는데 매우 간단한 모형이다. 아핀함수를 고려해도 되는 상황을 설명하시오.

1.4 다음 물음에 간단히 답하시오.

1. 선형방법론의 기본 생각을 설명하시오.
2. 선형방법론 관점에서 최적 선형 예측기를 규정하시오.
3. 다변량정규분포의 경우 조건부평균함수이 최적 선형 예측기가 됨을 설명하시오.

2

유클리드 최제문제

이 장에서는 주어진 벡터 $\boldsymbol{y}$ 와 행렬 G 에 대해 $\boldsymbol{y}$ 와 거리가 최소가 되는 최제적합 $\hat{\boldsymbol{y}} = G\hat{\boldsymbol{b}}$ 과 최제해 $\hat{\boldsymbol{b}}$ 를 구하는 최제문제[least squares problem]를 행렬대수 이론을 통해 설명한다. 유클리드 최제문제는 선형방법론의 핵심 문제로 이에 대한 이해는 향후 논의에서 필수적이다. 행렬대수에 대한 입문서로는 Kim and Koo [2010] 이 있다.

2.1 행렬을 이용한 최제문제 공식화

이 절에서는 최제문제를 공식화한다. 선형 방정식 $G\boldsymbol{b} = \boldsymbol{y}$ 에서 미지수는 벡터 $\boldsymbol{b}$ 인데 방정식의 개수가 미지수의 개수보다 많으면 그 해가 존재하지 않을 수 있다. 이러한 경우 행렬대수에서는 $G\boldsymbol{b}$ 형태의 벡터들 중에서 $\boldsymbol{y}$ 와 가장 가까운 벡터를 찾고자 한다. 한편 통계학에서는 선형모형을 포함한 선형방법론에서 핵심 추정 방식이 최제 추정법인데 그 요체는 $G\boldsymbol{b}$ 형태의 벡터들 중에서 $\boldsymbol{y}$ 와 가장 가까운 벡터를 찾는 것이다.

열공간

최제문제에서 중요 개념이 열공간[column space]인데 이에 대한 정의는 다음과 같다.

정의 2.1. 행렬 $G \in \mathbb{R}^{n \times p}$ 의 열공간은 열벡터들의 선형결합들로 이루어진 집합인데 기호로는 S 로 표현한다.

행렬 G 의 열벡터들을 $g_1, \ldots, g_p$ 라 하면 열공간 S 는 이들의 생성 $\text{Span}\{g_1, \ldots, g_p\}$ 을 말하며 S 는 전체 벡터공간 vector space 인 $\mathbb{R}^n$ 의 부분공간 subspace 이 된다. 분할 행렬 연산을 이용하면 열공간은 다음과 같이 표현된다.

$$S = \{G\boldsymbol{b} : \boldsymbol{b} \in \mathbb{R}^p\}$$

기하학 관점에서 보면 열공간 S 는 G 의 열벡터들을 포함하는 초평면 hyperplane 이라 하는데 평면에서는 G 의 형태에 따라 직선 또는 평면 전체가 될 수 있다.

행렬 G 가 조건 "$G\boldsymbol{b} = \boldsymbol{0}_n$ 이면 $\boldsymbol{b} = \boldsymbol{0}_p$ 이다" 을 만족하면 비특이 non-singular 행렬이라고 하며 "$G\boldsymbol{b} = \boldsymbol{0}_n$ 이지만 $\boldsymbol{b} \neq \boldsymbol{0}_p$ 인 $\boldsymbol{b}$ 가 존재한다" 는 조건을 만족하면 특이 singular 행렬이라고 한다. 행렬의 순위는 선형독립인 열벡터 또는 행벡터의 수로 정의되고 기호로는 $\text{rank}(G)$ 로 쓴다. 가정 $n \geq p$ 에서 $\text{rank}(G) = p$ 이면 G 는 최대순위 full rank 라고 하는데 이와 연관된 조건들은 문제 2.1 을 참조한다. 앞으로 부록을 제외하고 모든 장에서 행렬 G 는 항상 최대순위라고 가정한다.

최제적합과 최제해 정의

최제문제를 규정하는 핵심요소는 벡터 $\boldsymbol{y}$, 행렬 G, 계수벡터 $\boldsymbol{b}$ 인데 이들을 성분으로써 구체화하면 다음과 같다.

$$\boldsymbol{y} = \begin{bmatrix} y_1 \\ \vdots \\ y_n \end{bmatrix}, \quad G = \begin{bmatrix} g_1 & \ldots & g_p \end{bmatrix} = \begin{bmatrix} g_{11} & \cdots & g_{1p} \\ \vdots & \ddots & \vdots \\ g_{n1} & \cdots & g_{np} \end{bmatrix}, \quad \boldsymbol{b} = \begin{bmatrix} b_1 \\ \vdots \\ b_p \end{bmatrix}$$

정의 2.2 에서 $\|\boldsymbol{y} - \boldsymbol{g}\|$ 가 두 벡터들 $\boldsymbol{y}, \boldsymbol{g}$ 사이의 거리이므로 최제적합 $\hat{\boldsymbol{y}}$ 은 열공간 S 에 속하면서 $\boldsymbol{y}$ 에 가장 가까운 벡터가 된다.

정의 2.2. 벡터 $\boldsymbol{y} \in \mathbb{R}^n$ 에 대한 최제적합 least squares fit $\hat{\boldsymbol{y}} \in S$ 은 다음을 만족하는 벡터이다.

$$\|\boldsymbol{y} - \hat{\boldsymbol{y}}\|^2 \leq \|\boldsymbol{y} - \boldsymbol{g}\|^2, \quad \boldsymbol{g} \in S$$

한편 벡터 $\hat{\boldsymbol{y}} \in S$ 가 다음을 만족하면 유일 최제적합이라 한다.

$$\|\boldsymbol{y} - \hat{\boldsymbol{y}}\|^2 < \|\boldsymbol{y} - \boldsymbol{g}\|^2, \quad \boldsymbol{g} \neq \hat{\boldsymbol{y}}, \ \boldsymbol{g} \in S \tag{2.1}$$

선형 방정식 $Gb = y$ 의 해가 없다는 말은 벡터 y 가 열공간 S 에 속하지 않는다는 말과 같은데 y 와 열공간에 속하는 벡터 Gb 의 거리 제곱 $\|y - Gb\|^2$ 을 근사 기준으로 하면 정의 2.3 의 최제해 $\hat{b}$ 는 최적 근사해 approximate solution 가 된다.

정의 2.3. 벡터 $y \in \mathbb{R}^n$ 에 대해 최제해 least squares solution $\hat{b} \in \mathbb{R}^p$ 는 다음을 만족하는 벡터이다.

$$\|y - G\hat{b}\|^2 \le \|y - Gb\|^2, \quad b \in \mathbb{R}^p$$

한편 벡터 $\hat{b} \in \mathbb{R}^p$ 가 다음을 만족하면 유일 최제해라 한다.

$$\|y - G\hat{b}\|^2 < \|y - Gb\|^2, \quad b \neq \hat{b},\ b \in \mathbb{R}^p \tag{2.2}$$

열공간 S 에 속하는 벡터들 중에서 Gb 형태를 만족하는 벡터 b 는 유일하므로 정의 2.3 에서 규정한 최제해를 구하는 문제와 최제적합을 구하는 문제는 같다 (문제 2.3). 최제문제는 행렬 G 를 사용하여 증명 가능하다 (문제 2.4).

그림 2.1: 계수가 2인 행렬 $G \in \mathbb{R}^{3\times 2}$ 의 열벡터들을 g_1, g_2 라 하면 이들은 선형독립이며 S 는 g_1, g_2 를 포함하는 평면이다. 최제적합은 정사영으로 구할 수 있다.

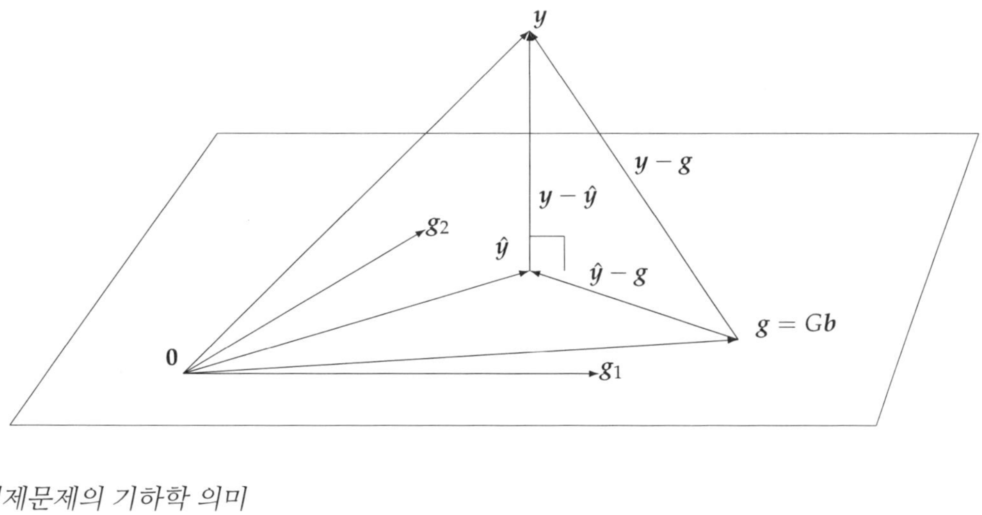

최제문제의 기하학 의미

첫째로 그림 2.1 을 통해 열공간의 기하학 의미를 살펴본다. 행렬 $G \in \mathbb{R}^{3\times 2}$ 의 열벡터들 g_1, g_2 이 선형독립이므로 S는 g_1, g_2 를 포함하는 평면이다. 그림에서 $\boldsymbol{g}$ 는 이 평면 위에 존재하여 $\boldsymbol{g} = G\boldsymbol{b}$ 로 표현되지만 $\boldsymbol{y}$ 는 평면 밖에 존재하여 $\boldsymbol{y} = G\boldsymbol{b}$ 를 만족하는 $\boldsymbol{b}$ 는 존재하지 않는다.

둘째로 그림 2.1 로 기하학 관점에서 최제적합과 최제해를 이해할 수 있다. 최제적합 $\hat{\boldsymbol{y}}$ 은 평면 위 벡터들 중에서 $\boldsymbol{y}$ 와 가장 가까운 벡터이며 최제해 $\hat{\boldsymbol{b}}$ 는 최제적합을 결정하는 계수벡터이다.

2.2 직교성

이 절에서는 벡터들의 직교성을 정의한 후 직교화 알고리즘으로 그람-슈미트 과정을 설명하고 직교화된 벡터들 연산에 대해 알아본다.

직정 벡터 연산

벡터공간 $\mathbb{R}^n$ 에 속하는 벡터들 $\boldsymbol{u}_1, \ldots, \boldsymbol{u}_p$ 가 $1 \leq j \neq k \leq p$ 에 대해 $\boldsymbol{u}_j^\top \boldsymbol{u}_k = 0$ 이면 직교한다고 하며 추가로 $\|\boldsymbol{u}_j\| = 1$ 이면 $\boldsymbol{u}_j$ 들이 직정 orthonormal 한다고 한다. B.1 에 있는 크로넥커 델타 함수를 이용하면 $\boldsymbol{u}_j^\top \boldsymbol{u}_k = \delta_{jk}$ 이라는 말과 $\boldsymbol{u}_j$ 들이 직정이라는 말과 같다.

직정 벡터들 $\boldsymbol{u}_1, \ldots, \boldsymbol{u}_p$ 을 열벡터로 하는 행렬을 $U = \begin{bmatrix} \boldsymbol{u}_1 & \ldots & \boldsymbol{u}_p \end{bmatrix}$ 라 할 때 직정 조건을 행렬로 표현하면 다음과 같다.

$$U^\top U = \begin{bmatrix} \boldsymbol{u}_1^\top \boldsymbol{u}_1 & \ldots & \boldsymbol{u}_1^\top \boldsymbol{u}_p \\ \vdots & \ddots & \vdots \\ \boldsymbol{u}_p^\top \boldsymbol{u}_1 & \ldots & \boldsymbol{u}_p^\top \boldsymbol{u}_p \end{bmatrix} = I$$

따라서 벡터들 $\boldsymbol{u}_1, \ldots, \boldsymbol{u}_p$ 이 직정이라는 말은 U 가 준직교 행렬 semi-orthogonal matrix 일 조건 $U^\top U = I$ 을 만족하는 행렬이라는 말과 같다. $p = n$ 이면 $\mathbb{R}^n$ 의 직정기저가 되며 U 는 직교 행렬 orthogonal matrix 이다. 직교 행렬의 역행렬은 $U^\top$ 이지만 $p < n$ 이면 역행렬은 정의되지 않는다.

벡터 $\boldsymbol{y} \in \mathbb{R}^n$ 의 정준형식은 벡터 $\boldsymbol{z} = (z_1, \ldots, z_n)$ 를 말하는 데 이는 다음으로 정의된다.

$$z_j = \boldsymbol{u}_j^\top \boldsymbol{y}, \quad j = 1, \ldots, n$$

정준형식 $\boldsymbol{z}$ 는 $\boldsymbol{y}$ 에 따라 정해진다는 사실에 주목하며 이를 이용하면 벡터 $\boldsymbol{y}$ 는 다음과 같이 유일하게 표현된다.

$\sum_{j=1}^n z_j \boldsymbol{u}_j = \sum_{j=1}^n (\boldsymbol{u}_j^\top \boldsymbol{y}) \boldsymbol{u}_j = \sum_{j=1}^n \boldsymbol{u}_j \boldsymbol{u}_j^\top \boldsymbol{y}$ 인데 마지막 표현 방식은 괄호를 요하지 않으며 곱셈 순서와 무관하다.

$$\boldsymbol{y} = \sum_{j=1}^{n} z_j \boldsymbol{u}_j \tag{2.3}$$

직정성을 이용하면 다음을 보일 수 있다.

$$\left(\sum_j a_j \boldsymbol{u}_j\right)^\top \left(\sum_j b_j \boldsymbol{u}_j\right) = \sum_j a_j b_j, \quad \left\|\sum_j a_j \boldsymbol{u}_j\right\|^2 = \sum_j a_j^2 \tag{2.4}$$

이 문단에 있는 결과들의 증명은 문제 2.9 와 같이 할 수 있다.

그람-슈미트 과정에 의한 벡터들의 직교화

직교화란 선형독립인 벡터들을 직교 또는 직정이 되도록 하는 것을 일컫는데 알고리즘 2.1 은 직정이 되도록 하는 직교화 방법인 그람-스미트 과정 Gram–Schmidt process 을 정리한 것이다.

알고리즘 2.1. 선형독립인 벡터들 $\boldsymbol{g}_1, \ldots, \boldsymbol{g}_p \in \mathbb{R}^n$ 에 대해 $\hat{\boldsymbol{g}}_1 = \boldsymbol{0}$, $\boldsymbol{r}_1 = \boldsymbol{g}_1$, $\boldsymbol{u}_1 = \boldsymbol{r}_1/\|\boldsymbol{r}_1\|$ 로 초기화한 후 $j = 2, \ldots, p$ 에 대해 다음을 계산한다.

$$\hat{\boldsymbol{g}}_j = \sum_{i=1}^{j-1} \boldsymbol{u}_i \boldsymbol{u}_i^\top \boldsymbol{g}_j, \quad \boldsymbol{r}_j = \boldsymbol{g}_j - \hat{\boldsymbol{g}}_j, \quad \boldsymbol{u}_j = \frac{\boldsymbol{r}_j}{\|\boldsymbol{r}_j\|}$$

직정 벡터들 $\boldsymbol{u}_1, \ldots, \boldsymbol{u}_p$ 이 얻어진다.

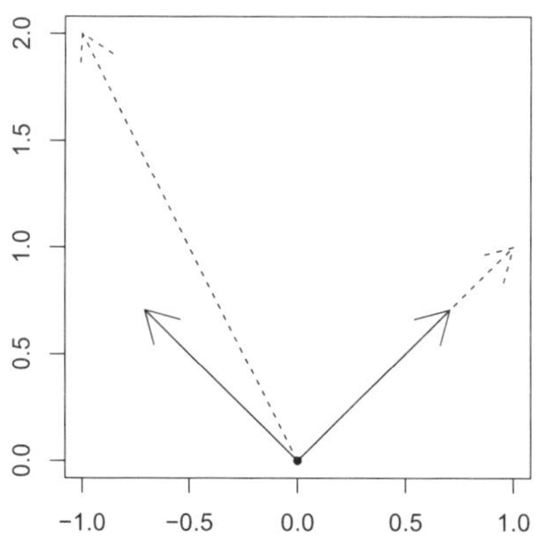

그림 2.2: 정규화 그람-슈미트 과정 예를 그린 것이다. 그림에서 점선 화살표는 $\boldsymbol{g}_1 = (1,1)$ 와 $\boldsymbol{g}_2 = (-1,2)$ 를 보여준다. 그람-슈미트 과정 결과는 $\boldsymbol{u}_1 = (1/\sqrt{2}, 1/\sqrt{2})$ 와 $\boldsymbol{u}_2 = (-1/\sqrt{2}, 1/\sqrt{2})$ 인데 이들은 실선 화살표로 나타낸다.

예 2.1 (평면에서 두 벡터에 대한 그람-슈미트 과정). 그림 2.2 는 그람-슈미트 과정 예를 그린 것이다. 그림에서 점선 화살표는 $g_1 = (1,1)$ 과 $g_2 = (-1,2)$ 를 보여준다. 일차로 $r_1 = g_1$ 와 $u_1 = r_1/\|r_1\| = \begin{bmatrix} 1 \\ 1 \end{bmatrix} \frac{1}{\sqrt{2}} = \begin{bmatrix} \frac{1}{\sqrt{2}} \\ \frac{1}{\sqrt{2}} \end{bmatrix}$ 을 구한다. 이차로

$$r_2 = g_2 - u_1 u_1^\top g_2 = \begin{bmatrix} -1 \\ 2 \end{bmatrix} - \begin{bmatrix} \frac{1}{\sqrt{2}} \\ \frac{1}{\sqrt{2}} \end{bmatrix} \begin{bmatrix} \frac{1}{\sqrt{2}} & \frac{1}{\sqrt{2}} \end{bmatrix} \begin{bmatrix} -1 \\ 2 \end{bmatrix} = \begin{bmatrix} -1 \\ 2 \end{bmatrix} - \begin{bmatrix} \frac{1}{\sqrt{2}} \\ \frac{1}{\sqrt{2}} \end{bmatrix} / \sqrt{2} = \begin{bmatrix} -1.5 \\ 1.5 \end{bmatrix}$$

에서 $u_2 = r_2/\|r_2\| = \begin{bmatrix} -1.5 \\ 1.5 \end{bmatrix} \frac{1}{\sqrt{9/2}} = \begin{bmatrix} -\frac{1}{\sqrt{2}} \\ \frac{1}{\sqrt{2}} \end{bmatrix}$ 을 얻는다. 그람-슈미트 과정 결과는 $u_1 = (1/\sqrt{2}, 1/\sqrt{2})$ 과 $u_2 = (-1/\sqrt{2}, 1/\sqrt{2})$ 인데 이들은 실선 화살표로 나타낸다.

그림 2.3 은 선형독립인 두개 벡터에 대한 그램-슈미트 과정을 보여준다. $r_1 = g_1 - \mathbf{0}$ 로 시작하는데 선형독립성으로 $\|r_1\| \neq 0$ 이므로 $u_1 = r_1/\|r_1\|$ 이다. $\hat{g}_2 = u_1 u_1^\top g_2$ 이고 $r_2 = g_2 - \hat{g}_2 = g_2 - u_1 u_1^\top g_2$ 이므로

$$u_1^\top r_2 = u_1^\top (g_2 - u_1 u_1^\top g_2) = u_1^\top g_2 - u_1^\top u_1 u_1^\top g_2 = u_1^\top g_2 - 1 \times u_1^\top g_2 = 0$$

이므로 u_1 과 r_2 는 직교한다. 그런데 $r_2 = \mathbf{0}$ 이면

$$g_2 = u_1 u_1^\top g_2 \in \mathrm{Span}\{u_1\} = \mathrm{Span}\{g_1\}$$

이므로 g_1, g_2 의 독립성에 모순되며 이로부터 $r_2 \neq \mathbf{0}$ 을 얻는다. 이제, $u_2 = r_2/\|r_2\|$ 라 정의하면 $\mathrm{Span}\{u_1, u_2\} = \mathrm{Span}\{g_1, g_2\}$ 이고 u_1, u_2 들은 그램-슈미트 과정의 최종결과인 직정 벡터들이다.

그람-슈미트 과정 관련 사실들

선형독립인 두 벡터들의 그람-슈미트 과정에 대한 이상의 논의는 정리 2.1 과 같이 일반화된다 (문제 2.8). 정리 2.1 에서 각 벡터 g_j 는 벡터들 $u_1, \ldots, u_j$ 의 선형결합으로 표현되므로 $g_j \in \mathrm{Span}\{u_1, \ldots, u_j\}$ 로 표현할 수 있다.

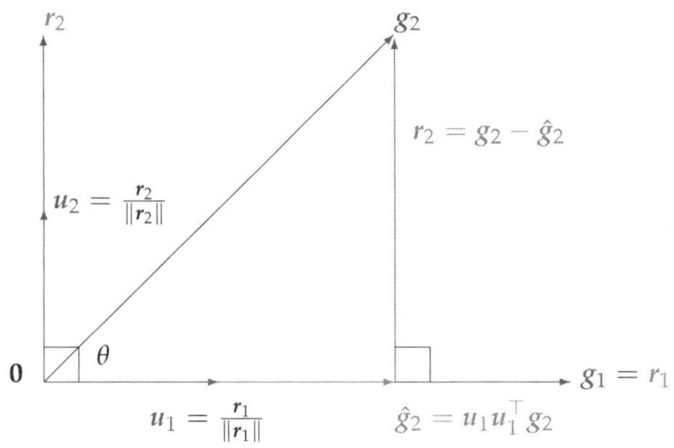

그림 2.3: 선형독립인 벡터들 g_1, g_2 에 대한 그램-슈미트 과정을 보여주는 그림이다. r_1, r_2 들은 그램-슈미트 과정의 최종결과인 직정 벡터들이다.

정리 2.1. *선형독립인 열벡터 $g_1, \ldots, g_p$ 들에 대한 그람-슈미트 알고리즘 2.1 로 구한 $u_1, \ldots, u_p$ 들은 직정이며 각 벡터 g_j 는 벡터들 $u_1, \ldots, u_j$ 의 선형결합으로 표현된다.*

정리 2.2 는 소위 큐알분해에 관한 것인데 선형모형에서 자주 접하게 되는 행렬 Q 과 구별하기 위해 U 를 쓴다. 그 핵심은 큐알분해가 그람-슈미트 과정 결과를 행렬로 표현한 것이라는 사실이다.

정리 2.2. *행렬 G 에 대해 $G = UR$ 인 준직교행렬 U 과 가역인 상삼각 행렬 R 이 존재한다.*

증명 G 의 열벡터들 $g_1, \ldots, g_p$ 이 선형독립이므로 이들을 그람-슈미트 과정을 이용하면 p 개의 직정 벡터들 $u_1, \ldots, u_p$ 을 얻을 수 있으며, 이들 직정 벡터들을 열벡터로 하는 행렬 U 은 준직교이다. 관계식 $g_j = \sum_{i=1}^{j} u_i u_i^\top g_j$, $j = 1, \ldots, p$ 을 행렬로 표현하면 다음과 같다.

$$G = \begin{bmatrix} g_1 & \ldots & g_p \end{bmatrix} = \begin{bmatrix} u_1 & \ldots & u_p \end{bmatrix} \begin{bmatrix} u_1^\top g_1 & \cdots & u_1^\top g_p \\ \vdots & \ddots & \vdots \\ 0 & \ldots & u_p^\top g_p \end{bmatrix} = UR$$

한편, 상삼각행렬 R 의 행렬식이 0 이 아니므로 R 은 가역이다 (문제 2.7). □

정리 2.3 에 따르면 포함관계가 $S_0 \subset S \subset \mathbb{R}^n$ 인 열공간들을 생성하는 직정기저가 존재한다 (문제 2.8).

정리 2.3 은 S 와 S_0 가 $\mathbb{R}^n$ 의 부분공간이면 성립한다.

정리 2.3. *$\mathbb{R}^n$ 의 열공간들 S_0 와 S 가 $S_0 \subset S$ 이며 $1 \le p_0 = \dim S_0 < p = \dim S \le n$ 라 가정한다. 그러면 직정 벡터들 $u_1, \ldots, u_n$ 이 존재하여 다음이 성립한다.*

1. $\{u_1, \ldots, u_{p_0}\}$ 는 S_0 에 대한 직정기저이다.

2. $\{u_1, \ldots, u_p\}$ 는 S 에 대한 직정기저이다.

3. $\{u_1, \ldots, u_n\}$ 는 $\mathbb{R}^n$ 에 대한 직정기저이다.

향후 G 의 열공간 S 에 대해 정리 2.3 을 적용하여 구한 직정기저 $\{u_1, \ldots, u_n\}$ 를 사용한다.

2.3 정사영

정의 2.4 는 $\mathbb{R}^n$ 벡터 y 에 대한 정사영 orthogonal projection 에 관한 것이다. 벡터 $v \in \mathbb{R}^n$ 가 열공간 S 에 속하는 모든 벡터들과 직교하면 $v \perp S$ 로 표현하는 데 이는 $v^\top g = 0, g \in S$ 을 의미한다.

정의 2.3 에서는 S 가 G 의 열공간이라고 가정하지만 $\mathbb{R}^n$ 의 모든 부분공간 위 정사영도 같은 방식으로 정의된다.

정의 2.4. $y \in \mathbb{R}^n$에 대해 $\Pi_S[y]$ 가 S 에 속하면서 $y - \Pi_S[y]$ 가 S 와 직교하면 $\Pi_S[y]$ 를 y 의 S 위 정사영이라 한다.

예 2.2. 그림 2.3 에서 g_2 의 $S = \text{Span}\{g_1\}$ 위 정사영이 $\Pi_S[g_2] = \hat{g}_2 = u_1 u_1^\top g_2$ 임을 알 수 있다. 그 이유는 $\hat{g}_2 \in S$ 이며 $r_2 = g_2 - \hat{g}_2$ 이 S 와 직교하기 때문이다.

정리 2.4 는 정사영의 유일 존재성에 관한 것인데 정사영의 유일성에 대한 또 다른 증명은 문제 2.11 에 있다.

정리 2.4. *모든 $y \in \mathbb{R}^n$ 에 대해 정사영 $\Pi_S[y]$ 은 유일하게 존재한다.*

증명 벡터 $y \in \mathbb{R}^n$ 를 임의로 선택하고 정사영 후보로 다음을 고려한다.

$$\Pi_S[y] = \sum_{j=1}^{p} z_j u_j \tag{2.5}$$

존재성 증명을 위해 (2.5) 의 $\Pi_S[y]$ 가 정사영 조건을 만족함을 보인다. 먼저 $\Pi_S[y] \in S$ 는 자명하다. 식 (2.3) 와 직정성에 따라

$$u_k^\top (y - \Pi_S[y]) = u_k^\top \left(y - \sum_{j=1}^{p} z_j u_j \right) = z_k - z_k = 0$$

이고 $S = \text{Span}\{u_1, \ldots, u_p\}$ 이므로 $y - \Pi_S[y] \perp S$ 이다.

유일성 증명을 위해 $\tilde{y}$ 가 정사영이라 하자. $\tilde{y} \in S$ 이므로 $\tilde{y} = \sum_{j=1}^{p} a_j u_j$ 인 실수 a_j 들이 존재한다. $y - \tilde{y} \perp S$ 이라는 조건을 만족하므로 다음이

성립한다.

$$0 = \boldsymbol{u}_k^\top (\boldsymbol{y} - \tilde{\boldsymbol{y}}) = \boldsymbol{u}_k^\top \left(\boldsymbol{y} - \sum_{j=1}^{p} a_j \boldsymbol{u}_j \right) = z_k - a_k$$

따라서 $\tilde{\boldsymbol{y}} = \sum_{j=1}^{p} a_j \boldsymbol{u}_j = \sum_{j=1}^{p} z_j \boldsymbol{u}_j = \Pi_S[\boldsymbol{y}]$ 이다. □

정사영 함수 $\Pi_S[\cdot]$ 는 선형이므로 정의 2.5 를 만족하는 정사영행렬 P 가 $\boldsymbol{y}$ 와 무관하게 존재한다.

정의 2.5. 정사영행렬 P 는 조건 $\Pi_S[\boldsymbol{y}] = P\boldsymbol{y}$, $\boldsymbol{y} \in \mathbb{R}^n$ 을 만족하는 $n \times n$ 행렬이다.

정리 2.5 는 $UU^\top$ 가 정사영행렬이라는 사실을 보여주는데 중요한 점은 정사영행렬 P 가 U 를 결정하는 기저의 선택과 무관하다는 사실이다.

정리 2.5. $P = UU^\top = G(G^\top G)^{-1}G^\top$

증명 정리 2.4, 분할 행렬연산에 따라

$$\Pi_S[\boldsymbol{y}] = \sum_{j=1}^{p} z_j \boldsymbol{u}_j = \left(\sum_{j=1}^{p} \boldsymbol{u}_j \boldsymbol{u}_j^\top \right) \boldsymbol{y} = \left(UU^\top \right) \boldsymbol{y}$$

이므로 $UU^\top$ 는 정사영 정의 2.5 를 만족한다. 정사영의 유일성에 따라 정사영행렬은 직정기저 선택과 무관하게 결정됨을 알 수 있다 (문제 2.12). 한편 정리 2.2 의 큐알분해를 이용하면 $G^\top G = R^\top R$ 이고 R 이 가역이므로 $G(G^\top G)^{-1}G^\top = UU^\top$ 이다. □

2.4 정사영에 의한 최제문제 해결

이 절에서는 정사영을 이용하여 최제문제를 해결하고자 한다.

정사영이 최제적합

정리 2.6 은 정사영이 최제적합이라는 사실을 보여주는데 정준형식을 이용한 증명은 문제 2.13 에 있다.

정리 2.6. *모든 $\boldsymbol{y} \in \mathbb{R}^n$ 에 대해 최제적합 $\hat{\boldsymbol{y}}$ 은 정사영 $\Pi_S[\boldsymbol{y}]$ 으로 유일하다.*

증명 S 에 속하는 벡터 g 를 임의로 선택한다. $\Pi_S[y] - g \in S$ 이므로 정사영 정의에 따라 $(y - \Pi_S[y])^\top (\Pi_S[y] - g) = 0$ 이다. 간단한 벡터 연산에 따라 소위 피타고라스 법칙인 다음 식이 성립한다.

$$\|y - g\|^2 = \|y - \Pi_S[y]\|^2 + \|\Pi_S[y] - g\|^2 \tag{2.6}$$

이때 $g \neq \Pi_S[y]$ 이면 $\|g - \Pi_S[y]\|^2 > 0$ 이므로 $\Pi_S[y]$ 가 (2.1) 을 만족하는 유일 최제적합 $\hat{y}$ 이 된다. □

예 2.3. 기하학 직관에 따르면 다음은 자명하다. $g_1 = (4,0)$ 일 때 $S = \text{Span}\{g_1\}$ 는 x-축 전체가 된다. $y = (3,2)$ 에 대해 x-축에서 가장 가까운 점은 y에서 x-축에 내린 수선의 발 $\Pi_S[y] = (3,0)$ 이다. 한편, x-축에서 $(3,0)$ 과 다른 모든 점 $x = (x,0)$ 은 $\|y - x\|^2 = (3-x)^2 + 2^2 > 2^2 = \|y - \Pi_S[y]\|^2$ 이므로 $y = (3,2)$ 와의 거리가 2 보다 크게 되어 벡터 $(3,0)$ 이 유일 최제적합이 된다. 따라서, $\hat{y} = \Pi_S[y] = (3,0)$ 이다. 그런데 직정기저를 이용하면 $u_1 = (1,0)$ 과 $u_2 = (0,1)$ 에 대해 $z_1 = u_1^\top y = 3$, $z_2 = u_2^\top y = 2$ 이므로 $\hat{y} = (3,0) = 3u_1 = z_1 u_1$, $\|y - \Pi_S[y]\|^2 = \|(0,2)\|^2 = z_2^2$ 이다.

정규식과 최제해

정리 2.7 에 따르면 최제해는 유일하게 규정되며 소위 정규식[normal equation] 이라고 일컫는 선형 방정식

$$G^\top G\hat{b} = G^\top y \tag{2.7}$$

을 만족한다.

정리 2.7. *벡터 $\hat{b} = (G^\top G)^{-1}G^\top y$ 가 유일 최제해이다.*

증명 정리들 2.5, 2.6 을 이용하면 다음이 성립한다.

$$\hat{y} = Py = G(G^\top G)^{-1}G^\top y$$

G 가 최대순위이므로 문제 2.1 에 따라 식 $\hat{y} = G\hat{b}$ 을 만족하는 벡터는 $\hat{b} = (G^\top G)^{-1}G^\top y$ 이 유일하다. □

결과 정리

정리 2.8 에 따르면 행렬 G 와 큐알분해를 이용하여 최제적합과 최제해를 구체적으로 표현할 수 있다.

정리 2.8. *최제적합* $\hat{\boldsymbol{y}}$ *과 최제해* $\hat{\boldsymbol{b}}$ *는 다음과 같이 표현된다.*

$$\hat{\boldsymbol{y}} = P\boldsymbol{y} = UU^\top \boldsymbol{y} = G(G^\top G)^{-1}G^\top \boldsymbol{y}, \quad \hat{\boldsymbol{b}} = R^{-1}U^\top \boldsymbol{y} = (G^\top G)^{-1}G^\top \boldsymbol{y}$$

증명 원하는 결과는 정리들 2.2, 2.5, 정리 2.6 에 따른다. □

정리 2.9. $\|\boldsymbol{y} - \hat{\boldsymbol{y}}\|^2 = \sum_{j=p+1}^{n} z_j^2$

증명 $\boldsymbol{y} = \sum_{j=1}^{n} z_j \boldsymbol{u}_j$ 이고 $\hat{\boldsymbol{y}} = \sum_{j=1}^{p} z_j \boldsymbol{u}_j$ 이므로 원하는 결과는 직정벡터 연산 (2.4) 에 따른다. □

2.5 *직정기저에 의한 최제직선 적합*

평면위 점들 $(x_1, y_1), \ldots, (x_n, y_n)$ 에 직선을 적합하는 문제를 고려하는데 이는 4 장에서 고려할 $M = 1$ 인 단회귀모형 관련 최제문제이다. 기준으로는 소위 잔차제곱합 $\sum_{i=1}^{n}(y_i - b_0 - b_1 x_i)^2$ 을 사용하는데 이를 절편과 기울기로 구성된 벡터 $\boldsymbol{b} = (b_0, b_1)$ 의 함수로 간주한다. 잔차제곱합을 최소로 하는 벡터 $\hat{\boldsymbol{b}} = (\hat{b}_0, \hat{b}_1)$ 에 해당하는 직선 $y = \hat{b}_0 + \hat{b}_1 x$ 을 최제직선이라 부른다.

최제 직선 적합에서는 $\boldsymbol{y} = (y_1, \ldots, y_n)$ 이며 설계행렬[design matrix]은 다음과 같다.

$$G = \begin{bmatrix} \boldsymbol{1} & \boldsymbol{x} \end{bmatrix} = \begin{bmatrix} 1 & x_1 \\ \vdots & \vdots \\ 1 & x_n \end{bmatrix} \in \mathbb{R}^{n \times 2} \tag{2.8}$$

입력값들 $x_1, \ldots, x_n$ 이 모두 같지는 않다고 가정하는데 이 가정하에서 행렬 G 는 최대순위가 된다 (문제 2.2).

추후 논의를 위해 다음 기호들을 도입한다.

$$\begin{cases} \bar{x} = \dfrac{1}{n}\sum x_i, \quad \bar{y} = \dfrac{1}{n}\sum y_i, \\ s_{xx} = \sum(x_i - \bar{x})^2, \quad s_{yy} = \sum(y_i - \bar{y})^2, \quad s_{xy} = \sum(x_i - \bar{x})(y_i - \bar{y}) \end{cases}$$

이제 두 벡터들 **1**, $\boldsymbol{x}$ 를 그람-슈미트 과정을 통해 직교화한 직정 벡터들과 정준형식들은 다음과 같다.

$$\boldsymbol{u}_1 = \frac{1}{\sqrt{n}}\mathbf{1}, \quad z_1 = \frac{\sum y_i}{\sqrt{n}}, \quad \boldsymbol{u}_2 = \frac{1}{\sqrt{s_{xx}}}(\boldsymbol{x} - \bar{x}\mathbf{1}), \quad z_2 = \frac{s_{xy}}{\sqrt{s_{xx}}}$$

정준형식과 최제적합 유일성을 이용하면

$$\hat{\boldsymbol{y}} = z_1\boldsymbol{u}_1 + z_2\boldsymbol{u}_2 = \left(\bar{y} - \frac{s_{xy}}{s_{xx}}\bar{x}\right)\mathbf{1} + \frac{s_{xy}}{s_{xx}}\boldsymbol{x} = G\hat{\boldsymbol{b}} = \hat{b}_0\mathbf{1} + \hat{b}_1\boldsymbol{x}$$

이므로 다음을 얻는다.

$$\hat{\boldsymbol{b}} = \left(\bar{y} - \frac{s_{xy}}{s_{xx}}\bar{x}, \frac{s_{xy}}{s_{xx}}\right) \tag{2.9}$$

두 벡터들 $\boldsymbol{x}, \boldsymbol{y}$ 의 표본상관계수를 cor_{xy} 라면 최제제곱합은 다음과 같다.

$$\|\boldsymbol{y} - \hat{\boldsymbol{y}}\|^2 = s_{yy} - \frac{s_{xy}^2}{s_{xx}} = s_{yy}(1 - cor_{xy}^2) \tag{2.10}$$

한편 직선 적합 문제로서 $S = \text{Span}\{\mathbf{1}\}$ 이면 다음을 얻을 수 있다.

$$\hat{\boldsymbol{y}}_0 = \mathbf{1}\bar{y}, \quad \hat{b}_0 = \bar{y}, \quad \|\boldsymbol{y} - \boldsymbol{y}_0\|^2 = s_{yy}$$

2.6 중회귀모형 최제해 구조

1 장에서 입출력모형화를 도식화한 그림 1.1 의 왼편 그림이 입력행렬 input matrix 인데 그 정의는

X 의 행벡터들은 $\boldsymbol{x}_i = (x_{i1}, \ldots, x_{ip})$ 로, 열벡터들은 $\boldsymbol{x}^j = (x_{1j}, \ldots, x_{nj})$ 로 나타낸다.

$$X = \begin{bmatrix}\boldsymbol{x}^1 & \ldots & \boldsymbol{x}^M\end{bmatrix} = \begin{bmatrix} x_{11} & \ldots & x_{1M} \\ \vdots & \ddots & \vdots \\ x_{n1} & \ldots & x_{nM}\end{bmatrix} \tag{2.11}$$

이며 상수항 **1** 과 입력행렬 X 로 구성된 설계행렬은 다음과 같다.

$$G = \begin{bmatrix}\mathbf{1} & X\end{bmatrix} = \begin{bmatrix} 1 & x_{11} & \ldots & x_{1M} \\ \vdots & \vdots & \ddots & \vdots \\ 1 & x_{n1} & \ldots & x_{nM}\end{bmatrix} \in \mathbb{R}^{n\times p}, \quad p = M + 1 \tag{2.12}$$

설계행렬 G 에 대한 최제문제는 4 장의 중회귀모형 multiple linear model 의 핵심이다. 이 절에서는 센터링 centering 문제에 대하여 알아보고자 한다.

센터링행렬 centering matrix 은

$$H = I - \frac{1}{n}\mathbf{1}\mathbf{1}^\top \in \mathbb{R}^{n\times n}$$

로 정의되는데 행렬

$$X_c = HX \tag{2.13}$$

의 열벡터들의 평균은 0이 된다 (문제 2.16).

계수벡터는 다음과 같이 분해한다.

$$\boldsymbol{b} = (b_0, \boldsymbol{b}_1) \in \mathbb{R}^p, \quad \boldsymbol{b}_1 = (b_1, \ldots, b_M) \in \mathbb{R}^M \tag{2.14}$$

입력값들의 표본평균벡터와 반응변수값들의 표본평균값은 각각

$$\bar{\boldsymbol{x}} = \frac{1}{n}X^\top\mathbf{1} \in \mathbb{R}^M, \quad \bar{y} = \frac{1}{n}\boldsymbol{y}^\top\mathbf{1}$$

이고 입력행렬 X 에 대한 표본공분산 행렬과 X 와 $\boldsymbol{y}$ 의 표본공분산 벡터는 각각 다음과 같다.

$$var[X] = \frac{1}{n-1}X_c^\top X_c, \quad cov[X, \boldsymbol{y}] = \frac{1}{n-1}X_c^\top\boldsymbol{y} \tag{2.15}$$

$M = 1$ 일 때 정리 2.10 의 결과는 제 2.5 절의 최제직선 적합에 관한 결과의 확장이다 (문제 2.16). 특히 식 (2.16) 은 식 (2.9) 의 확장이며 식 (2.17) 은 식 (2.10) 의 확장이다.

정리 2.10. *식 (2.13) 으로 정의된 행렬 X_c 이 최대순위라 가정하면 다음이 성립한다.*

1. *최제해는 $\hat{\boldsymbol{b}} = (G^\top G)^{-1}G^\top\boldsymbol{y}$ 이다.*

2. *식 (2.14) 에 따라 최제해를 $\hat{\boldsymbol{b}} = (\hat{b}_0, \hat{\boldsymbol{b}}_1)$ 라 하면 다음이 성립한다.*

$$\hat{\boldsymbol{b}}_1 = var[X]^{-1}cov[X, \boldsymbol{y}], \quad \hat{b}_0 = \bar{y} - \hat{\boldsymbol{b}}_1^\top\bar{\boldsymbol{x}} \tag{2.16}$$

3. *$var[\boldsymbol{y}] = \frac{s_{yy}}{n-1}$, $cov[\boldsymbol{y}, X] = \frac{1}{n-1}\boldsymbol{y}^\top X_c$ 라면 최제잔차제곱합은*

다음과 같다.

$$\frac{1}{n-1}\|\boldsymbol{y}-\hat{\boldsymbol{y}}\|^2 = var[\boldsymbol{y}] - cov[\boldsymbol{y}, X]\, var[X]^{-1} cov[X, \boldsymbol{y}] \tag{2.17}$$

증명 첫째 결과는 문제 2.17 에 따라 설계행렬 G 가 최대순위이므로 원하는 결론을 얻는다.

이제 둘째 결과를 증명한다. 상수벡터 $\mathbf{1}$ 과 행렬 X_c 의 열벡터들은 선형독립이므로 이들을 차례로 그람-슈미트 과정에 의해 직교화하여 얻는 벡터들 $\boldsymbol{u}_0, \boldsymbol{u}_1, \ldots, \boldsymbol{u}_M$ 은 직정이다. 계속해서 정준형식들은 $z_j = \boldsymbol{u}_j^\top \boldsymbol{y}$, $j = 0, 1, \ldots, M$ 라 한다. $S_0 = \text{Span}\{\mathbf{1}\}$, S_1 과 S 를 X_c 와 G 의 열공간이라 하면 다음이 성립한다.

1. G 를 설계행렬로 했을 때의 최제적합을 $\hat{\boldsymbol{y}}$ 라 하면 다음이 성립한다.

$$\hat{\boldsymbol{y}} = \Pi_S[\boldsymbol{y}] = \sum_{j=0}^{M} z_j \boldsymbol{u}_j \tag{2.18}$$

2. $\mathbf{1}$ 을 설계행렬로 했을 때의 최제적합을 $\hat{\boldsymbol{y}}_0$, X_c 를 설계행렬로 했을 때의 최제적합을 $\hat{\boldsymbol{y}}_1$ 라 하면 다음이 성립한다.

$$\hat{\boldsymbol{y}}_0 = \Pi_{S_0}[\boldsymbol{y}] = z_0 \boldsymbol{u}_0, \quad \hat{\boldsymbol{y}}_1 = \Pi_{S_1}[\boldsymbol{y}] = \sum_{j=1}^{M} z_j \boldsymbol{u}_j \tag{2.19}$$

3. 행렬 X_c 이 최대순위라는 가정에 따라 행렬 $X_c^\top X_c$ 은 가역이므로 벡터 $\hat{\boldsymbol{a}} = (\hat{a}_0, \hat{\boldsymbol{a}}_1) \in \mathbb{R}^p$ 가 조건들

$$\hat{\boldsymbol{y}}_0 = \mathbf{1}\hat{a}_0, \quad \hat{\boldsymbol{y}}_1 = X_c \hat{\boldsymbol{a}}_1 \tag{2.20}$$

을 만족하면 다음이 성립한다.

$$\hat{a}_0 = \bar{y}, \quad \hat{\boldsymbol{a}}_1 = (X_c^\top X_c)^{-1} X_c^\top \boldsymbol{y} \tag{2.21}$$

4. 정리 2.4 의 정사영의 유일성에 따라 다음이 성립한다.

$$\mathbf{1}\hat{b}_0 + X\hat{\boldsymbol{b}}_1 = \hat{\boldsymbol{y}} = \hat{\boldsymbol{y}}_0 + \hat{\boldsymbol{y}}_1 = \mathbf{1}\hat{a}_0 + X_c \hat{\boldsymbol{a}}_1 = \mathbf{1}(\hat{a}_0 - \hat{\boldsymbol{a}}_1^\top \bar{\boldsymbol{x}}) + X\hat{\boldsymbol{a}}_1$$

G 가 최대순위이므로 식 (2.16) 이 성립한다.

식 (2.17) 은 행렬연산에 따른다. □

2.7 연습문제

2.1 설계행렬 G 에 대해 $n \geq p$ 일 때 다음 조건들이 같음을 보이시오.

a. $\boldsymbol{b} \neq \mathbf{0}_p$ 이면 $G\boldsymbol{b} \neq \mathbf{0}_n$ 이다.

b. $G\boldsymbol{a} = G\boldsymbol{b}$ 이면 $\boldsymbol{a} = \boldsymbol{b}$ 이다.

c. 모든 $\boldsymbol{g} \in S$ 에 대해 $\boldsymbol{g} = G\boldsymbol{b}$ 을 만족하는 벡터 $\boldsymbol{b}$ 는 유일하게 존재한다.

d. 행렬 G 의 순위가 p 이다.

e. 행렬 G 의 열벡터들이 선형독립이다.

f. $\dim S = p$

g. 행렬 G 가 비특이다.

h. $\text{rank}(G^\top G) = p$

i. $G^\top G$ 는 가역이다.

j. $G^\top G$ 는 양의 정부호이다.

2.2 두 벡터 $\mathbf{1} = (1, \ldots, 1) \in \mathbb{R}^n$ 와 $\boldsymbol{x} = (x_1, \ldots, x_n) \in \mathbb{R}^n$ 에 대해 $\boldsymbol{x} \neq \mathbf{0}$ 라 하면 다음 조건들이 같음을 보이시오.

a. $\mathbf{1}$ 과 $\boldsymbol{x}$ 가 선형독립이다.

b. $x_1, \ldots, x_n$ 들이 모두 같지는 않다.

c. $s_{xx} = \sum_{i=1}^n (x_i - \bar{x})^2$ 라 할 때 $s_{xx} > 0$ 이다.

2.3 설계행렬이 최대순위라 가정하면 최제적합을 구하는 문제와 최제해를 구하는 문제는 본질적으로 같음을 다음과 같이 보이시오.

1. 식 (2.1) 을 만족하는 최제적합 $\hat{\boldsymbol{y}}$ 이 존재한다고 가정하면 다음이 성립한다.

   i. 식 $\hat{\boldsymbol{y}} = G\hat{\boldsymbol{b}}$ 을 만족하는 벡터 $\hat{\boldsymbol{b}} \in \mathbb{R}^p$ 가 유일하게 존재한다.

   ii. $\mathbb{R}^p$ 에 속하면서 $\hat{\boldsymbol{b}}$ 와 다른 임의의 벡터 $\boldsymbol{b}$ 에 대해 $\boldsymbol{g} = G\boldsymbol{b}$ 라면 $\boldsymbol{g} \in S$ 이며 $\hat{\boldsymbol{y}} \neq \boldsymbol{g}$ 이다.

   iii. 식 (2.1) 에 따라 식 (2.2) 가 성립한다.

2. 식 (2.2) 를 만족하는 최제해 $\hat{\boldsymbol{b}}$ 가 존재한다고 가정하면 다음이 성립한다.

   i. 벡터 $\hat{\boldsymbol{b}}$ 를 이용하여 벡터 $\hat{\boldsymbol{y}} = G\hat{\boldsymbol{b}}$ 를 정의하면 $\hat{\boldsymbol{y}} \in S$ 이다.

   ii. 조건들 $\boldsymbol{g} \neq \hat{\boldsymbol{y}}, \boldsymbol{g} \in S$ 을 만족하는 벡터 $\boldsymbol{g}$ 를 임의로 선택하면 식 $\boldsymbol{g} = G\boldsymbol{b}$ 을 만족하는 벡터 $\boldsymbol{b} \in \mathbb{R}^p$ 가 유일하게 존재하고 $\hat{\boldsymbol{b}} \neq \boldsymbol{b}$ 이다.

   iii. 식 (2.2) 에 따라 식 (2.1) 이 성립한다.

2.4 최제문제는 행렬 G 를 사용하여 증명 가능한데 다음이 성립하는 이유를 설명하시오.

1. 벡터 $\hat{\boldsymbol{b}} = (G^\top G)^{-1}G^\top \boldsymbol{y}$ 가 $\hat{\boldsymbol{b}}$ 가 정규식 (2.7) 을 만족하는 유일해이다.
2. $\hat{\boldsymbol{y}} = G\hat{\boldsymbol{b}}$ 라 하면 $\hat{\boldsymbol{y}} \in S$ 이며 $\boldsymbol{g}^\top(\boldsymbol{y} - \hat{\boldsymbol{y}}) = 0, \boldsymbol{g} \in S$ 이므로 $\hat{\boldsymbol{y}} = \Pi_S[\boldsymbol{y}]$ 이다.
3. 행렬 $P = G(G^\top G)^{-1}G^\top$ 은 $\hat{\boldsymbol{y}} = P\boldsymbol{y}$ 를 만족하는 정사영행렬이다.
4. $\|\boldsymbol{y} - G\boldsymbol{b}\|^2 = \|\boldsymbol{y} - G\hat{\boldsymbol{b}}\|^2 + \|G\hat{\boldsymbol{b}} - G\boldsymbol{b}\|^2$
5. $\hat{\boldsymbol{b}} \neq \boldsymbol{b}$ 이면 $\|G\hat{\boldsymbol{b}} - G\boldsymbol{b}\|^2 > 0$ 이다.
6. 벡터 $\hat{\boldsymbol{b}}$ 가 정의 (2.2) 를 만족하는 유일 최제해이다.
7. $\boldsymbol{g} = G\boldsymbol{b} \neq \hat{\boldsymbol{y}} = G\hat{\boldsymbol{b}} \iff \boldsymbol{b} \neq \hat{\boldsymbol{b}}$
8. 벡터 $\hat{\boldsymbol{y}} = G\hat{\boldsymbol{b}}$ 가 정의 (2.1) 을 만족하는 유일 최제적합이다.
9. $Q = I - P$ 라 하면 $\|\boldsymbol{y} - G\hat{\boldsymbol{b}}\|^2 = \|Q\boldsymbol{y}\|^2$ 이다.

2.5 2.5 절의 최제 직선 적합과 관련하여 다음을 보이시오.

1. $G^\top \boldsymbol{y} = \begin{bmatrix} \sum y_i \\ \sum x_i y_i \end{bmatrix}, G^\top G\hat{\boldsymbol{b}} = \begin{bmatrix} n\hat{b}_0 + \hat{b}_1 \sum x_i \\ \hat{b}_0 \sum x_i + \hat{b}_1 \sum x_i^2 \end{bmatrix}$
2. $G^\top G$ 의 판별식을 구하고 판별식이 0 이 되지 않을 조건이 $s_{xx} > 0$ 이다.
3. $\hat{\boldsymbol{b}} = (G^\top G)^{-1}G^\top \boldsymbol{y}$ 를 구하면 (2.9) 와 같다.
4. $\hat{b}_1 = \dfrac{\sum x_i y_i - n\bar{x}\bar{y}}{\sum x_i^2 - n\bar{x}^2} = \dfrac{\sum(x_i - \bar{x})(y_i - \bar{y})}{\sum(x_i - \bar{x})^2}$

5. $\boldsymbol{x}$ 와 $\boldsymbol{y}$ 의 표본상관계수 cor_{xy} 는 $cor_{xy} = \dfrac{s_{xy}}{\sqrt{s_{xx}}\sqrt{s_{yy}}}$ 로 표현된다.

6. 식 (2.10) 이 성립한다.

2.6 그림 2.4 는 선형독립인 세개 벡터 $\boldsymbol{g}_1, \boldsymbol{g}_2, \boldsymbol{g}_3$ 에 대한 그람-슈미트 과정을 보여준다. 다음을 보이시오.

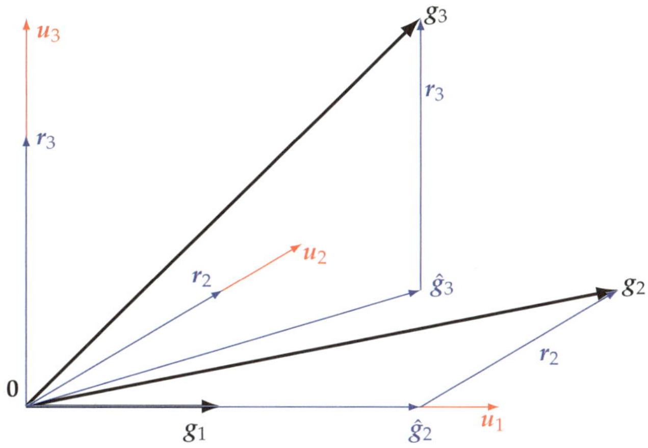

그림 2.4: 선형독립인 세개 벡터 $\boldsymbol{g}_1, \boldsymbol{g}_2, \boldsymbol{g}_3$ 에 대한 그램-슈미트 과정을 보여주는 그림이다. $\boldsymbol{r}_1 = \boldsymbol{g}_1$, $\hat{\boldsymbol{g}}_2 = \boldsymbol{u}_1\boldsymbol{u}_1^\top\boldsymbol{g}_2$, $\boldsymbol{r}_2 = \boldsymbol{g}_2 - \hat{\boldsymbol{g}}_2$, $\hat{\boldsymbol{g}}_3 = \boldsymbol{u}_1\boldsymbol{u}_1^\top\boldsymbol{g}_3 + \boldsymbol{u}_2\boldsymbol{u}_2^\top\boldsymbol{g}_3$, $\boldsymbol{r}_3 = \boldsymbol{g}_3 - \hat{\boldsymbol{g}}_3$ 이다. 최종 결과는 $\boldsymbol{r}_1, \boldsymbol{r}_2, \boldsymbol{r}_3$ 를 정규화한 직정 벡터들 $\boldsymbol{u}_1, \boldsymbol{u}_2, \boldsymbol{u}_3$ 이다.

1. $\boldsymbol{u}_1^\top\boldsymbol{u}_2 = 0$

2. $\boldsymbol{r}_3 = \boldsymbol{g}_3 - \boldsymbol{u}_1\boldsymbol{u}_1^\top\boldsymbol{g}_3 - \boldsymbol{u}_2\boldsymbol{u}_2^\top\boldsymbol{g}_3$ 는 $\boldsymbol{u}_1$ 과 $\boldsymbol{u}_2$ 와 수직이다.

3. $\boldsymbol{r}_3 \neq \boldsymbol{0}$

4. $j = 1, 2$ 에 대해 $\boldsymbol{u}_j^\top\boldsymbol{r}_3 = 0$ 이다.

5. $\boldsymbol{u}_3 = \boldsymbol{r}_3/\|\boldsymbol{r}_3\|$ 라면 $\text{Span}\{\boldsymbol{g}_1, \boldsymbol{g}_2, \boldsymbol{g}_3\} = \text{Span}\{\boldsymbol{u}_1, \boldsymbol{u}_2, \boldsymbol{u}_3\}$ 이다.

2.7 정리 2.2 관련하여 다음을 보이시오.

1. R 의 j 번째 대각 원소를 r_{jj} 라면 $r_{jj} = \boldsymbol{u}_j^\top\boldsymbol{g}_j \neq 0$ 이다.

2. 행렬 R 이 가역이다.

2.8 귀납법을 이용하여 정리 2.1, 정리 2.3 의 증명을 위해 다음을 보이시오.

1. $\boldsymbol{u}_1 = \boldsymbol{r}_1/\|\boldsymbol{r}_1\| = \boldsymbol{g}_1/\|\boldsymbol{g}_1\|$ 는 단위벡터이다.

2. 귀납법을 사용하기 위해 $1 \le m < p$ 에 대해 $\boldsymbol{u}_1, \ldots, \boldsymbol{u}_m$ 들이 서로 직정이며 $1 \le j \le m$ 일 때 각 $\boldsymbol{u}_j$ 가 $\boldsymbol{g}_1, \ldots, \boldsymbol{g}_j$ 의 선형결합이라 가정한다. 그람-슈미트 과정에 따라

$$\boldsymbol{r}_{m+1} = \boldsymbol{g}_{m+1} - \sum_{j=1}^{m} \boldsymbol{u}_j \boldsymbol{u}_j^\top \boldsymbol{g}_{m+1}$$

라 할 때 다음이 성립한다.

   i. $\boldsymbol{u}_k^\top \boldsymbol{r}_{m+1} = 0, k = 1, \ldots, m$

   ii. $\boldsymbol{r}_{m+1} \neq \boldsymbol{0}$

   iii. $\boldsymbol{u}_{m+1} \triangleq \boldsymbol{r}_{m+1} / \|\boldsymbol{r}_{m+1}\|$ 는 단위벡터이다.

   iv. 집합 $\{\boldsymbol{u}_1, \ldots, \boldsymbol{u}_m, \boldsymbol{u}_{m+1}\}$ 이 직정이다.

   v. 귀납법을 $m = p$ 까지 적용하면 $\{\boldsymbol{u}_1, \ldots, \boldsymbol{u}_p\}$ 가 원하는 직정 벡터 집합이 된다.

3. 위 방법을 이용하면 정리 2.3 이 성립한다.

2.9 2.2 부분절 가정과 기호를 사용하여 다음을 보이시오.

1. $\{\boldsymbol{u}_1, \ldots, \boldsymbol{u}_n\}$ 이 $\mathbb{R}^n$ 의 기저이다.

2. $U^\top U = I$

3. 직교 행렬 $\tilde{U}$ 의 역행렬은 $\tilde{U}^\top$ 이지만 $n > p$ 이면 준직교 행렬 U 의 역행렬은 정의되지 않는다.

4. 두 벡터 $\boldsymbol{g} = \sum_{j=1}^{n} a_j \boldsymbol{u}_j$ 와 $\boldsymbol{h} = \sum_{j=1}^{n} b_j \boldsymbol{u}_j$ 에 대해 다음이 성립한다.

   i. $\boldsymbol{g} = \boldsymbol{h} \iff \sum_{j=1}^{n} (a_j - b_j)^2 = 0$

   ii. $\boldsymbol{g} \neq \boldsymbol{h} \iff \sum_{j=1}^{n} (a_j - b_j)^2 > 0$

5. 식 (2.3) 이 성립한다.

6. 식 (2.4) 가 성립한다.

2.10 함수 $f : \mathbb{R}^n \to \mathbb{R}^n$ 가 식

$$f(a\boldsymbol{v} + b\boldsymbol{w}) = af(a\boldsymbol{v}) + bf(a\boldsymbol{w}), \quad a, b \in \mathbb{R},\ \boldsymbol{v}, \boldsymbol{w} \in \mathbb{R}^n$$

을 만족할 경우 선형함수라고 한다. 정사영 함수 $\Pi_S[\cdot]$ 가 선형함수가 된다는 사실을 다음 방법들로 보이시오.

1. 정의 2.4 를 이용하면 $\Pi_S[\cdot]$ 가 선형이다.
2. 식 (2.5) 에 따르면 $\Pi_S[\cdot]$ 가 선형이다.
3. 정리 2.5 에 따라 $\Pi_S[\cdot]$ 가 선형이다.

2.11 정리 2.4 에서 정사영의 유일성은 다음 방법으로도 보일 수 있다. 이를 위해 정사영 조건을 만족하는 벡터 $\tilde{\boldsymbol{y}}$ 를 맘대로 선택하고 다음 결과들이 성립하는 이유를 설명하시오.

1. S 가 부분공간이므로 $\Pi_S[\boldsymbol{y}] - \tilde{\boldsymbol{y}} \in S$ 이다
2. 문제 2.10 을 이용하여 $\Pi_S[\boldsymbol{y} - \tilde{\boldsymbol{y}}] = \Pi_S[\boldsymbol{y}] - \tilde{\boldsymbol{y}}$ 이다.
3. 이상을 이용하면 $\|\Pi_S[\boldsymbol{y}] - \tilde{\boldsymbol{y}}\|^2 = 0$ 이다.
4. $\Pi_S[\boldsymbol{y}] - \tilde{\boldsymbol{y}} = \mathbf{0}$ 이므로 $\Pi_S[\boldsymbol{y}] = \tilde{\boldsymbol{y}}$ 이다.

2.12 정사영행렬 P 은 직정기저 선택과 무관하게 결정됨을 다음과 같이 보이시오.

1. 집합 $\{\boldsymbol{w}_1, \ldots, \boldsymbol{w}_p\}$ 이 열공간 S 에 대한 직정기저이면 정사영 $\Pi_S[\boldsymbol{y}]$ 은 다음과 같다.

$$\Pi_S[\boldsymbol{y}] = \sum_{j=1}^{p} \boldsymbol{w}_j \boldsymbol{w}_j^\top \boldsymbol{y}$$

2. 행렬 $W = \begin{bmatrix} \boldsymbol{w}_1 & \ldots & \boldsymbol{w}_p \end{bmatrix}$ 을 이용하면 정사영 $\Pi_S[\boldsymbol{y}]$ 은 다음과 같다.

$$\Pi_S[\boldsymbol{y}] = WW^\top \boldsymbol{y}$$

3. 행렬 $A \in \mathbb{R}^{n\times n}$ 과 벡터 $\boldsymbol{e}_j = (0, \ldots, 1, \ldots, 1)$ 에 대해 벡터 $A\boldsymbol{e}_j$ 는 행렬 A 의 j 번째 열벡터이다.
4. 두 행렬 $A, B \in \mathbb{R}^{n\times n}$ 이 조건

$$A\boldsymbol{v} = B\boldsymbol{v}, \quad \boldsymbol{v} \in \mathbb{R}^n$$

을 만족하면 $A = B$ 이다.

5. 정리 2.4 의 정사영의 유일성에 따라 모든 $\boldsymbol{y} \in \mathbb{R}^n$ 에 대해

$$UU^\top \boldsymbol{y} = WW^\top \boldsymbol{y}$$

이므로 $UU^\top = WW$ 이다.

2.13 정리 2.6 증명을 보완하기 위해 다음을 보이시오.

1. $\|\boldsymbol{v}+\boldsymbol{w}\|^2 = \|\boldsymbol{v}\| + 2\boldsymbol{v}^\top\boldsymbol{w} + \|\boldsymbol{w}\|^2$
2. $\boldsymbol{g} = \sum_{j=1}^{p} a_j \boldsymbol{u}_j \in S$ 라 하면 다음이 성립한다.

$$\|\boldsymbol{y}-\boldsymbol{g}\|^2 = \sum_{j=1}^{p}(z_j - a_j)^2 + \sum_{j=p+1}^{n} z_j^2$$
$$\sum_{j=p+1}^{n} z_j^2 = \|\boldsymbol{y} - \Pi_S[\boldsymbol{y}]\|^2, \quad \sum_{j=1}^{p}(z_j - a_j)^2 = \|\boldsymbol{g} - \Pi_S[\boldsymbol{y}]\|^2$$

3. 식 (2.6) 이 성립한다.

2.14 정사영행렬 $P = UU^\top$ 에 대해 $Q = I - P$ 라 하고 $S^\perp = \{\boldsymbol{h} : \boldsymbol{h} \perp S\}$ 인데 $S^\perp$ 로의 정사영 함수를 $\Pi_{S^\perp}[\cdot]$ 로 표현한다. 직교 여의 정의는 B.1 절을 참조한다. 그림 2.5 는 P 와 Q 의 기하학 의미를 도식화한다. 다음을 보이시오.

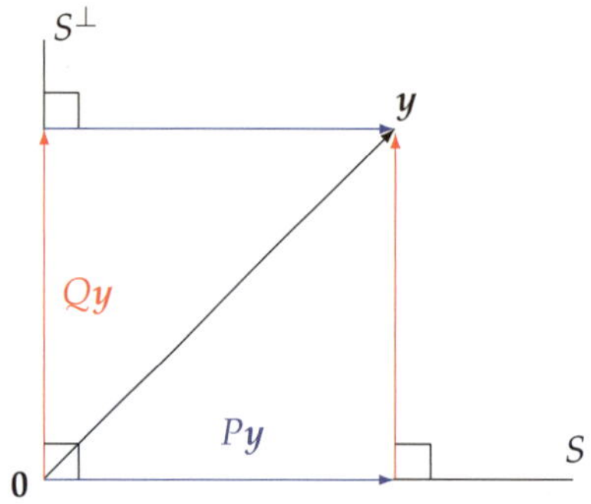

그림 2.5: P 와 Q 는 정사영행렬이라는 점을 도식화한 것이다.

1. $P = G(G^\top G)^{-1}G$
2. $P^\top = P,\ P^2 = P,\ Q^\top = Q,\ Q^2 = Q$
3. $PG = G,\ QG = \boldsymbol{0},\ PQ = QP = \boldsymbol{0}$
4. $\Pi_S[\boldsymbol{y}] = P\boldsymbol{y}$
5. $\Pi_{S^\perp}[\boldsymbol{y}] = Q\boldsymbol{y}$
6. $S \cap S^\perp = \{\boldsymbol{0}\}$
7. $\boldsymbol{y} = P\boldsymbol{y} + Q\boldsymbol{y}$

8. $\|\boldsymbol{y}\|^2 = \|P\boldsymbol{y}\|^2 + \|Q\boldsymbol{y}\|^2$

9. $\boldsymbol{e} = \boldsymbol{y} - \hat{\boldsymbol{y}} = Q\boldsymbol{y}$

10. $\|\boldsymbol{y} - \hat{\boldsymbol{y}}\|^2 = \|Q\boldsymbol{y}\|^2 = \boldsymbol{y}^\top Q\boldsymbol{y}$

11. $\text{trace}(P) = p$

12. $\text{trace}(Q) = n - p$

2.15 $g_1, \ldots, g_p$ 들이 $\|g_j\| > 0, 1 \le j \le n)$ 이고 $g_j^\top g_k = 0, j \ne k$ 라 할 때 다음이 성립하는 이유를 설명하시오.

1. $g_1, \ldots, g_p$ 들이 G 의 열공간 S 에 대한 기저이다.
2. 최제적합은 $\hat{\boldsymbol{y}} = \sum_{j=1}^p \dfrac{g_j^\top \boldsymbol{y}}{\|g_j\|^2} g_j$ 이다.
3. 최제해는 $\hat{b}_j = \dfrac{g_j^\top \boldsymbol{y}}{\|g_j\|^2}, 1 \le j \le p$ 이다.

2.16 센터링 연산과 관련하여 다음을 보이시오.

1. 행렬연산에 따라 H 는 대칭행렬이며 $H^2 = H$ 이다.
2. 단위벡터 $\boldsymbol{u} = \dfrac{1}{\sqrt{n}}\mathbf{1}$ 에 대해 $S_0 = \text{Span}\{\mathbf{1}\}$ 위 정사영행렬은 $H_0 = \boldsymbol{u}\boldsymbol{u}^\top = \dfrac{1}{n}\mathbf{1}\mathbf{1}^\top$ 이다.
3. $H_0\mathbf{1} = \mathbf{1}_{n\times 1}$ 이며 $\mathbf{1}^\top H = \mathbf{1}_{1\times n}$ 이다.
4. $S_0^\perp$ 위 정사영행렬은 $I - \boldsymbol{u}\boldsymbol{u}^\top = I - H_0 = H$ 이다.
5. $H\mathbf{1} = \mathbf{0}_{n\times 1}$ 이고 $\mathbf{1}^\top H = \mathbf{0}_{1\times n}$ 이다.
6. $\Pi_{S_0}[\boldsymbol{y}] = \mathbf{1}\bar{y}, \quad \Pi_{S_0^\perp}[\boldsymbol{y}] = \boldsymbol{y} - \mathbf{1}\bar{y}, \quad \Pi_{S_0}[\boldsymbol{y}]^\top \Pi_{S_0^\perp}[\boldsymbol{y}] = 0$
7. 입력변수들 표본평균벡터는 $\bar{\boldsymbol{x}} = \dfrac{1}{n}\mathbf{1}\mathbf{1}^\top X$ 이다.
8. X_c 의 각 열벡터 평균은 0이다.
9. 식 (2.15) 에서 $\dfrac{1}{n-1}X_c^\top X_c$ 의 (j,k) 원소, $\dfrac{1}{n-1}X_c^\top \boldsymbol{y}$ 의 j 번째 원소를 구하여 입력행렬 X 에 대한 표본공분산 행렬과 X 와 $\boldsymbol{y}$ 의 표본공분산 벡터를 각각 $var[X] = \dfrac{1}{n-1}X_c^\top X_c$, $cov[X, \boldsymbol{y}] = \dfrac{1}{n-1}X_c^\top \boldsymbol{y}$ 로 정의하는 것이 타당함를 보이시오.
10. $M = 1$ 일 때 정리 2.10 의 결과는 최제직선 적합에서 최제해 (2.9) 와 부합한다.

11. 구체적인 적용 예로서 $X = \begin{bmatrix} 1 & 2 \\ 3 & 6 \end{bmatrix}$ 에 대해 센터링 행렬 H 를 구하고 행렬 HX 의 각 열벡터 평균이 0 임을 확인하시오.

2.17 정리 2.10 의 증명을 위해 다음을 보이시오.

1. 부분공간들 S, S_0, S_1 의 일반 원소들은 각각 다음과 같다.

$$\boldsymbol{g} = G\boldsymbol{b}, \quad \boldsymbol{g}_0 = \mathbf{1}a_0, \quad \boldsymbol{g}_1 = X_c\boldsymbol{a}_1$$

2. S 에 속하는 벡터 $\boldsymbol{g}$ 는 $\boldsymbol{g} = \boldsymbol{g}_0 + \boldsymbol{g}_1$ 로 표현되는데 $\boldsymbol{g}_0 \in S_0$, $\boldsymbol{g}_1 \in S_1$ 이며 $\boldsymbol{g}_0^\top \boldsymbol{g}_1 = 0$ 이다. 따라서 $S = S_0 \oplus S_1$ 이다.
3. $\|\boldsymbol{g}\|^2 = \|\boldsymbol{g}_0\|^2 + \|\boldsymbol{g}_1\|^2$
4. $\|\boldsymbol{g}_1\| = 0 \iff \boldsymbol{a}_1 = \mathbf{0}$
5. $\|\boldsymbol{g}\| = 0 \iff \boldsymbol{b} = \mathbf{0}$
6. $\boldsymbol{g}_0' = \mathbf{1}a_0', \boldsymbol{g}_1 = X_c\boldsymbol{a}_1'$ 라면 $\boldsymbol{g}_0 + \boldsymbol{g}_1 = \boldsymbol{g}_0' + \boldsymbol{g}_1' \iff a_0 = a_0'$, $\boldsymbol{a}_1 = \boldsymbol{a}_1'$
7. 설계행렬 G 가 최대순위라는 조건과 행렬 X_c 이 최대순위라는 조건은 같다는 사실의 증명을 위해 다음 도움말들을 보이시오.
   i $\boldsymbol{c}_j = \boldsymbol{x}^j - \bar{x}\mathbf{1}, j = 1, \ldots, M$
   ii $\sum_{j=1}^M a_j\boldsymbol{c}_j = \sum_{j=1}^M a_j\boldsymbol{x}^j - \left(\sum_{j=1}^M a_j\bar{x}_j\right)\mathbf{1}$
   iii $b_0\mathbf{1} + \sum_{j=1}^M b_j\boldsymbol{x}^j = \left(b_0 + \sum_{j=1}^M b_j\bar{x}_j\right)\mathbf{1} + \sum_{j=1}^M b_j\boldsymbol{c}_j$
8. 식들 (2.18), (2.19), (2.20), (2.21) 을 보이시오.
9. $\hat{\boldsymbol{y}} = \hat{\boldsymbol{y}}_0 + \hat{\boldsymbol{y}}_1 = \hat{a}_0\mathbf{1} + X_c\hat{\boldsymbol{a}}_1$
10. $\boldsymbol{g}^\top(\boldsymbol{y} - \hat{\boldsymbol{y}}) = 0$
11. $\|\boldsymbol{y} - \boldsymbol{g}\|^2 = \|\boldsymbol{y} - \hat{\boldsymbol{y}}\|^2 + \|\boldsymbol{g} - \hat{\boldsymbol{y}}\|^2$
12. $\|\boldsymbol{g} - \hat{\boldsymbol{y}}\|^2 = 0 \iff \boldsymbol{a} = \hat{\boldsymbol{a}}$
13. 이상의 결과들에 따라 $\hat{\boldsymbol{y}} = \hat{a}_0\mathbf{1} + X_c\hat{\boldsymbol{a}}_1$ 이 유일 최제적합이 된다.
14. 행렬연산에 따르면 식 (2.17) 이 성립한다.

2.18 정리 2.10 은 불변성invariance 관점에서 이해할 수 있는데 잔차제곱합들을 다음으로 정의한다.

$$\Phi(\boldsymbol{a}) = \|\boldsymbol{y} - \mathbf{1}a_0 - X_c\boldsymbol{a}_1\|^2, \quad \Psi(\boldsymbol{b}) = \|\boldsymbol{y} - \mathbf{1}b_0 - X\boldsymbol{b}_1\|^2, \quad \boldsymbol{a}, \boldsymbol{b} \in \mathbb{R}^p$$

다음 물음에 답하시오.

1. 함수 $h : \mathbb{R}^p \to \mathbb{R}^p$ 를 $h(\boldsymbol{a}) = (a_0 - \boldsymbol{a}_1^\top \bar{\boldsymbol{x}}, \boldsymbol{a}_1)$ 로 정의할 때 다음을 보이시오.
   i. 모든 $\boldsymbol{b} \in \mathbb{R}^p$ 에 대해 $\boldsymbol{b} = h(\boldsymbol{a})$ 인 $\boldsymbol{a}$ 가 존재하므로 h 는 전사함수이다.
   ii. $\boldsymbol{a} \neq \boldsymbol{a}'$ 이면 $h(\boldsymbol{a}) \neq h(\boldsymbol{a}')$ 또는 그 대우인 $h(\boldsymbol{a}) = h(\boldsymbol{a}')$ 이면 $\boldsymbol{a} = \boldsymbol{a}'$ 이므로 h 는 단사함수이다.
   iii. h 는 전단사함수이므로 그 역함수 h^{-1} 도 역시 전단사함수이다.
2. $\Phi(\boldsymbol{a})$ 에 대한 유일 최제해를 $\hat{\boldsymbol{a}}$ 라 할 때 $\hat{\boldsymbol{b}} = h(\hat{\boldsymbol{a}})$ 로 정의하고 다음을 보이시오.
   i. $\hat{\boldsymbol{a}}$ 의 정의는 $\Phi(\hat{\boldsymbol{a}}) < \Phi(\boldsymbol{a}), \boldsymbol{a} \neq \hat{\boldsymbol{a}}, \boldsymbol{a} \in \mathbb{R}^p$ 이다.
   ii. $\mathbb{R}^p$ 의 원소 $\boldsymbol{b}$ 에 대해 $\boldsymbol{a} = h^{-1}(\boldsymbol{b})$ 라면 $\Phi(\boldsymbol{a}) = \Psi(\boldsymbol{b})$ 이다.
   iii. $\boldsymbol{b} \neq \hat{\boldsymbol{b}}$ 이면 $\boldsymbol{a} \neq \hat{\boldsymbol{a}}$ 이다.
   iv. $\boldsymbol{b} \neq \hat{\boldsymbol{b}}$ 인 모든 $\boldsymbol{b}$ 에 대해 $\boldsymbol{a} \neq \hat{\boldsymbol{a}}$ 이므로 $\Psi(\hat{\boldsymbol{b}}) = \Phi(\hat{\boldsymbol{a}}) < \Phi(\boldsymbol{a}) = \Psi(\boldsymbol{b})$ 이다.
   v. 따라서 $\hat{\boldsymbol{b}} = h(\hat{\boldsymbol{a}})$ 이 $\Psi(\boldsymbol{b})$ 에 대한 유일 최제해이다.
3. 역으로 $\Psi(\boldsymbol{b})$ 에 대한 유일 최제해를 $\hat{\boldsymbol{b}}$ 라 할 때 $\hat{\boldsymbol{a}} = h^{-1}(\hat{\boldsymbol{b}})$ 이 $\Phi(\boldsymbol{a})$ 에 대한 유일 최제해이 된다는 사실을 보이시오.
4. 식 (2.21) 로 정의된 $\hat{\boldsymbol{a}}$ 에 대해 $\hat{\boldsymbol{b}} = h(\hat{a}_0, \hat{\boldsymbol{a}}_1)$ 는 정리 2.10 을 만족한다.

3 다변량정규분포와 예측

이 장에서는 먼저 선형모형의 이론상 기초인 다변량정규분포에 대해 결합 밀도함수, 조건부분포, 아핀 변환 등을 다루고자 한다. 표준다변량정규분포를 시작으로 변수변환법에 의해 밀도함수를 유도하고 행렬대수를 이용하여 조건부분포와 아핀변환의 정규성 등을 보인다.

이차로 입력변수벡터의 함수로 반응변수를 예측하는 문제에 대해 고려한다. 예측문제는 통계학에서 계속해서 중요하게 다루고 있는 문제이며 최근에는 기계학습, 통계학습, 함수추정 등의 분야에서도 핵심이론으로서 중요하게 다루어지고 있다. 주된 참고문헌은 Bickel and Doksum [2015], Stone [1996] 이다.

3.1 다변량정규분포

이 절에서는 다변량정규분포에 대해 알아본다. 먼저 엄밀한 증명없이 시각화가 가능한 이변량정규분포에 대해 알아보고 다변량정규분포 밀도함수 유도, 주변분포, 조건부분포, 아핀변환 등에 대해 살펴본다.

이변량정규분포

확률벡터 (X, Y) 의 평균벡터를 $\boldsymbol{\mu} = \begin{bmatrix} \mu_X \\ \mu_Y \end{bmatrix}$, 공분산행렬을 $\boldsymbol{\Sigma} = \begin{bmatrix} \sigma_X^2 & \rho\sigma_X\sigma_Y \\ \rho\sigma_X\sigma_Y & \sigma_Y^2 \end{bmatrix}$,
이차다항식 q_2 을

$$q_2(x,y) = \frac{1}{1-\rho^2}\left\{\left(\frac{x-\mu_X}{\sigma_X}\right)^2 - 2\rho\left(\frac{x-\mu_X}{\sigma_X}\right)\left(\frac{y-\mu_Y}{\sigma_Y}\right) + \left(\frac{y-\mu_Y}{\sigma_Y}\right)^2\right\} \tag{3.1}$$

로 정의하면 (X, Y) 가 이변량정규분포에 따른다는 말은 그 밀도함수가 다음과 같다는 말이다.

$$f_{X,Y}(x,y) = \frac{1}{(2\pi)\sigma_X\sigma_Y\sqrt{1-\rho^2}} \exp\left[-\frac{1}{2}q_2(x,y)\right] \tag{3.2}$$

한편, $X = x$ 일 때 Y의 조건부분포는 일변량정규분포 $\mathcal{N}\left(\mu(x), \sigma^2\right)$ 이다. 회귀함수 $\mu(\cdot)$ 와 조건부분산 σ^2 은 다음과 같이 표현된다.

$$\mu(x) = \mu_Y + \rho\frac{\sigma_Y}{\sigma_X}(x-\mu_X), \quad x \in \mathbb{R}, \quad \sigma^2 = (1-\rho^2)\sigma_Y^2$$

회귀함수를 $\mu(x) = \beta_0 + \beta_1 x$ 라 하면 절편과 기울기는 다음과 같다.

$$\beta_1 = \frac{\mathsf{Cov}\,[X,Y]}{\mathsf{Var}\,[X]}, \quad \beta_0 = \mu_Y - \beta_1\mu_X \tag{3.3}$$

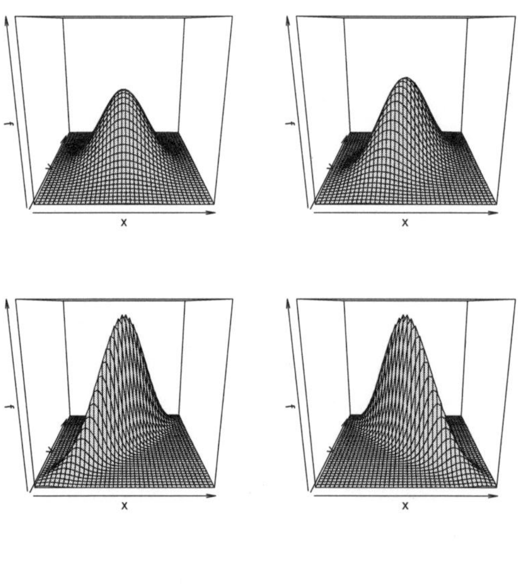

그림 3.1: 이변량정규분포 겨냥도를 보여준다. 위왼쪽은 상관계수가 0, 위오른쪽 그림은 양의 상관계수, 아래왼쪽 그림은 보다 큰 양의 상관계수, 아래오른쪽 그림은 음의 상관계수인 경우에 해당한다.

이변량정규분포의 특성을 식과 그림을 통해 살펴본다. (x, y) 가 $\boldsymbol{\mu}$ 일 때 q_2는 최솟값 0을 가지므로 $f_{X,Y}$는 최댓값을 가지며, (x, y) 가 $\boldsymbol{\mu}$ 로부터 멀어지면 q_2의 값은 커지므로 $f_{X,Y}$는 0에 수렴한다는 점이다. 그림 3.1 은 f_{XY} 의 겨냥도를 보여주는데 이를 통해 위에서 언급한 (x, y) 의 변화에 따른 $f_{X,Y}$ 의 변화를 확인할 수 있다. 즉 $f_{X,Y}$ 의 값이 중심부에서 높고 중심에서 멀어질수록 0에 가까워짐을 알 수 있다. 공분산행렬에서 ρ는 상관계수를 나타내는데 이의 부호에 따른 $f_{X,Y}$ 의 변화에 주목할 필요가 있다.

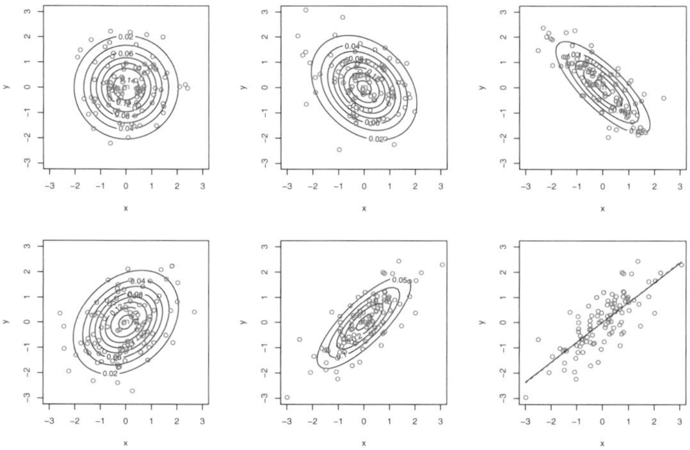

그림 3.2: $\mathcal{N}_2(\mathbf{0}, \boldsymbol{\Sigma})$의 등고선도와 대응하는 분포에서 얻은 랜덤수를 겹쳐 그린 그림이다. 각 경우 $\mu_X = \mu_Y = 0$ 이며 $\sigma_X = \sigma_Y = 1$ 이다. 위에서 부터 상관계수는 각각 $0, -0.2, -0.8, 0.2, 0.8$ 이며, 붉은색 m 은 평균벡터 위치를 표시한다. 마지막 그림은 최소제곱직선(실선)과 실제 조건부평균(점선)을 그린 것인데 이들이 거의 같음을 알 수 있다.

그림 3.2 는 $\boldsymbol{\mu} = \begin{bmatrix} 0 \\ 0 \end{bmatrix}, \boldsymbol{\Sigma} = \begin{bmatrix} 1 & \rho \\ \rho & 1 \end{bmatrix}$ 인 이변량정규분포 $\mathcal{N}_2(\mathbf{0}, \boldsymbol{\Sigma})$ 의 등고선도와 대응하는 분포에서 얻은 랜덤수를 겹쳐 그린 그림이다. 각 경우 $\mu_X = \mu_Y = 0$ 이며 $\sigma_X = \sigma_Y = 1$ 이다. 위왼쪽부터 오른쪽으로 $\rho = 0, \rho = -0.2, \rho = -0.8$ 인 경우를 나타내고, 아래왼쪽은 $\rho = 0.2$, 아래가운데는 $\rho = 0.8$ 인 경우를 보여준다. 마지막 아래오른쪽 그림에서 검은 실선은 최소제곱직선, 붉은 점선은 조건부평균을 그린 것인데 이들이 거의 같음을 알 수 있다.

1. 점 (x, y) 이 붉은색 m 으로 표시된 $\boldsymbol{\mu} = (0, 0)$ 일 때 $f_{X,Y}$ 는 최댓값을 가지며, 점 (x, y) 이 $\boldsymbol{\mu}$ 와 멀어지면 $f_{X,Y}$ 는 0 에 수렴한다는 점이다.

2. 상관계수 ρ 에 따른 f_{XY} 의 변화는 그림 3.1 과 같다.

3. 등고선들이 럭비공모양이며 모의 생성된 데이터구름의 모양이 럭비공 모양임을 알 수 있다. 역으로 데이터구름의 모양이 럭비공 모양이면

데이터가 이변량정규분포에 따른다고 생각해도 무방하다. 예컨대 그림 1.2 의 골턴 데이터는 이변량정규분포에 따른다고 생각해도 무방하다.

4. $\mu_X = \mu_Y = 0$ 이며 $\sigma_X = \sigma_Y = 1$ 이므로 참 회귀함수는 $\mu_Y + \rho\dfrac{\sigma_X}{\sigma_Y}(x - \mu_X) = \rho x$ 이다. 마지막 그림에서 실선으로 표시된 ρx 와 붉은색 점선으로 표시된 최소제곱직선이 매우 비슷하다.

5. ρ의 절댓값이 커질수록 입력변수값을 특정한 경우 Y의 조건부 표준편차 σ 가 줄어듦을 알 수 있다.

다변량정규분포 밀도함수와 적률

이 절에서는 다변량정규분포의 밀도함수를 변수변환법에 의해 구하고 이변량정규분포의 경우 시각화를 통해 정규분포 밀도함수가 내포한 의미를 이해한다.

일변량 표준정규분포 밀도함수는 다음과 같다.

$$\phi(w) = \frac{1}{\sqrt{2\pi}} e^{-w^2/2}, \quad w \in \mathbb{R}$$

확률변수들 $W_1, \ldots, W_n$ 가 서로독립인 $\mathcal{N}(0,1)$ 확률변수들이라 할 때 확률벡터 $\boldsymbol{W} = (W_1, \ldots, W_n)$ 의 밀도함수 $f_{\boldsymbol{W}}$ 는 다음과 같다.

보통 표준정규분포 확률변수로 Z 를 많이 쓰는데 정준형식과 구별하기 위해 W 를 쓴다.

$$f_{\boldsymbol{W}}(\boldsymbol{w}) = \frac{1}{(2\pi)^{n/2}} \exp\left(-\frac{1}{2}\|\boldsymbol{w}\|^2\right), \quad \boldsymbol{w} \in \mathbb{R}^n \tag{3.4}$$

이때 $\boldsymbol{W}$ 를 표준다변량정규분포에 따르는 확률벡터라 부르고 간략히 표준다변량정규확률벡터라 일컫는다. (3.4) 의 $f_{\boldsymbol{W}}(\boldsymbol{w})$ 는 원점과 거리 $\|\boldsymbol{w}\|$ 로 정해지므로 $f_{\boldsymbol{W}}$ 는 원점에서 같은 거리에 있는 점들에서 같은 값을 가진다.

$\boldsymbol{W}$ 의 평균벡터 $\mathsf{E}[\boldsymbol{W}]$ 와 공분산행렬 $\mathsf{Var}[\boldsymbol{W}]$ 을 (A.1) 에 따라 구하면

$$\mathsf{E}[\boldsymbol{W}] = \boldsymbol{0}, \quad \mathsf{Var}[\boldsymbol{W}] = I \tag{3.5}$$

이므로 정리 3.1 에서 $\boldsymbol{W}$ 의 변환 $\boldsymbol{Y} = A\boldsymbol{W} + \boldsymbol{\mu}$ 의 적률은 다음과 같다.

$$\mathsf{E}[\boldsymbol{Y}] = \boldsymbol{\mu}, \quad \mathsf{Var}[\boldsymbol{Y}] = AA^\top \tag{3.6}$$

$\boldsymbol{Y}$ 의 적률을 파악했으므로 다음 관심은 $\boldsymbol{Y}$ 의 밀도함수인데 정리 3.1 은 이를 구체화한다 (문제들 3.2, 3.3).

정리 3.1. *벡터 $\boldsymbol{\mu} \in \mathbb{R}^n$ 와 가역행렬 $A \in \mathbb{R}^{n\times n}$ 에 대해 변환 $\boldsymbol{Y} = A\boldsymbol{W} + \boldsymbol{\mu}$ 의 밀도함수 $f_{\boldsymbol{Y}}$ 는*

$$f_{\boldsymbol{Y}}(\boldsymbol{y}) = \frac{1}{(2\pi)^{n/2}\sqrt{\det \boldsymbol{\Sigma}}} \exp\left[-\frac{1}{2}(\boldsymbol{y}-\boldsymbol{\mu})^\top \boldsymbol{\Sigma}^{-1}(\boldsymbol{y}-\boldsymbol{\mu})\right], \quad \boldsymbol{y} \in \mathbb{R}^n \tag{3.7}$$

로 표현되는데 $\boldsymbol{\Sigma} = AA^\top$ 이다.

증명 A 의 가역성과 행렬식 성질에 따라 다음을 얻는다.

$$\det \boldsymbol{\Sigma} = |\det A|^2 > 0$$

변환 $\boldsymbol{w} = A^{-1}(\boldsymbol{y}-\boldsymbol{\mu})$ 의 자코비안의 절댓값은 다음과 같다.

$$\left|\frac{\partial \boldsymbol{w}}{\partial \boldsymbol{y}}\right| = \frac{1}{\sqrt{\det \boldsymbol{\Sigma}}}$$

간단한 행렬연산을 이용하면 다음을 얻을 수 있다.

$$\|A^{-1}(\boldsymbol{y}-\boldsymbol{\mu})\|^2 = (\boldsymbol{y}-\boldsymbol{\mu})^\top \boldsymbol{\Sigma}^{-1}(\boldsymbol{y}-\boldsymbol{\mu})$$

이상을 종합하여 변수변환법을 적용하면 $\boldsymbol{Y}$ 의 밀도함수는

$$f_{\boldsymbol{Y}}(\boldsymbol{y}) = f_{\boldsymbol{W}}\left(A^{-1}(\boldsymbol{y}-\boldsymbol{\mu})\right)\frac{1}{\sqrt{\det \boldsymbol{\Sigma}}}$$

인데 이를 정리하여 (3.7) 을 얻는다. □

벡터 $\boldsymbol{\mu} \in \mathbb{R}^n$ 와 양의 정부호 행렬 $\boldsymbol{\Sigma}$ 에 대해 $\boldsymbol{Y}$ 의 밀도함수가 (3.7) 과 같으면 $\boldsymbol{Y}$ 는 n 차원 다변량정규분포에 따른다고 하고 기호로는 $\boldsymbol{Y} \sim \mathcal{N}_n(\boldsymbol{\mu}, \boldsymbol{\Sigma})$ 라 쓰며 다변량정규확률벡터라 일컫는다. 먼저 $\boldsymbol{\Sigma}$ 가 정해지면 스펙트럴분해 또는 촐레스키분해로 $\boldsymbol{\Sigma} = AA^\top$ 인 A 를 거꾸로 구할 수 있다. 이때 $\mathsf{E}[\boldsymbol{Y}] = \boldsymbol{\mu}$ 이고 $\mathsf{Var}[\boldsymbol{Y}] = \boldsymbol{\Sigma}$ 이다 (문제 3.3).

양의 정부호 행렬 S 에 따른 두 점 $\boldsymbol{u}, \boldsymbol{v} \in \mathbb{R}^n$ 사이의 마할라노비스 거리 Mahalanobis distance 는 다음으로 정의한다.

$$\Delta_S(\boldsymbol{u}, \boldsymbol{v}) = (\boldsymbol{u}-\boldsymbol{v})^\top S^{-1}(\boldsymbol{u}-\boldsymbol{v}), \quad \boldsymbol{u}, \boldsymbol{v} \in \mathbb{R}^n \tag{3.8}$$

마할라노비스 거리를 이용하면 (3.7) 의 다변량정규분포 밀도함수는 다음

과 같이 표현된다.

$$f_{\boldsymbol{Y}}(\boldsymbol{y}) = \frac{1}{(2\pi)^{n/2}\sqrt{\det \boldsymbol{\Sigma}}} \exp\left[-\frac{1}{2}\Delta_{\boldsymbol{\Sigma}}(\boldsymbol{y}, \boldsymbol{\mu})\right]$$

따라서 점 $\boldsymbol{y}$ 에 대한 밀도함수 값 $f_{\boldsymbol{Y}}(\boldsymbol{y})$ 은 점 $\boldsymbol{y}$ 와 평균벡터 $\boldsymbol{\mu}$ 의 마할라노비스 거리에 비례하며 마할라노비스 거리가 커지면 값 $f_{\boldsymbol{Y}}(\boldsymbol{y})$ 이 작아짐을 알 수 있다.

주변분포와 조건부분포

다변량정규분포에 따르는 확률변수를 분할하였을 경우 주변분포와 조건부분포에 관한 결과들은 선형모형 이론에 핵심이 된다.

확률벡터 $\boldsymbol{X} \in \mathbb{R}^M$ 와 $\boldsymbol{Y} \in \mathbb{R}^N$ 으로 구성된 확률벡터 $(\boldsymbol{X}, \boldsymbol{Y})$ 가 다변량정규분포에 따른다고 가정하는데 이는 다음과 같이 표현한다.

$$(\boldsymbol{X}, \boldsymbol{Y}) \sim \mathcal{N}_{M+N}(\boldsymbol{\mu}, \boldsymbol{\Sigma}) = \mathcal{N}_{M+N}\left(\begin{bmatrix}\boldsymbol{\mu}_X \\ \boldsymbol{\mu}_Y\end{bmatrix}, \begin{bmatrix}\boldsymbol{\Sigma}_{XX} & \boldsymbol{\Sigma}_{XY} \\ \boldsymbol{\Sigma}_{YX} & \boldsymbol{\Sigma}_{YY}\end{bmatrix}\right) \tag{3.9}$$

$(\boldsymbol{X}, \boldsymbol{Y})$ 의 공분산행렬 $\boldsymbol{\Sigma}$ 이 양의 정부호 행렬이라고 가정하고 다음 기호를 도입한다.

$$\begin{aligned}
B_1 &= \boldsymbol{\Sigma}_{XX}^{-1}\boldsymbol{\Sigma}_{XY}, \quad B_0 = \boldsymbol{\mu}_Y - B_1^\top \boldsymbol{\mu}_X \\
\boldsymbol{\mu}_{Y|X} &= B_1^\top \boldsymbol{x} + B_0 \\
\boldsymbol{\Sigma}_{Y|X} &= \boldsymbol{\Sigma}_{YY} - \boldsymbol{\Sigma}_{YX}\boldsymbol{\Sigma}_{XX}^{-1}\boldsymbol{\Sigma}_{XY}
\end{aligned}$$

이들 기호를 이용하여 두 함수 $f_{\boldsymbol{X}}(\boldsymbol{x})$ 와 $f_{\boldsymbol{Y}|\boldsymbol{X}}$ 를 다음으로 정의한다.

$$f_{\boldsymbol{X}}(\boldsymbol{x}) = \frac{1}{(2\pi)^{M/2}\sqrt{\det \boldsymbol{\Sigma}_{XX}}} \exp\left[-\frac{1}{2}\Delta_{\boldsymbol{\Sigma}_{XX}}(\boldsymbol{x}, \boldsymbol{\mu}_X)\right] \tag{3.10}$$

$$f_{\boldsymbol{Y}|\boldsymbol{X}}(\boldsymbol{y}|\boldsymbol{x}) = \frac{1}{(2\pi)^{N/2}\sqrt{\det \boldsymbol{\Sigma}_{Y|X}}} \exp\left[-\frac{1}{2}\Delta_{\boldsymbol{\Sigma}_{Y|X}}(\boldsymbol{y}, \boldsymbol{\mu}_{Y|X})\right] \tag{3.11}$$

정리 3.2 는 $\boldsymbol{X}$ 의 주변밀도함수가 $f_{\boldsymbol{X}}$ 이며 확률벡터 $\boldsymbol{X}$ 가 $\boldsymbol{X} = \boldsymbol{x}$ 로 주어졌을 때 $\boldsymbol{Y}$ 의 조건부밀도함수, 즉 $\boldsymbol{Y}$ 의 $\boldsymbol{x}$-조건부밀도함수가 $f_{\boldsymbol{Y}|\boldsymbol{X}}$ 임을 보여준다.

정리 3.2. *$(\boldsymbol{X}, \boldsymbol{Y})$ 의 결합분포가 (3.9) 이면 다음이 성립한다.*

1. *$\boldsymbol{X}$ 의 밀도함수는 (3.10) 으로 주어지므로 $\boldsymbol{X}$ 의 주변분포는 $\mathcal{N}_M(\boldsymbol{\mu}_X, \boldsymbol{\Sigma}_{XX})$*

이다.

2. *$\boldsymbol{Y}$ 의 $\boldsymbol{x}$-조건부밀도함수가 (3.11) 이므로 조건부분포는 $\mathcal{N}_N\left(\boldsymbol{\mu}_{Y|X}, \boldsymbol{\Sigma}_{Y|X}\right)$ 이다.*

증명 하삼각행렬 $L = \begin{bmatrix} I & \mathbf{0} \\ B_1^\top & I \end{bmatrix}$ 과 블록대각행렬 $D = \begin{bmatrix} \boldsymbol{\Sigma}_{XX} & \mathbf{0} \\ \mathbf{0} & \boldsymbol{\Sigma}_{Y|X} \end{bmatrix}$ 의 역행렬들은

$$L^{-1} = \begin{bmatrix} I & \mathbf{0} \\ -B_1^\top & I \end{bmatrix}, \quad D^{-1} = \begin{bmatrix} \boldsymbol{\Sigma}_{XX}^{-1} & \mathbf{0} \\ \mathbf{0} & \boldsymbol{\Sigma}_{Y|X}^{-1} \end{bmatrix}$$

이며 다음이 성립한다.

$$\boldsymbol{\Sigma} = LDL^\top, \quad \boldsymbol{\Sigma}^{-1} = (L^{-1})^\top D^{-1} L^{-1}, \quad \det \boldsymbol{\Sigma} = \det(\boldsymbol{\Sigma}_{XX}) \det(\boldsymbol{\Sigma}_{Y|X})$$

$S = \boldsymbol{\Sigma}$ 라 할 때 두점 $(\boldsymbol{x}, \boldsymbol{y}), (\boldsymbol{\mu}_X, \boldsymbol{\mu}_Y)$ 사이의 마할라노비스 거리 (3.8) 은 다음과 같이 분해된다.

$$\begin{aligned} \Delta_{\boldsymbol{\Sigma}}\left((\boldsymbol{x}, \boldsymbol{y}), (\boldsymbol{\mu}_X, \boldsymbol{\mu}_Y)\right) &= \begin{bmatrix} \boldsymbol{x} - \boldsymbol{\mu}_X \\ \boldsymbol{y} - \boldsymbol{\mu}_{Y|X} \end{bmatrix}^\top D^{-1} \begin{bmatrix} \boldsymbol{x} - \boldsymbol{\mu}_X \\ \boldsymbol{y} - \boldsymbol{\mu}_{Y|X} \end{bmatrix} \\ &= \Delta_{\boldsymbol{\Sigma}_{XX}}(\boldsymbol{x}, \boldsymbol{\mu}_X) + \Delta_{\boldsymbol{\Sigma}_{Y|X}}(\boldsymbol{y}, \boldsymbol{\mu}_{Y|X}) \end{aligned}$$

확률벡터 $(\boldsymbol{X}, \boldsymbol{Y})$ 의 밀도함수 $f_{\boldsymbol{XY}}$ 가

$$f_{\boldsymbol{XY}}(\boldsymbol{x}, \boldsymbol{y}) = f_{\boldsymbol{X}}(\boldsymbol{x}) f_{\boldsymbol{Y}|\boldsymbol{X}}(\boldsymbol{y}|\boldsymbol{x}), \quad \boldsymbol{x} \in \mathbb{R}^M, \ \boldsymbol{y} \in \mathbb{R}^N$$

와 같이 $f_{\boldsymbol{X}}$ 와 $f_{\boldsymbol{Y}|\boldsymbol{X}}$ 의 곱으로 표현되므로 $f_{\boldsymbol{X}}$ 는 $\boldsymbol{X}$ 의 주변밀도함수이고 $f_{\boldsymbol{Y}|\boldsymbol{X}}$ 는 $\boldsymbol{Y}$ 의 $\boldsymbol{x}$-조건부밀도함수이다. □

다음은 $(\boldsymbol{X}, \boldsymbol{Y})$ 의 부분벡터들의 독립성에 관한 것이다. 일반적으로 $(\boldsymbol{X}, \boldsymbol{Y})$ 의 분포가 정규분포가 아니더라도 $\boldsymbol{X}$ 와 $\boldsymbol{Y}$ 가 서로독립이라면 $\mathrm{Cov}[\boldsymbol{X}, \boldsymbol{Y}] = \mathbf{0}$ 이지만, 공분산이 $\mathbf{0}$ 이라고 해서 독립은 아니다. 그런데, 정규분포의 경우 $\mathrm{Cov}[\boldsymbol{X}, \boldsymbol{Y}] = \mathbf{0}$ 이면 $\boldsymbol{X}$ 와 $\boldsymbol{Y}$ 가 서로독립이다.

정리 3.3. *$(\boldsymbol{X}, \boldsymbol{Y})$ 의 분포가 다변량정규분포 (3.9) 라 한다. 그러면, $\boldsymbol{X}$ 과 $\boldsymbol{Y}$ 가 독립일 필요충분조건은 $\mathrm{Cov}[\boldsymbol{X}, \boldsymbol{Y}] = \mathbf{0}$.*

증명 $\boldsymbol{Y}$ 의 $\boldsymbol{x}$-조건부밀도함수가 $\boldsymbol{x}$과 무관할 필요충분조건은 $B_1 =$

$\boldsymbol{\Sigma}_{XX}^{-1}\boldsymbol{\Sigma}_{XY} = \mathbf{0}$ 인데 $\boldsymbol{\Sigma}_{XX}$ 이 양의 정부호행렬로 가역이므로 이는 $\boldsymbol{\Sigma}_{XY} = \mathrm{Cov}[\boldsymbol{X}, \boldsymbol{Y}] = \mathbf{0}$ 와 같다. □

다변량정규확률벡터의 아핀변환

이 절에서는 다변량정규분포에 따르는 확률벡터의 선형변환은 역시 다변량정규분포에 따른다는 사실을 규명하고자 한다. 한마디로 "다변량정규분포는 아핀변환에 대해 닫혀있다" 인데 다변량정규분포의 이러한 성질은 향후 선형모형 추정량들의 분포를 유도하는데 유용하다.

정리 3.4. *$\boldsymbol{Y} \sim \mathcal{N}_n(\boldsymbol{\mu}, \boldsymbol{\Sigma})$, $\boldsymbol{c} \in \mathbb{R}^n$ 는 상수벡터, $B \in \mathbb{R}^{n\times n}$ 가 가역이면, $B\boldsymbol{Y} + \boldsymbol{c} \sim \mathcal{N}_n(B\boldsymbol{\mu} + \boldsymbol{c}, B\boldsymbol{\Sigma}B^\top)$.*

증명 정리 3.1 에서 $\boldsymbol{Y} = A\boldsymbol{W} + \boldsymbol{\mu}$ 라면

$$B\boldsymbol{Y} + \boldsymbol{c} = B(A\boldsymbol{W} + \boldsymbol{\mu}) + \boldsymbol{c} = (BA)\boldsymbol{W} + B\boldsymbol{\mu} + \boldsymbol{c}.$$

가역행렬의 곱인 BA 역시 가역이므로, 정리 3.1 에 따라 $B\boldsymbol{Y} + \boldsymbol{c}$ 는 다변량정규분포에 따르는데, $\mathrm{E}[B\boldsymbol{Y} + \boldsymbol{c}] = B\boldsymbol{\mu} + \boldsymbol{c}$ 이며 $\mathrm{Var}[B\boldsymbol{Y} + \boldsymbol{c}] = \mathrm{Var}[B\boldsymbol{Y}] = B\boldsymbol{\Sigma}B^\top$ 이다. □

정리 3.5. *$\boldsymbol{Y} \sim \mathcal{N}_n(\boldsymbol{\mu}, \boldsymbol{\Sigma})$, $\boldsymbol{d} \in \mathbb{R}^p$ 는 상수벡터, 행렬 $C \in \mathbb{R}^{p\times n}$ 의 순위가 $\mathrm{rank}(C) = p \leq n$ 이면, $C\boldsymbol{Y} + \boldsymbol{d} \sim \mathcal{N}_p(C\boldsymbol{\mu} + \boldsymbol{d}, C\boldsymbol{\Sigma}C^\top)$.*

증명 $p = n$ 인 경우는 정리 3.4 로 증명된다. $p < n$ 인 경우 $B = \begin{bmatrix} C \\ D \end{bmatrix}$ 의 차수가 n이 되게 하는 행렬 $D \in \mathbb{R}^{(n-p)\times n}$ 가 존재하며 그 결과로 B 는 가역행렬이 된다. 이때, $\boldsymbol{c} = \begin{bmatrix} \boldsymbol{d} \\ \mathbf{0} \end{bmatrix}$ 라 하면 정리 3.4 에 의해

$$B\boldsymbol{Y} + \boldsymbol{c} = \begin{bmatrix} C\boldsymbol{Y} + \boldsymbol{d} \\ D\boldsymbol{Y} \end{bmatrix} \sim \mathcal{N}_n\left(B\boldsymbol{\mu} + \boldsymbol{c}, B\boldsymbol{\Sigma}B^\top\right).$$

행렬연산에 따라

$$B\boldsymbol{\mu} + \boldsymbol{c} = \begin{bmatrix} C \\ D \end{bmatrix} \boldsymbol{\mu} + \begin{bmatrix} \boldsymbol{d} \\ \boldsymbol{0} \end{bmatrix} = \begin{bmatrix} C\boldsymbol{\mu} + \boldsymbol{d} \\ D\boldsymbol{\mu} \end{bmatrix}$$

$$B\boldsymbol{\Sigma}B^\top = \begin{bmatrix} C \\ D \end{bmatrix} \boldsymbol{\Sigma} \begin{bmatrix} C^\top & D^\top \end{bmatrix} = \begin{bmatrix} C\boldsymbol{\Sigma}C^\top & C\boldsymbol{\Sigma}D^\top \\ D\boldsymbol{\Sigma}C^\top & D\boldsymbol{\Sigma}D^\top \end{bmatrix}.$$

이제 정리 3.2 를 이용하면 원하는 결과를 얻을 수 있다. □

정리 3.5 의 증명 과정에서 정리 3.6 을 얻을 수 있다. 이상의 논의를 종합하면 정리 3.1 을 대신하여 정리 3.6 의 내용을 다변량정규분포의 정의로 받아들일 수 있다.

정리 3.6. $\boldsymbol{W} \in \mathbb{R}^n$ 는 *표준다변량정규확률벡터, 행렬* $A \in \mathbb{R}^{m\times n}$ *의 순위는* $m = \mathrm{rank}(A) \geq 1$, $\boldsymbol{b} \in \mathbb{R}^m$ *는 상수벡터 라고 하면* $A\boldsymbol{W} + \boldsymbol{b} \in \mathbb{R}^m$ *는 다변량정규확률벡터이다.*

3.2 회귀모형 이론 배경

이 절에서는 다변량정규분포가 중회귀모형 이론의 배경이 됨을 살펴본다. 반응변수 Y 가 실수값을 가질 때 정리 3.2 를 알아본다. 일변량 확률변수 $Y \in \mathbb{R}$ 와 다변량 확률벡터 $\boldsymbol{X} \in \mathbb{R}^M$ 로 구성된 확률벡터 $(\boldsymbol{X}, Y)$ 가 다변량정규분포 (3.9) 에 따른다고 하자. 계수벡터 $\boldsymbol{\beta} = (\beta_0, \boldsymbol{\beta}_1) \in \mathbb{R}^{1+M}$ 를 다음과 같이 정의한다.

$$\boldsymbol{\beta}_1 = \mathrm{Var}[\boldsymbol{X}]^{-1}\,\mathrm{Cov}[\boldsymbol{X}, Y], \quad \beta_0 = \mu_Y - \boldsymbol{\beta}_1^\top \boldsymbol{\mu}_X \tag{3.12}$$

정리 3.2 에 따라 Y 의 $\boldsymbol{x}$-조건부평균, 즉 회귀함수를 재표현하면

$$\mu(\boldsymbol{x}) = \beta_0 + \boldsymbol{\beta}_1^\top \boldsymbol{x}, \quad \boldsymbol{x} \in \mathbb{R}^M$$

이며 Y 의 $\boldsymbol{x}$-조건부분산은 다음과 같다.

$$\sigma^2 = \mathrm{Var}[Y] - \mathrm{Cov}[Y, \boldsymbol{X}]\,\mathrm{Var}[\boldsymbol{X}]^{-1}\,\mathrm{Cov}[\boldsymbol{X}, Y] \tag{3.13}$$

이상의 내용을 정리하면 다음과 같다.

1. 회귀함수 $\mu(\boldsymbol{x}) = \beta_0 + \boldsymbol{\beta}_1^\top \boldsymbol{x}$ 는 $\boldsymbol{x}$ 에 대해서는 아핀변환이나 계수에

대해서는 선형이다.

2. $\sigma^2 = \mathsf{E}\left[\left(Y - \beta_0 - \boldsymbol{\beta}_1^\top \boldsymbol{X}\right)^2\right]$ 이므로 Y 가 $\boldsymbol{X}$ 로 설명이 잘 될수록 σ^2 은 작아지고, 서로 독립인 경우, 즉 $\boldsymbol{\beta}_1 = \mathbf{0}$ 또는 $\mathsf{Cov}\left[\boldsymbol{X}, Y\right] = \mathbf{0}$ 이면 $\sigma^2 = \mathsf{Var}\left[Y\right]$ 이다.

이차로, 회귀계수와 확률벡터 $(\boldsymbol{X}, Y)$ 를 이용하여, 설명변수, 오차항을 생성하는 방법을 알아본다.

정리 3.7. *확률벡터 $(\boldsymbol{X}, Y)$ 가 다변량정규분포 (3.9) 에 따르며 (3.12) 의 $\boldsymbol{\beta}$ 에 대해 오차항을 $\varepsilon = Y - (\beta_0 + \boldsymbol{\beta}_1^\top \boldsymbol{X})$ 이라 한다. 그러면 $\boldsymbol{X}$ 와 ε 는 서로 독립이며 σ^2 을 (3.13) 이라 하면 $\varepsilon \sim \mathcal{N}_1(0, \sigma^2)$ 이다.*

증명 아핀변환

$$\begin{bmatrix} \boldsymbol{X} \\ \varepsilon \end{bmatrix} = \begin{bmatrix} \mathbf{0} \\ -\beta_0 \end{bmatrix} + \begin{bmatrix} I & \mathbf{0} \\ -\boldsymbol{\beta}_1^\top & 1 \end{bmatrix} \begin{bmatrix} \boldsymbol{X} \\ Y \end{bmatrix}$$

에서 하삼각행렬의 대각원소들이 모두 1 이므로 아핀변환은 역함수가 존재하며 자코비안은 1이다. 정리 3.4 에 따라 $(\varepsilon, \boldsymbol{X})$ 역시 다변량정규분포에 따른다. 이제 $\boldsymbol{\beta}_1$ 의 정의에 따라

$$\mathsf{Cov}\left[\varepsilon, \boldsymbol{X}\right] = \mathsf{Cov}\left[Y, \boldsymbol{X}\right] - \boldsymbol{\beta}_1^\top \mathsf{Var}\left[\boldsymbol{X}\right] = 0$$

을 얻고 추가로 정리 3.3 을 이용하여 ε 와 $\boldsymbol{X}$ 의 독립성을 얻는다. 한편 정리 3.2 를 이용하여 ε 의 정규성을 얻는데 정리 3.13 (문제 3.1) 에 따라 $\mathsf{E}\left[\varepsilon\right] = 0$, $\mathsf{Var}\left[\varepsilon\right] = \sigma^2$ 이다. □

셋째로, 회귀계수, 설명변수, 오차항으로 반응변수를 생성할 수 있음을 살펴본다.

정리 3.8. *다변량정규확률벡터 $\boldsymbol{X} \sim \mathcal{N}_M\left(\mathsf{E}\left[\boldsymbol{X}\right], \mathsf{Var}\left[\boldsymbol{X}\right]\right)$ 와 독립인 일변량정규확률변수 $\varepsilon \sim \mathcal{N}_1\left(0, \sigma^2\right)$ 에 대해 $Y = \beta_0 + \boldsymbol{\beta}_1^\top \boldsymbol{X} + \varepsilon$ 라 한다. 그러면 확률벡터 $(\boldsymbol{X}, Y)$ 는 $(M+1)$-변량 다변량정규분포*

$$\mathcal{N}_{M+1}\left(\begin{bmatrix} \mathsf{E}\left[\boldsymbol{X}\right] \\ \beta_0 + \boldsymbol{\beta}_1^\top \mathsf{E}\left[\boldsymbol{X}\right] \end{bmatrix}, \begin{bmatrix} \mathsf{Var}\left[\boldsymbol{X}\right] & \mathsf{Var}\left[\boldsymbol{X}\right] \boldsymbol{\beta}_1 \\ \boldsymbol{\beta}_1^\top \mathsf{Var}\left[\boldsymbol{X}\right] & \boldsymbol{\beta}_1^\top \mathsf{Var}\left[\boldsymbol{X}\right] \boldsymbol{\beta}_1 + \sigma^2 \end{bmatrix}\right) \tag{3.14}$$

에 따른다.

증명 아핀변환

$$\begin{bmatrix} \boldsymbol{X} \\ Y \end{bmatrix} = \begin{bmatrix} \boldsymbol{0} \\ \beta_0 \end{bmatrix} + \begin{bmatrix} I & \boldsymbol{0} \\ \boldsymbol{\beta}_1^\top & 1 \end{bmatrix} \begin{bmatrix} \boldsymbol{X} \\ \varepsilon \end{bmatrix}$$

에서 하삼각행렬의 대각원소들이 모두 1 이므로 아핀변환은 역함수가 존재하며 자코비안은 1 이다. 정리 3.1 에 따라 $(\boldsymbol{X}, Y)$ 역시 다변량 정규분포에 따르는데 적률을 계산하면 (3.14) 와 같다. □

$\boldsymbol{X}$ 와 ε 의 독립성 또는 정리 3.2 를 이용하면 다음이 성립한다.

$$\mathsf{E}\left[Y|\boldsymbol{X} = \boldsymbol{x}\right] = \beta_0 + \boldsymbol{\beta}_1^\top \boldsymbol{x}, \quad \mathsf{Var}\left[Y|\boldsymbol{X} = \boldsymbol{x}\right] = \sigma^2$$

신호와 잡음 합 모형

정리 3.9 는 회귀함수 추정문제에서 많이 언급되는 신호와 잡음 합 모형에 대한 이론상 배경이 된다.

정리 3.9. *서로독립인 확률벡터* $\boldsymbol{X}$ *와 일변량 확률변수* ε *로 정의된 확률변수* $Y = g(\boldsymbol{X}) + \varepsilon$ *의* $\boldsymbol{x}$*-조건부분포는 확률변수* $W = g(\boldsymbol{x}) + \varepsilon$ *의 분포와 같다.*

증명 $\boldsymbol{X}$ 와 ε 의 결합밀도함수는 독립성으로

$$f_{\boldsymbol{X}\varepsilon}(\boldsymbol{x}, \varepsilon) = f_{\boldsymbol{X}}(\boldsymbol{x}) f_\varepsilon(\varepsilon).$$

변수변환 $\boldsymbol{z} = \boldsymbol{x}$, $y = g(x) + \varepsilon$ 의 자코비안은 1이므로 $(\boldsymbol{Z}, Y) = (\boldsymbol{X}, Y)$ 의 결합밀도함수

$$f_{\boldsymbol{X}Y}(\boldsymbol{x}, y) = f_{\boldsymbol{X}}(\boldsymbol{x}) f_\varepsilon\left(y - g(x)\right)$$

를 이용하면 Y 의 $\boldsymbol{x}$-조건부밀도함수는

$$f_{Y|\boldsymbol{X}}(y|\boldsymbol{x}) = \frac{f_{\boldsymbol{X}Y}(\boldsymbol{x}, y)}{f_{\boldsymbol{X}}(\boldsymbol{x})} = f_\varepsilon\left(y - g(x)\right).$$

한편, W 와 ε 의 누적분포함수를 각각 F_W 와 F_ε 라 하면

$$F_W(w) = \mathsf{P}\left[W < w\right] = \mathsf{P}\left[g(\boldsymbol{x}) + \varepsilon < w\right] = \mathsf{P}\left[\varepsilon < w - g(\boldsymbol{x})\right] = F_\varepsilon\left(w - g(\boldsymbol{x})\right)$$

에서 다음을 얻는다.

$$f_W(w) = \frac{\partial F_W}{\partial w}(w) = \frac{\partial F_\varepsilon}{\partial w}\left(w - g(\boldsymbol{x})\right) = f_\varepsilon\left(w - g(x)\right)$$

□

3.3 최적 예측

이 절에서 다룰 예측문제의 기본생각은 반응변수 Y 를 예측하기 위해 입력변수 $\boldsymbol{X}$ 의 함수값 $g(\boldsymbol{X})$ 를 이용하는 것인데 $g(\boldsymbol{X})$ 를 예측함수라 일컫는다. 이를 공식화하기 위해 통계결정론 개념으로서 제곱오차손실의 기댓값인 기대예측오차를 도입한다. 기대예측오차를 최소로 하는 함수를 최적 예측함수라 정의한다. 이를 구하는 최적 예측 문제에 있어서 회귀함수의 최적성과 예측함수를 아핀함수로 국한하는 최적 선형예측 문제를 살펴본다.

조건부평균과 조건부분산 성질

확률벡터 $(\boldsymbol{X}, Y) \in \mathbb{R}^{M+1}$ 의 결합 밀도함수를 $f_{\boldsymbol{X}Y}$, $\boldsymbol{X}$ 의 주변밀도함수를 $f_{\boldsymbol{X}}$, Y 의 $\boldsymbol{x}$-조건부밀도함수를 $f_{Y|\boldsymbol{X}}(\cdot\,|\boldsymbol{x})$ 라 한다. 조건부기댓값의 대표적인 것이 조건부평균 함수 $\mu(\cdot)$ 와 조건부분산 함수 $\sigma^2(\cdot)$ 이며 조건부평균과 조건부분산은 각각 확률변수 $\mu(\boldsymbol{X})$ 와 $\sigma^2(\boldsymbol{X})$ 이다 (A.1 절 참조).

조건부평균과 조건부분산에 대해 정리 3.10 의 결과들을 유도할 수 있다 (문제 3.8). 정리 3.10 결과들이 뜻하는 바를 살펴보자. 1 번, 2 번에 따르면 반복기댓값 법칙 law of iterated expectation 이 성립한다. 3 번 결과는

$$\mathsf{E}\left[(Y-\mu(\boldsymbol{X}))\,g(\boldsymbol{X})\right]=0$$

로도 표현할 수 있는데 이를 기하학 관점에서 이해하면 조건부평균 $\mu(\boldsymbol{X})$ 이 '벡터' Y 의 부분공간 $\mathcal{S}$ 위 정사영으로 이해할 수 있다. 여기서 $\mathcal{S}$ 는 $\boldsymbol{X}$ 의 함수들로 이루어진 공간을 의미한다. 4 번 결과는 일종의 피타고라스 정리로 이해할 수 있다. 6 번 결과는 확률변수의 분산은 조건부분산의 기댓값과 조건부기댓값의 분산의 합으로 표현된다는 전체분산 법칙 law of total variance 에 관한 것이다.

공간 $\mathcal{S}$ 위 정사영에 대해 엄밀하게 논의하기 위해 측도론 measure theory 및 힐버트 공간 Hilbert space 관련 이론을 도입하여야 하지만 이 책에서 다루고자 하는 범위를 벗어나므로 생략한다.

정리 3.10. *다음 결과들이 성립한다.*

1. $\mathsf{E}\left[\mathsf{E}\left[g(Y)|\boldsymbol{X}\right]\right] = \mathsf{E}\left[g(Y)\right]$
2. $\mathsf{E}\left[Y\right] = \mathsf{E}\left[\mu(\boldsymbol{X})\right]$

3. $\mathsf{E}[g(\boldsymbol{X})Y] = \mathsf{E}[g(\boldsymbol{X})\mu(\boldsymbol{X})]$

4. $\mathsf{E}[Y - g(\boldsymbol{X})]^2 = \mathsf{E}[Y - \mu(\boldsymbol{X})]^2 + \mathsf{E}[\mu(\boldsymbol{X}) - g(\boldsymbol{X})]^2$

5. $\mathsf{E}[Y - \mu(\boldsymbol{X})]^2 = \mathsf{E}[\sigma^2(\boldsymbol{X})]$

6. $\mathsf{Var}[Y] = \mathsf{E}[\sigma^2(\boldsymbol{X})] + \mathsf{Var}[\mu(\boldsymbol{X})]$

회귀함수의 최적성

입력변수 $\boldsymbol{X}$ 의 함수인 예측기 $g(\boldsymbol{X})$ 들로 구성된 집합을 $\mathcal{S}$ 라 할 때 $\mathcal{S}$ 에 속하는 예측기들의 기대예측오차는 다음으로 정의한다.

$$\mathsf{EPE}[g(\boldsymbol{X})] = \mathsf{E}[Y - g(\boldsymbol{X})]^2, \quad g(\boldsymbol{X}) \in \mathcal{S} \tag{3.15}$$

정리 3.11 에 따르면 회귀함수로 정의된 조건부평균 $\mu(\boldsymbol{X})$ 이 기대예측오차를 최소화하는 $\mathcal{S}$ 의 유일 예측기이므로 회귀함수의 최적성이 정립된다. 기하학 관점에서 보면 $\mathsf{EPE}[g(\boldsymbol{X})]$ 는 확률변수 Y 와 예측기 $g(\boldsymbol{X})$ 사이의 거리이므로 이를 최소로 하는 '벡터'는 정사영인데 3 에 따라 조건부평균이 정사영이므로 그 결과는 당연하다. 추가로 정사영의 유일성으로 Y 와 가장 '가까운 벡터'는 조건부평균 $\mu(\boldsymbol{X})$ 으로 유일하다고 예상된다.

정리 3.11 에서는 논의의 편의를 위해 거의 확실히 almost surely 같은 두 확률 변수를 '같다'라고 정의하고, 유일성도 같은 맥락에서 이해한다.

정리 3.11. *조건부평균 $\mu(\boldsymbol{X})$ 은 다음을 만족한다.*

$$\mathsf{EPE}[\mu(\boldsymbol{X})] < \mathsf{EPE}[g(\boldsymbol{X})], \quad g(\boldsymbol{X}) \neq \mu(\boldsymbol{X}),\ g(\boldsymbol{X}) \in \mathcal{S} \tag{3.16}$$

$$\mathsf{EPE}[\mu(\boldsymbol{X})] = \mathsf{E}\left[\sigma^2(\boldsymbol{X})\right] \tag{3.17}$$

증명 EPE 정의 (3.15) 와 정리 3.10 에 따라

$$\begin{aligned}\mathsf{EPE}[g(\boldsymbol{X})] &= \mathsf{E}[Y - g(\boldsymbol{X})]^2 = \mathsf{E}[Y - \mu(\boldsymbol{X})]^2 + \mathsf{E}[\mu(\boldsymbol{X}) - g(\boldsymbol{X})]^2 \\ &= \mathsf{EPE}[\mu(\boldsymbol{X})] + \mathsf{E}[\mu(\boldsymbol{X}) - g(\boldsymbol{X})]^2 \geq \mathsf{EPE}[\mu(\boldsymbol{X})]\end{aligned}$$

이 성립하므로 (3.16) 을 얻는다. 등호는 $\mathsf{E}[\mu(\boldsymbol{X}) - g(\boldsymbol{X})]^2 = 0$ 일 때 성립하는데 이때에는 $\mu(\boldsymbol{X}) = g(\boldsymbol{X})$ 이다. 한편 정리 3.10 에 따라 (3.17) 을 얻는다. □

확률변수 Y 를 '예측' 하는 문제에서는 기대예측오차가 평가 기준인데 반해 회귀함수 $\mu(\cdot)$ 를 '추정' 하는 문제에서는 평가 기준으로 다음

식으로 정의되는 평균제곱오차

$$\mathsf{MSE}\left[g(\boldsymbol{X})\right] = \mathsf{E}\left[\mu(\boldsymbol{X}) - g(\boldsymbol{X})\right]^2$$

를 고려할 수 있다. 그런데

$$\mathsf{EPE}\left[g(\boldsymbol{X})\right] = \mathsf{E}\left[\sigma^2(\boldsymbol{X})\right] + \mathsf{MSE}\left[g(\boldsymbol{X})\right] \tag{3.18}$$

이고 (문제 3.10) 상수 $\mathsf{E}\left[\sigma^2(\boldsymbol{X})\right]$ 가 $g(\boldsymbol{X})$ 과 무관하므로 기대예측오차를 최소화하는 문제와 평균제곱오차을 최소화하는 문제는 본질적으로 같다.

최적 선형예측

이 절에서는 기대예측오차를 최소로 하는 선형예측기를 구하는 문제를 고려한다. 여기서 선형예측기는 확률벡터 $\boldsymbol{X} \in \mathbb{R}^M$, 계수벡터 $\boldsymbol{b} = (b_0, \boldsymbol{b}_1) = (b_0, b_1, \ldots, b_M) \in \mathbb{R}^p$, $p = M+1$ 에 대해

$$g(\boldsymbol{X}) = b_0 + \boldsymbol{b}_1^\top \boldsymbol{X} = b_0 + b_1 X_1 + \cdots + b_M X_M \tag{3.19}$$

로 정의되는 확률변수이다. 이 절에서는 이러한 선형예측기들로 이루어진 집합을 $\mathcal{S}$ 로 정의한다.

선형예측기 $g^*(\boldsymbol{X})$ 가 조건

$$\mathsf{EPE}\left[g^*(\boldsymbol{X})\right] < \mathsf{EPE}\left[g(\boldsymbol{X})\right], \quad g(\boldsymbol{X}) \neq g^*(\boldsymbol{X}), \quad g(\boldsymbol{X}) \in \mathcal{S}$$

을 만족하면 $g^*(\boldsymbol{X})$ 를 유일 최적선형예측기라 한다. 한편 계수벡터 $\boldsymbol{\beta}$ 가 조건

$$\mathsf{EPE}\left[\beta_0 + \boldsymbol{\beta}_1^\top \boldsymbol{X}\right] < \mathsf{EPE}\left[b_0 + \boldsymbol{b}_1^\top \boldsymbol{X}\right], \quad \boldsymbol{b} \neq \boldsymbol{\beta}, \quad \boldsymbol{b} \in \mathbb{R}^p$$

을 만족하면 $\boldsymbol{\beta}$ 를 유일 최적선형예측해라 부른다.

정리 3.12. *확률벡터 $\boldsymbol{X}$ 의 공분산행렬 $\mathsf{Var}\left[\boldsymbol{X}\right]$ 이 양의 정부호라 가정하면 다음이 성립한다.*

1. *유일 최적선형예측해 $\boldsymbol{\beta} = (\beta_0, \boldsymbol{\beta}_1)$ 는 식*

$$\boldsymbol{\beta}_1 = \mathsf{Var}\left[\boldsymbol{X}\right]^{-1} \mathsf{Cov}\left[\boldsymbol{X}, Y\right], \quad \beta_0 = \mathsf{E}\left[Y\right] - \boldsymbol{\beta}_1^\top \mathsf{E}\left[\boldsymbol{X}\right] \tag{3.20}$$

으로 주어지며 유일 최적선형예측기는 다음과 같다.

$$g^*(\boldsymbol{X}) = \beta_0 + \boldsymbol{\beta}_1^\top \boldsymbol{X} \tag{3.21}$$

2. *최적선형예측기 $g^*(\boldsymbol{X})$ 의 기대예측오차는 다음과 같다.*

$$\mathsf{EPE}\left[g^*(\boldsymbol{X})\right] = \mathsf{Var}\left[Y\right] - \mathsf{Cov}\left[Y, \boldsymbol{X}\right] \mathsf{Var}\left[\boldsymbol{X}\right]^{-1} \mathsf{Cov}\left[\boldsymbol{X}, Y\right] \tag{3.22}$$

증명 첫째 결과는 다음 단계에 따라 증명할 수 있다.

1. $g^*(\boldsymbol{X}) \in \mathcal{S}$ 이며 $\mathsf{E}\left[g(\boldsymbol{X})\left(Y - g^*(\boldsymbol{X})\right)\right] = 0$ 이다.
2. $\mathsf{EPE}\left[g(\boldsymbol{X})\right] = \mathsf{EPE}\left[g^*(\boldsymbol{X})\right] + \mathsf{E}\left[g^*(\boldsymbol{X}) - g(\boldsymbol{X})\right]^2$
3. $\mathsf{E}\left[g(\boldsymbol{X})\right]^2 = \left(b_0 - \boldsymbol{b}_1^\top \mathsf{E}\left[\boldsymbol{X}\right]\right)^2 + \boldsymbol{b}_1^\top \mathsf{Var}\left[\boldsymbol{X}\right] \boldsymbol{b}_1$
4. 조건 $\mathsf{E}\left[g(\boldsymbol{X})\right]^2 = 0$ 과 조건 $\boldsymbol{b} = \boldsymbol{0}$ 은 같다.

둘째 결과는 기댓값 연산을 이용하면 증명된다. 보다 자세한 증명은 문제 3.9 를 참조한다. □

정리 3.12 의 결과들은 최적선형예측기와 최적선형예측해는 확률벡터 $(\boldsymbol{X}, Y)$ 에 대한 분포를 가정하지 않고 도출했으며 주목할 점들은 다음과 같다.

1. 최적선형예측기를 결정하는 최적선형예측해는 식 (3.12) 에 있는 다변량정규분포에서 회귀함수를 결정하는 계수벡터와 같다.
2. 최적선형예측기의 기대예측오차와 식 (3.13) 에 있는 다변량정규분포의 조건부분산이 같다.

3.4 연습문제

3.1 아래 정리는 확률행렬의 적률 계산 관련 공식인데 이 문제에서는 그 증명에 대해 살펴본다. 확률행렬의 기댓값 정의는 A.1, 공분산 행렬 정의는 A.2 에 따른다.

정리 3.13. *확률행렬 $\boldsymbol{T} \in \mathbb{R}^{m \times n}$ 과 확률벡터들 $\boldsymbol{X} \in \mathbb{R}^m$, $\boldsymbol{Y} \in \mathbb{R}^n$ 에 대해 다음이 성립한다.*

(a) 상수행렬들 $A \in \mathbb{R}^{a\times m}$, $B \in \mathbb{R}^{n\times b}$, $C \in \mathbb{R}^{a\times b}$ 에 대해 다음이 성립한다.

$$\mathsf{E}[ATB+C] = A\,\mathsf{E}[\boldsymbol{T}]\,B + C \tag{3.23}$$

(b) 상수행렬들 $A \in \mathbb{R}^{a\times m}$, $B \in \mathbb{R}^{b\times n}$ 에 대해 다음이 성립한다.

$$\mathsf{Cov}[A\boldsymbol{X}, B\boldsymbol{Y}] = A\ \mathsf{Cov}[\boldsymbol{X},\boldsymbol{Y}]\,B^{\top} \in \mathbb{R}^{a\times b} \tag{3.24}$$

(c) 상수행렬 $A \in \mathbb{R}^{a\times n}$ 에 대해 다음이 성립한다.

$$\mathsf{Var}[A\boldsymbol{Y}] = A\mathsf{Var}[\boldsymbol{Y}]\,A^{\top} \in \mathbb{R}^{a\times a} \tag{3.25}$$

이제 정리 3.13 의 증명을 위해 다음 물음에 답하시오.

1. (A.2) 의 $\mathsf{Cov}[\boldsymbol{X},\boldsymbol{Y}]$ 와 $\mathsf{Var}[\boldsymbol{Y}]$ 의 정의를 (A.1) 관점에서 이해할 때 $\boldsymbol{T}$ 를 각각 설명하시오.
2. $\mathsf{Cov}[\boldsymbol{X},\boldsymbol{Y}]$ 와 $\mathsf{Var}[\boldsymbol{Y}]$ 의 일반 원소를 쓰시오.
3. 행렬곱의 정의에 따라 다음이 성립한다.

$$(ATB+C)_{ij} = \sum_{k,l} A_{ik}B_{lj}T_{kl} + C_{ij} \tag{3.26}$$

4. (3.26) 과 기댓값 성질에 따라 (3.23), (3.24), (3.25) 가 성립한다.

3.2 $\boldsymbol{W}$ 가 표준정규벡터라 할 때 다음이 성립하는 이유를 보이시오.

1. $\boldsymbol{W}$ 의 밀도함수는 (3.4) 로 표현된다.
2. 일변량 표준 정규분포 밀도함수가 $\int w\phi(w)dw = 0$, $\int w^2\phi(w)dw = 1$ 이므로 (3.5) 는 다음에 따른다.

$$\mathsf{E}[W_j] = \int w_j f_{\boldsymbol{W}}(\boldsymbol{w})d\boldsymbol{w} = 0,\ \ \mathsf{Cov}[W_j, W_k] = \int w_j w_k f_{\boldsymbol{W}}(\boldsymbol{w})d\boldsymbol{w} = \delta_{jk}$$

3. 정리 3.13 을 이용하여 (3.6) 을 보이시오.

3.3 이 문제에서는 정리 3.1 증명을 보완하는데 첨자들은 $1 \le j,k \le n$ 이라고 가정한다.

1. 정리 3.1 증명의 각 펼친 식이 성립하는 이유를 설명하시오.

2. 함수 $f_W\left(A^{-1}(\boldsymbol{y}-\boldsymbol{\mu})\right)\dfrac{1}{\sqrt{\det\boldsymbol{\Sigma}}}$ 가 (3.7) 과 같음을 보이시오.
3. $\mathbb{R}^n$ 위 함수 h, 변환 $\boldsymbol{y} = A\boldsymbol{w}+\boldsymbol{\mu}$ 에 중적분 변수 변환법을 적용하면 다음이 성립한다.

$$\int h(\boldsymbol{y})f_Y(\boldsymbol{y})d\boldsymbol{y} = \int h(A\boldsymbol{w}+\boldsymbol{\mu})f_Y(A\boldsymbol{w}+\boldsymbol{\mu})\left|\frac{\partial \boldsymbol{y}}{\partial \boldsymbol{x}}\right|d\boldsymbol{w}$$

이를 이용하여 다음을 보이시오.

$$\mathsf{E}\left[Y_j\right] = \int y_j f_Y(\boldsymbol{y})d\boldsymbol{y} = \mu_j,\ \ \mathsf{Cov}\left[Y_j, Y_k\right] = \int (y_j-\mu_j)(y_k-\mu_k)f_Y(\boldsymbol{y})d\boldsymbol{y} = \boldsymbol{\Sigma}_{jk}$$

3.4 정리 3.1 에서 주어진 공분산행렬 $\boldsymbol{\Sigma}$ 에 대해 행렬 A 를 구하는 법에 관해 다음 물음에 답하시오. 아래에서 SPD 정의는 B.1 절을 참조한다.

1. SPD 행렬에 대한 스펙트럴정리를 설명하시오.
2. SPD 인 공분산행렬 $\boldsymbol{\Sigma}$ 에 대한 스펙트럴분해를 $\boldsymbol{\Sigma} = V\Lambda V^\top$ 라 할 때 $A = V\Lambda^{1/2}V^\top$ 라 하면 $A^\top = A$ 이며 $\boldsymbol{\Sigma} = AA^\top$ 임을 보이시오.
3. 촐레스키 분해Cholesky decomposition를 설명하고 SPD 인 공분산행렬 $\boldsymbol{\Sigma}$ 에 대한 촐레스키인자를 A라면 $\boldsymbol{\Sigma} = AA^\top$ 임을 보이시오.
4. (3.8) 에 따라 정의된 벡터 $\boldsymbol{y}$ 와 평균벡터 $\boldsymbol{\mu}$ 의 마할라노비스 거리를 $\Delta_{\boldsymbol{\Sigma}}(\boldsymbol{y},\boldsymbol{\mu})$ 라 할 때 양수 c 에 대해 집합 $\{\boldsymbol{y} : \Delta_{\boldsymbol{\Sigma}}(\boldsymbol{y},\boldsymbol{\mu}) = c\}$ 이 가지는 기하학적geometric 의미를 설명하시오.

3.5 3.1 절의 결과에 대해 다음 결과들이 성립함을 보이시오.

1. 공분산행렬은 $\boldsymbol{\Sigma} = \begin{bmatrix}\sigma_X^2 & \rho\sigma_X\sigma_Y \\ \rho\sigma_X\sigma_Y & \sigma_Y^2\end{bmatrix}$ 로 표현된다.
2. $\boldsymbol{\Sigma}$ 가 양의 정부호일 조건과 다음 조건이 같음을 보이시오.

$$\sigma_X > 0,\quad \sigma_Y > 0,\quad |\rho| < 1$$

3. 공분산 행렬분해 $\boldsymbol{\Sigma} = \begin{bmatrix}1 & 0\\ \beta & 1\end{bmatrix}\begin{bmatrix}\tau_1 & 0\\ 0 & \tau_2\end{bmatrix}\begin{bmatrix}1 & \beta\\ 0 & 1\end{bmatrix}$ 을 풀면 다음과 같음을 보이시오.

$$\beta = \rho\frac{\sigma_Y}{\sigma_X},\quad \tau_1 = \sigma_X^2,\quad \tau_2 = \sigma_Y^2(1-\rho^2)$$

4. 공분산행렬의 역행렬, 즉 정밀도행렬 precision matrix 은 다음과 같음을 보이시오.

$$\mathbf{\Sigma}^{-1} = \frac{1}{(1-\rho^2)} \begin{bmatrix} \frac{1}{\sigma_X^2} & -\frac{\rho}{\sigma_X\sigma_Y} \\ -\frac{\rho}{\sigma_X\sigma_Y} & \frac{1}{\sigma_Y^2} \end{bmatrix}$$

5. q_2 를 (3.1) 로 정의한다면 $\Delta_{\mathbf{\Sigma}}((x,y),\boldsymbol{\mu}) = q_2(x,y)$ 이다.
6. $\det \mathbf{\Sigma} = \sigma_X^2\sigma_Y^2(1-\rho^2)$
7. (3.2) 가 (X,Y) 의 밀도함수이다.
8. 평균벡터 $\boldsymbol{\mu}$ 와 공분산행렬 $\mathbf{\Sigma}$ 에 나타나는 모수들의 의미를 설명하시오.

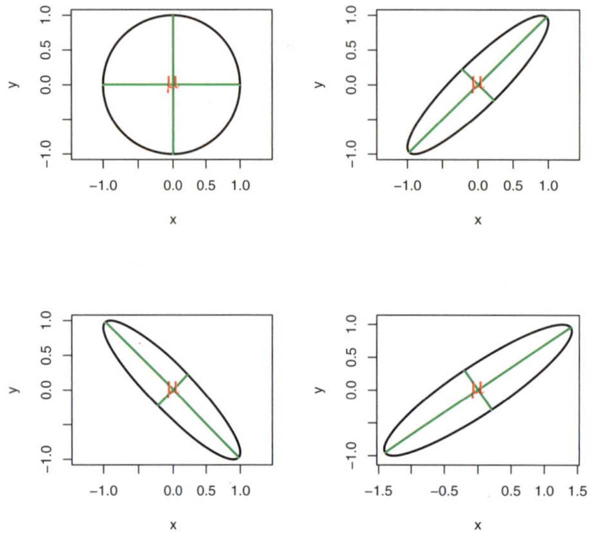

그림 3.3: 이변량정규분포에서 q_2 의 등고선도와 공분산행렬의 고유벡터들을 보여준다. 붉은색 $\boldsymbol{\mu}$ 는 평균벡터의 위치를, 검은색 타원은 정규분포 높이가 같은 등고선을, 연두색 실선들은 고유벡터의 방향을 나타낸다. 위에서 차례대로 ρ 값은 $0, +0.7, -0.7, +0.9$ 이다.

9. 그림 3.3 에서 검은선은 q_2 의 등고선도를 나타내는데 이들이 원또는 타원인 이유를 설명하시오.
10. 그림 3.3 에서 연두색 실선들은 공분산행렬의 고유벡터의 방향을 나타내는데 긴 연두색은 고윳값의 절댓값이 큰 고유벡터 방향이다. $\sigma_X = \sigma_Y = 1$ 이라는 가정하에 고유벡터와 고윳값들을 구하고 상관계수와의 관련성을 설명하시오.

3.6 이변량정규분포의 주변분포와 조건부분포에 관해 다음을 보이시오.

1. 직선 $\mu(x) = \mu_Y + \rho\frac{\sigma_Y}{\sigma_X}(x - \mu_X),\ x \in \mathbb{R}$ 과 상수 $\sigma^2 = (1-\rho^2)\sigma_Y^2$ 를 이용하여 (3.2) 의 밀도함수는 다음과 같다.

$$f_{X,Y}(x,y) = \frac{1}{\sqrt{2\pi}\sigma}\exp\left[-\frac{(y-\mu(x))^2}{2\sigma^2}\right]\frac{1}{\sqrt{2\pi}\sigma_X}\exp\left[-\frac{(x-\mu_X)^2}{2\sigma_X^2}\right]$$

2. X의 주변분포는 $\mathcal{N}\left(\mu_X, \sigma_X^2\right)$ 이고 $X = x$ 일 때 Y의 조건부분포는 $\mathcal{N}\left(\mu(x), \sigma^2\right)$ 이다.

3. (3.3) 이 성립한다.

4. 위에서 정의한 σ^2 이 조건부분산이다.

3.7 평균벡터 $\boldsymbol{\mu} = (\mu_1, \mu_2)$ 와 공분산행렬 $\boldsymbol{\Sigma} = \begin{bmatrix} \sigma_1^2 & \rho\sigma_1\sigma_2 \\ \rho\sigma_1\sigma_2 & \sigma_2^2 \end{bmatrix}$ 을 가지는 이변량정규분포에 따르는 확률벡터 $\boldsymbol{Y} = (Y_1, Y_2)$ 는 다음과 같이 생성할 수 있다.

알고리즘 3.1. 서로독립이며 표준정규분포에 따르는 확률변수들 S_1, S_2 을 생성한 후 확률벡터 $\boldsymbol{Y} = (Y_1, Y_2)$ 를 다음과 같이 생성한다.

$$\begin{cases} Y_1 = \sigma_1 S_1 + \mu_1 \\ Y_2 = \sigma_2\left[\rho S_1 + \sqrt{1-\rho^2}S_2\right] + \mu_2 \end{cases}$$

다음 물음에 답하시오.

1. $\boldsymbol{Y} = (Y_1, Y_2)$ 의 결합분포를 구하시오.

2. Y_1 과 Y_2 의 주변분포를 설명하시오.

3. Y_1 과 Y_2 의 상관계수를 구하시오.

4. $S_1 = s_1$ 일 때 Y_2 의 분포를 설명하시오.

5. $Y_1 = y_1$ 이라면 $S_1 = \frac{y_1 - \mu_1}{\sigma_1} \triangleq s_1$ 이다. 조건부분포 $Y_2|Y_1 = y_1$ 을 설명하시오.

3.8 정리 3.10 의 결과들이 성립함을 보이시오.

3.9 정리 3.12 를 다음과 같이 보이시오. 이를 위해 일반적인 선형예측기는 식 (3.19) 로, 최적선형예측기는 식 (3.21) 로 나타낸다.

1. 식들 $\mathsf{E}\left[Y - g^*(\boldsymbol{X})\right] = 0,\ \mathsf{E}\left[\boldsymbol{X}(Y - g^*(\boldsymbol{X}))\right] = 0$ 이 성립한다.

2. 선형예측기 정의에 따라 $g^*(\boldsymbol{X}) \in \mathcal{S}$ 이며 기댓값 연산에 따라 $\mathsf{E}\left[g(\boldsymbol{X})\left(Y - g^*(\boldsymbol{X})\right)\right] = 0$ 이다.

3. 기댓값 연산에 따르면 $\mathsf{E}\left[Y - g(\boldsymbol{X})\right]^2 = \mathsf{E}\left[Y - g^*(\boldsymbol{X})\right]^2 + \mathsf{E}\left[g^*(\boldsymbol{X}) - g(\boldsymbol{X})\right]^2 + 2\,\mathsf{E}\left[(Y - g^*(\boldsymbol{X}))(g^*(\boldsymbol{X}) - g(\boldsymbol{X}))\right]$ 이다.

4. $g^*(\boldsymbol{X}) - g(\boldsymbol{X}) \in \mathcal{S}$

5. 2 번, 3 번, 4 번 결과들을 종합하면 $\mathsf{EPE}\left[g(\boldsymbol{X})\right] = \mathsf{EPE}\left[g^*(\boldsymbol{X})\right] + \mathsf{E}\left[g^*(\boldsymbol{X}) - g(\boldsymbol{X})\right]^2$ 이다.

6. 기댓값 연산에 따르면 $\mathsf{E}\left[g(\boldsymbol{X})\right]^2 = \left(b_0 - \boldsymbol{b}_1^\top \mathsf{E}\left[\boldsymbol{X}\right]\right)^2 + \boldsymbol{b}_1^\top \mathsf{Var}\left[\boldsymbol{X}\right] \boldsymbol{b}_1$ 이다.

7. 6 번 결과와 $\mathsf{Var}\left[\boldsymbol{X}\right]$ 가 양의 정부호라는 가정에 따라 $\mathsf{E}\left[g(\boldsymbol{X})\right]^2 = 0 \iff \boldsymbol{b} = \boldsymbol{0}$.

8. 5 번 결과에 따라 $\mathsf{EPE}\left[g^*(\boldsymbol{X})\right] \le \mathsf{EPE}\left[g(\boldsymbol{X})\right]$ 이며 등호는 8 번 결과에 따라 $\boldsymbol{\beta} = \boldsymbol{b}$ 일 때만 성립한다.

9. 이상을 종합하면 정리 3.12 의 첫째 결과가 성립한다.

10. 식들 (3.20), (3.21), 기댓값 연산에 따라 식 (3.22) 가 성립한다.

3.10 정리 3.10 과 정리 3.11 을 이용하여 식 (3.18) 을 보이시오.

4

선형모형에 대한 추론

이 장에서는 선형모형 linear models 에 대한 추론 inference 에 대하여 살펴보고자 한다. 선형모형은 선형회귀모형을 일반화한 것으로 회귀함수가 계수들에 대해 선형인 모형을 의미한다. 2 장의 내용에 기초하여 선형모형에서 최제추정량의 개념을 살펴본 후 추정량의 최적성, 회귀계수에 대한 신뢰구간, 부분모형의 검정을 위한 에프검정 등 선형모형 관련 추정과 검정 이론을 설명한다. 선형모형 이론에 관한 참고문헌으로는 Bickel and Doksum [2015], Seber and Lee [2003], Stone [1996] 등이 있다.

4.1 선형모형 정의

입력공간 $\mathcal{X}$ 은 M 차원 입력 $\boldsymbol{X} = (X_1, \ldots, X_M)$ 이 택하는 입력값 $\boldsymbol{x} = (x_1, \ldots, x_M)$ 들의 집합을 나타낸다. 입력값이 $\boldsymbol{x}$ 일 때 반응변수 Y 의 평균이 $\mu(\boldsymbol{x})$ 이면 함수 $\mu(\cdot)$ 를 회귀함수라 하는데 회귀함수는 반응변수 Y 와 입력 $\boldsymbol{X}$ 간 의존관계를 규정하며 입출력 모형의 구성요소로 이해한다. 데이터는 관측된 입력값 $\boldsymbol{x}_i$ 과 반응변수 Y_i 로 구성된 $(\boldsymbol{x}_1, Y_1), \ldots, (\boldsymbol{x}_n, Y_n)$ 를 일컫는다.

표 4.1 은 입출력모형 데이터 구조를 보여주는데 반응벡터 response vector

$$\boldsymbol{Y} = (Y_1, \ldots, Y_n)$$

의 관측 결과 $\boldsymbol{y} = (y_1, \ldots, y_n)$ 와 (2.11) 의 입력행렬 X 를 표현한 것이다.

관측 번호	반응변수	입력값	입력변수들			
	Y		X_1	X_2	$\dots$	X_M
1	y_1	$\boldsymbol{x}_1$	x_{11}	x_{12}	$\dots$	x_{1M}
2	y_2	$\boldsymbol{x}_2$	x_{21}	x_{22}	$\dots$	x_{2M}
$\vdots$	$\vdots$	$\vdots$	$\vdots$	$\vdots$	$\vdots$	$\vdots$
n	y_n	$\boldsymbol{x}_n$	x_{n1}	x_{n2}	$\dots$	x_{nM}

표 4.1: 입출력 모형의 데이터 구조. i-번째로 관측될 반응변수 Yi 의 관측값은 y_i 이며 대응하는 입력값은 $\boldsymbol{x}_i = (x_{i1}, \dots, x_{ip})$ 이다. 이표를 도식화한 것이 1 장의 그림 1.1 이다.

한편 1 장의 그림 1.1 은 표 4.1 을 도식화 한 것이다.

입출력모형은 그 종류가 무수히 많은데 이론전개와 사용 편의성으로 계수들에 대해 선형인 모형이 널리 쓰인다. 따라서 계수들에 대해 선형인 모형에 대한 정확한 이해가 요구되는데 이를 위해 계수들에 대해 선형인 함수, 즉 선형예측기를 정의한다.

정의 4.1 의 선형예측기와 3 장의 선형예측기는 그 개념이 다르며 문맥에 따라 구별한다.

정의 4.1. $j = 1, \dots, p$ 에 대해 함수들 $g_j : \mathcal{X} \to \mathbb{R}$ 이 알려졌다고 하자. 함수 $g : \mathcal{X} \to \mathbb{R}$ 의 $\boldsymbol{x} \in \mathcal{X}$ 에 대한 함수값이

$$g(\boldsymbol{x}) = b_1 g_1(\boldsymbol{x}) + \cdots + b_p g_p(\boldsymbol{x})$$

이면 함수 g 는 계수들 $b_1, \dots, b_p$ 에 대해 선형이라고 하고 g 를 선형예측기 linear predictor 라 부른다.

예 4.1. $g(x) = b_1 + b_2 x^2, x \in \mathbb{R}$ 는 $g_1(x) = 1, g_2(x) = x^2$, 라 하면 $g(x) = b_1 g_1(x) + b_2 g_2(x)$ 로 쓸 수 있으므로 정의 4.1 에 따르면 함수 g 는 b_1, b_2 에 대해 선형이므로 선형예측기이다. 그런데, $g(x) = \exp(b_1 x) + b_2 x^2, x \in \mathbb{R}$ 는 이러한 식으로 표현할 수 없으므로 b_1, b_2에 대해 선형이 아니며 함수 g 는 선형예측기가 되지 못한다.

선형모형은 정의 4.1 과 같이 엄밀하게 규정할 수 있는데 한마디로 요약한다면 '선형모형은 입력값이 $\boldsymbol{x}$ 일 때 반응변수의 기댓값 $\mu(\boldsymbol{x})$ 가 회귀계수 regression coefficient 들에 대해 선형인 모형'을 의미한다.

정의 4.2. 확률변수들 $Y_1, \dots, Y_n$ 이 다음 조건들을 만족하면 선형모형 linear model 에 따른다고 한다.

1. $Y_1, \dots, Y_n$ 들은 서로 독립이다.
2. 각 확률변수 Y_i 는 정규분포 $\mathcal{N}(\mu(\boldsymbol{x}_i), \sigma^2)$에 따른다.
3. 입력값 $\boldsymbol{x} \in \mathcal{X}$ 에 대해 $\mu(\boldsymbol{x}) = \beta_1 g_1(\boldsymbol{x}) + \cdots + \beta_p g_p(\boldsymbol{x})$ 이다.

선형모형에서 정규분포를 가정하지 않는 경우 적률 $(\mu(\boldsymbol{x}_i), \sigma^2)$에 대한 가정만 도입한 후 이론을 전개한다.

그림 4.1 은 선형모형을 도식화한 그림이다. 선형모형의 핵심은 회귀함수 $\mu(\cdot)$ 가 함수들 $g_1, \ldots, g_p$ 의 선형결합으로 정의되는 선형예측기라는 사실이다. 선형모형은 평균이 0 이고 분산이 σ^2 인 정규분포에 따르는 오차 error ε 를 사용하여 다음과 같이 표현하기도 한다.

$$Y = \mu(\boldsymbol{X}) + \varepsilon$$

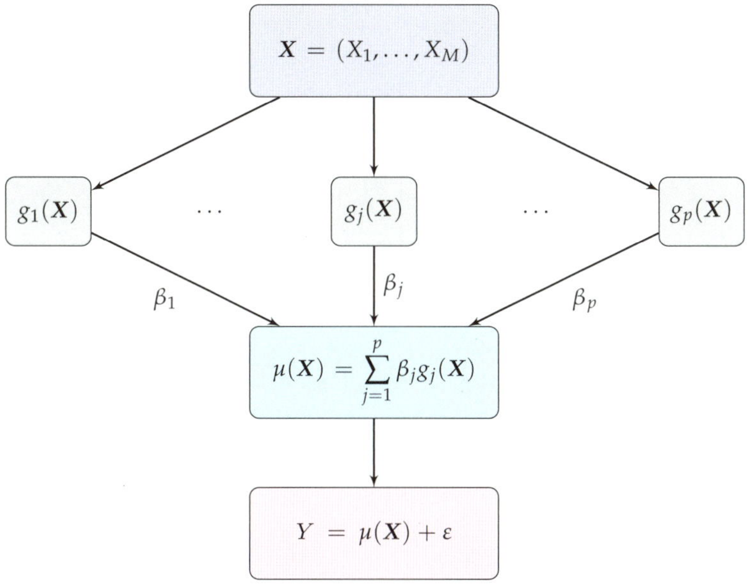

그림 4.1: 선형모형을 도식화한 그림이다. 선형모형의 핵심은 반응변수 Y 의 평균함수 $\mu(\cdot)$ 가 함수들 $g_1, \ldots, g_p$ 의 선형결합으로 결정되는 선형예측기와 같다는 것이며 이는 $Y = \mu(\boldsymbol{X}) + \varepsilon$ 로 쓸 수 있다.

단순선형회귀모형

단순선형회귀모형 simple linear regression model 은 입력변수의 개수가 $M = 1$ 인 선형모형의 가장 간단한 예로 단회귀모형으로 부른다. 단회귀모형의 선형예측기를 규정하는 함수들은 $g_0(x) = 1$, $g_1(x) = x$, $x \in \mathbb{R}$ 이며 데이터는 다음과 같이 관측된다.

$$Y_i = \beta_0 + \beta_1 x_i + \varepsilon_i, \quad i = 1, \ldots, n$$

여기서 β_0 는 절편을, β_1 은 기울기를 나타내는 회귀계수들이고, 오차들 $\varepsilon_1, \ldots, \varepsilon_n$ 은 서로 독립이며 평균은 0 이고 분산은 σ^2 인 정규분포에 따른다. 그림 4.2 는 단회귀모형을 도식화한 것이다.

이때 $\varepsilon_1, \ldots, \varepsilon_n$ 는 IID $N(0, \sigma^2)$ 에 따른다고 하는데 IID 는 'independent and identically distributed' 를 의미한다.

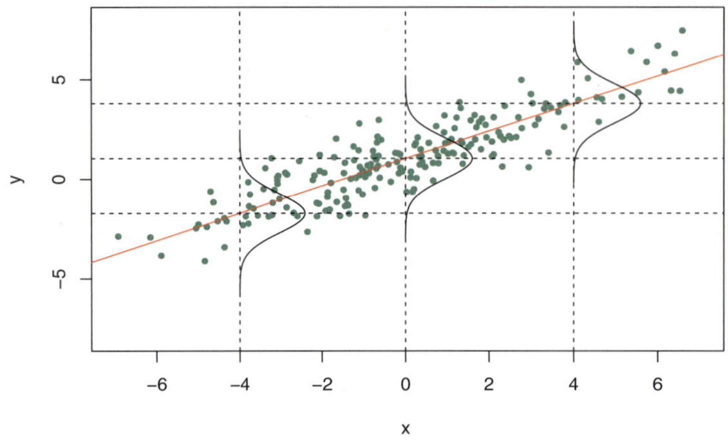

그림 4.2: 붉은 실선은 회귀함수 $\mu(x) = 1 + 0.7x$ 를 나타내며 곡선들은 평균이 $\mu(x)$ 이며 분산이 1 인 정규분포밀도함수를 도식화한 것들이다. 표본크기는 $n = 200$ 이며 x_i 들을 정규분포 $\mathcal{N}(0, 3^2)$ 에서 생성한 후, 표준정규분포 에러 ε_i 를 $\mu(x_i)$ 에 더해서 $Y_i = \mu(x_i) + \varepsilon_i$ 형태로 반응변수값들을 생성하였다.

중선형회귀모형

회귀분석에서 많이 다루는 중선형회귀모형 multiple linear regression model 은 선형모형의 특수한 형태인데 중선형회귀모형은 중회귀모형으로 요약해 부른다. 입력변수들이 $X_1, \ldots, X_M$ 일 때 계수벡터를 $\boldsymbol{\beta} = (\beta_0, \beta_1, \ldots, \beta_M)$ 라 하고 선형예측기를 규정하는 함수들을

$$g_0(\boldsymbol{x}) = 1, \quad g_1(\boldsymbol{x}) = x_1, \quad \ldots, \quad g_M(\boldsymbol{x}) = x_M, \quad \boldsymbol{x} \in \mathbb{R}^M$$

라 하면 정의 4.2 로 정의되는 확률변수들 $Y_1, \ldots, Y_n$ 은 중회귀모형에 따른다고 한다. 중회귀모형은 서로독립이며 $\mathcal{N}(0, \sigma^2)$ 에 따르는 오차들 $\varepsilon_1, \ldots, \varepsilon_n$ 에 대해

$$Y_i = \beta_0 + \beta_1 x_{i1} + \cdots + \beta_M x_{iM} + \varepsilon_i$$

로 표현하기도 하는데 이를 간략히 다음과 같이 표현한다.

$$Y = \beta_0 + \beta_1 X_1 + \cdots + \beta_M X_M + \varepsilon$$

그림 4.3 은 $M = 2$ 인 경우 중회귀모형을 도식화한 것이다.

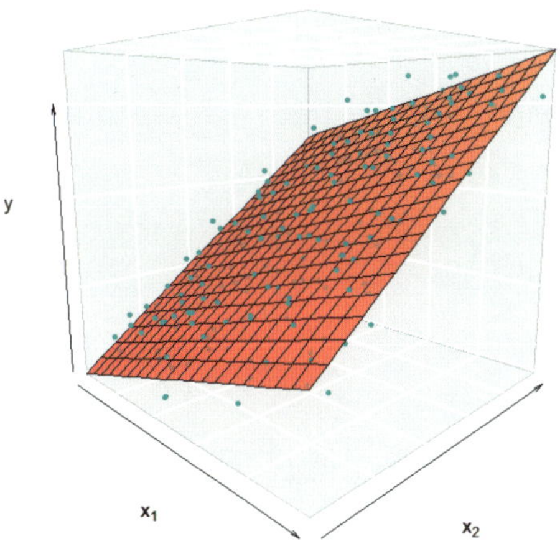

그림 4.3: 붉은 평면은 회귀함수 $\mu(x) = 2 + 2x_1 + 5x_2$ 를 나타낸다. 표본크기는 $n = 200$ 이며 x_{i1} 과 x_{i2} 들은 0 과 1 사이 양일분포에서 생성한 후, 정규분포 $\mathcal{N}(0, 0.25^2)$ 에 따르는 오차 ε_i를 $\mu(x_i)$ 에 더해서 $Y_i = \mu(x_i) + \varepsilon_i$ 형태로 반응변수값들을 생성하였다.

4.2 선형모형의 행렬 표현

선형모형을 행렬로 표현하면 개념정립과 이론전개가 편해진다. 확률변수들 $Y_1, \ldots, Y_n$ 이 정의 4.2 의 선형모형에 따른다고 하자.

함수들 집합 $\{g_1, \ldots, g_p\}$ 에 대한 설계행렬 design matrix 을 G 로 나타내고자 하는데 그 정의는 다음과 같다.

$$G = \begin{bmatrix} \boldsymbol{g}_1 & \ldots & \boldsymbol{g}_p \end{bmatrix} = \begin{bmatrix} g_1(\boldsymbol{x}_1) & \cdots & g_p(\boldsymbol{x}_1) \\ \vdots & \ddots & \vdots \\ g_1(\boldsymbol{x}_n) & \cdots & g_p(\boldsymbol{x}_n) \end{bmatrix} \in \mathbb{R}^{n \times p} \tag{4.1}$$

또한 회귀계수들로 이루어진 계수벡터 coefficient vector 는 $\boldsymbol{\beta} = (\beta_1, \ldots, \beta_p)$ 로 표현하며 오차항들 $\varepsilon_i = Y_i - \mu(\boldsymbol{x}_i)$ 로 이루어진 벡터를 $\boldsymbol{\varepsilon} = (\varepsilon_1, \ldots, \varepsilon_n)$ 라 한다.

확률벡터는 각 성분 Y_i 들이 확률변수이면서 벡터이므로 대문자 두꺼운 체로 표시한다. 오차항들은 확률변수이므로 대문자로 써야 하지만 ε 의 대문자가 없는 관계로 그대로 표시한다. 따라서 실제 관측된 회귀 데이터 $y_i = \mu(\boldsymbol{x}_i) + \varepsilon_i$ 에 나타나는 ε_i 와 회귀모형 $Y_i = \mu(\boldsymbol{x}_i) + \varepsilon_i$ 에 사용되는 ε_i 는 확률변수로서 이들의 차이는 '확률변수와 그 관측값 관계'에서 이해한다.

반응벡터 $\boldsymbol{Y}$ 의 기댓값인 평균벡터 $\boldsymbol{\mu}$ 는 정의 4.2 와 (4.1) 의 설계행렬 정의에 따라 다음과 같이 표현된다.

$$\boldsymbol{\mu} = \mathsf{E}[\boldsymbol{Y}] = \begin{bmatrix} \mathsf{E}[Y_1] \\ \vdots \\ \mathsf{E}[Y_n] \end{bmatrix} = \begin{bmatrix} \mu(\boldsymbol{x}_1) \\ \vdots \\ \mu(\boldsymbol{x}_n) \end{bmatrix} = \begin{bmatrix} \beta_1 g_1(\boldsymbol{x}_1) + \cdots + \beta_p g_p(\boldsymbol{x}_1) \\ \vdots \\ \beta_1 g_1(\boldsymbol{x}_n) + \cdots + \beta_p g_p(\boldsymbol{x}_n) \end{bmatrix} = G\boldsymbol{\beta}$$

여기서 $G\boldsymbol{\beta}$ 가 설계행렬 G 의 열벡터들의 선형결합이므로 평균벡터 $\boldsymbol{\mu}$ 는

G 의 열공간 S 에 속한다.

이상의 내용에 따라 정의 4.2 의 선형모형을 행렬을 이용하여 표현하면

$$\boldsymbol{Y} = \boldsymbol{\mu} + \boldsymbol{\varepsilon}, \quad \boldsymbol{\mu} \in S, \quad \boldsymbol{\varepsilon} \sim \mathcal{N}_n(\mathbf{0}, \sigma^2 I)$$

또는

$$\boldsymbol{Y} = G\boldsymbol{\beta} + \boldsymbol{\varepsilon}, \quad \boldsymbol{\beta} \in \mathbb{R}^p, \quad \boldsymbol{\varepsilon} \sim \mathcal{N}_n(\mathbf{0}, \sigma^2 I)$$

이다.

선형모형 가정을 분포까지 명시할 때는 $\boldsymbol{Y} \sim \mathcal{N}_n(\boldsymbol{\mu}, \sigma^2 I)$ 로 쓰지만 분포를 가정하지 않을 때는 $\boldsymbol{Y} \sim (\boldsymbol{\mu}, \sigma^2 I)$ 로 쓰기로 한다.

선형모형에서는 평균벡터가 $\boldsymbol{\mu} = G\boldsymbol{\beta} \in S$ 를 만족하는데 이 책의 논의에서는 G 가 최대순위라 가정하기 때문에 관계식 $\boldsymbol{\mu} = G\boldsymbol{\beta}$ 을 만족하는 $\boldsymbol{\beta}$ 는 유일하게 존재한다. 따라서 $\boldsymbol{\mu}$ 에 대한 추론과 $\boldsymbol{\beta}$ 에 대한 추론은 본질적으로 같다 (문제 4.3).

예 4.2. 단회귀모형에 대한 설계행렬은 (2.8) 과 같은데 이때 x_i 들이 모두 같지는 않다면 $\text{rank}(G) = p = 2$ 이므로 G 는 최대순위이다.

예 4.3. 중회귀모형에 대한 설계행렬은 (2.12) 와 같은데 이때 $\text{rank}(G) = p = M + 1 \leq n$ 이면 G 는 최대순위이다.

예 4.4 (일원배치 one-way layout)**.** 일원배치도 적절한 행렬을 이용하여 선형모형 형태로 표현가능하다 (문제 4.2).

4.3 최제추정

최제추정량 정의

평균추정량 $\hat{\boldsymbol{\mu}} \in \mathbb{R}^n$ 은 S 에서 $\boldsymbol{Y}$ 와 가장 가까운 벡터인데 기호로 표현하면 다음과 같다.

$$\hat{\boldsymbol{\mu}} = \underset{g \in S}{\text{argmin}} \|\boldsymbol{Y} - \boldsymbol{g}\|^2$$

2 장의 정사영의 유일성에 따라 확률벡터 $\boldsymbol{Y}$ 의 관측값벡터 $\boldsymbol{y}$ 에 대한 평균벡터추정치는 식

$$\hat{\boldsymbol{\mu}} = \Pi_S[\boldsymbol{y}]$$

으로 항상 유일하게 표현되므로 평균추정량 $\hat{\boldsymbol{\mu}}$ 은 데이터의 함수로서 잘 정의된 추정량이다.

계수벡터 $\boldsymbol{\beta}$ 에 대한 계수추정량을 고려한다. 벡터 $\boldsymbol{b}$ 에 대응하는 잔차

제곱합 residual sum of squares $\mathrm{RSS}(\boldsymbol{b})$ 은 다음과 같다.

$$\mathrm{RSS}(\boldsymbol{b}) = \|\boldsymbol{Y} - G\boldsymbol{b}\|^2$$

계수벡터 $\boldsymbol{\beta}$ 에 대한 추정량 $\hat{\boldsymbol{\beta}} \in \mathbb{R}^p$ 은 다음과 같이 정의한다.

$$\mathrm{RSS}(\hat{\boldsymbol{\beta}}) \leq \mathrm{RSS}(\boldsymbol{b}), \quad \boldsymbol{b} \in \mathbb{R}^p$$

확률벡터 $\boldsymbol{Y}$ 의 관측값벡터 $\boldsymbol{y}$ 에 대한 계수벡터추정치 $\hat{\boldsymbol{\beta}}$ 는 식

$$\Pi_S[\boldsymbol{y}] = G\hat{\boldsymbol{\beta}}$$

을 만족하는 유일한 벡터이므로 계수추정량 $\hat{\boldsymbol{\beta}}$ 은 데이터의 함수로서 잘 정의된 추정량이다. 평균추정량과 계수추정량을 통칭하여 최제추정량 least squares estimator, LSE 이라 일컫는다. 그림 4.4 는 최제추정량에 대한 기하학적 의미를 정리한 것이다.

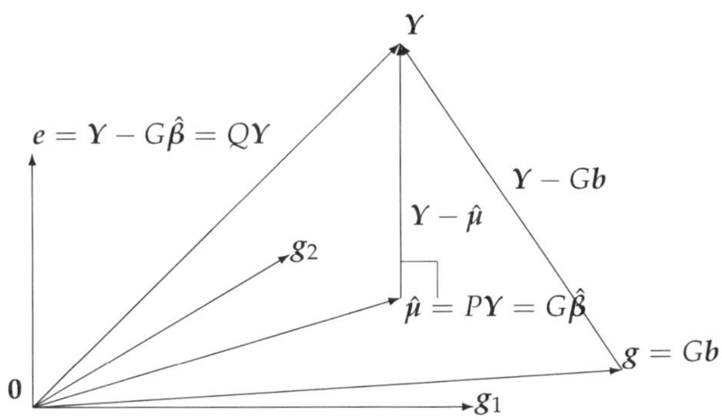

그림 4.4: 순위가 2인 행렬 $G \in \mathbb{R}^{3\times 2}$ 의 열벡터들 $\boldsymbol{g}_1, \boldsymbol{g}_2$ 은 선형독립이며 S 는 $\boldsymbol{g}_1, \boldsymbol{g}_2$ 를 포함하는 평면이다. 최제적합을 $\hat{\boldsymbol{\mu}} = G\hat{\boldsymbol{\beta}}$ 라 하면 모든 벡터 $\boldsymbol{b}$에 대해 $\mathrm{RSS}(\hat{\boldsymbol{\beta}}) = \|\boldsymbol{Y} - G\hat{\boldsymbol{\beta}}\|^2 \leq \|\boldsymbol{Y} - G\boldsymbol{b}\|^2 = \mathrm{RSS}(\boldsymbol{b})$ 이다. 벡터 $\boldsymbol{e} = \boldsymbol{Y} - \hat{\boldsymbol{\mu}} = Q\boldsymbol{Y}$ 는 잔차벡터를 나타낸다. 피타고라스 정리에 따라 $\|\boldsymbol{Y}\|^2 = \|P\boldsymbol{Y}\|^2 + \|Q\boldsymbol{Y}\|^2$ 이 성립한다.

정준형식에 의한 최제추정량 재표현

정준형식 canonical form 과 정준모수 canonical parameter 를 정의하기 위해 정리 2.3 에 따라 열공간 S 에 대한 직정기저 $\{\boldsymbol{u}_1, \ldots, \boldsymbol{u}_p\}$ 를 구하고 벡터들 $\boldsymbol{u}_{p+1}, \ldots, \boldsymbol{u}_n$ 을 추가하여 $\mathbb{R}^n$ 의 직정기저 $\{\boldsymbol{u}_1, \ldots, \boldsymbol{u}_n\}$ 를 구한다.

정의 4.3. 반응벡터 $\boldsymbol{Y}$ 에 대한 정준형식 Z_j 들과 정준모수 ξ_j 들은

$$Z_j = \boldsymbol{u}_j^\top \boldsymbol{Y}, \quad \xi_j = \boldsymbol{u}_j^\top \boldsymbol{\mu}, \quad j = 1, \ldots, n$$

으로 정의한다.

직교행렬 $\tilde{U} = \begin{bmatrix} \boldsymbol{u}_1 & \ldots & \boldsymbol{u}_n \end{bmatrix} \in \mathbb{R}^{n\times n}$ 을 이용하면 정준형식벡터 $\boldsymbol{Z}$ 와 정준모수벡터 $\boldsymbol{\xi}$ 는 다음과 같다.

$$\boldsymbol{Z} = (Z_1, \ldots, Z_n) = \tilde{U}^\top \boldsymbol{Y}, \quad \boldsymbol{\xi} = (\xi_1, \ldots, \xi_n) = \tilde{U}^\top \boldsymbol{\mu} \tag{4.2}$$

최제추정량 관련 결과들

다음 결과들은 2 장에서 확인하였다.

1. 정리 2.2 에 따라 식 $G = UR$ 이 성립하는데 $U = \begin{bmatrix} \boldsymbol{u}_1 & \ldots & \boldsymbol{u}_p \end{bmatrix}$ 이고 $R \in \mathbb{R}^{p\times p}$ 은 가역이다.

2. $\boldsymbol{\mu} \in S$ 일 조건은 $\xi_{p+1} = \cdots = \xi_n = 0$ 이다 (문제 4.4).

3. 설계행렬 G 와 정사영 행렬 $P = UU^\top = G(G^\top G)^{-1}G^\top$ 을 이용하여 최제추정량들을 표현하면 다음과 같다.

$$\hat{\boldsymbol{\mu}} = P\boldsymbol{Y} = UU^\top \boldsymbol{Y} = G(G^\top G)^{-1}G^\top \boldsymbol{Y} \tag{4.3}$$

$$\hat{\boldsymbol{\beta}} = R^{-1}U^\top \boldsymbol{Y} = (G^\top G)^{-1}G^\top \boldsymbol{Y} \tag{4.4}$$

4. $\hat{\boldsymbol{\mu}} = G\hat{\boldsymbol{\beta}}$

5. 정준형식을 이용하면 평균추정량은

$$\hat{\boldsymbol{\mu}} = \sum_{j=1}^{p} Z_j \boldsymbol{u}_j$$

로 표현되며 최제제곱합 SSE 은 다음과 같다.

$$\text{SSE} = \|\boldsymbol{Y} - \hat{\boldsymbol{\mu}}\|^2 = \|\boldsymbol{Y} - G\hat{\boldsymbol{\beta}}\|^2 = \sum_{j=p+1}^{n} Z_j^2. \tag{4.5}$$

최제추정량의 적률

정리 4.1 은 최제추정량과 최제적합의 적률에 관한 것인데 그 결과는 반응 변수 벡터 $\boldsymbol{Y}$ 에 대한 분포 가정없이 성립한다.

정리 4.1. *$\boldsymbol{Y} \sim (\boldsymbol{\mu}, \sigma^2 I)$, $\boldsymbol{\mu} = G\boldsymbol{\beta} \in S$, $\boldsymbol{\beta} \in \mathbb{R}^p$ 이면 다음이 성립한다.*

1. $\mathsf{E}[\hat{\boldsymbol{\mu}}] = \boldsymbol{\mu} = G\boldsymbol{\beta}$
2. $\mathsf{E}\left[\hat{\boldsymbol{\beta}}\right] = \boldsymbol{\beta}$
3. $\mathsf{Var}[\hat{\boldsymbol{\mu}}] = \sigma^2 P$
4. $\mathsf{Var}\left[\hat{\boldsymbol{\beta}}\right] = \sigma^2 (G^\top G)^{-1}$

증명 식들 (4.4), (4.3), 문제 3.1 의 정리 3.13 에 따라 원하는 결과를 얻는다.

$$\begin{aligned}
\mathsf{E}[\hat{\boldsymbol{\mu}}] &= \mathsf{E}[P\boldsymbol{Y}] = P\,\mathsf{E}[\boldsymbol{Y}] = P\boldsymbol{\mu} = \boldsymbol{\mu} \\
\mathsf{E}\left[\hat{\boldsymbol{\beta}}\right] &= \mathsf{E}\left[(G^\top G)^{-1} G^\top \boldsymbol{Y}\right] = (G^\top G)^{-1} G^\top\, \mathsf{E}[\boldsymbol{Y}] = (G^\top G)^{-1} G^\top G \boldsymbol{\beta} = \boldsymbol{\beta} \\
\mathsf{Var}[\hat{\boldsymbol{\mu}}] &= \mathsf{Var}[P\boldsymbol{Y}] = P(\sigma^2 I)P^\top = \sigma^2 P^2 = \sigma^2 P \\
\mathsf{Var}\left[\hat{\boldsymbol{\beta}}\right] &= \mathsf{Var}\left[(G^\top G)^{-1} G^\top \boldsymbol{Y}\right] = (G^\top G)^{-1} G^\top (\sigma^2 I) \left((G^\top G)^{-1} G^\top\right)^\top = \sigma^2 (G^\top G)^{-1}
\end{aligned}$$

□

4.4 최제추정량의 최적성

이 절에서는 최제적합과 최제추정량의 최적성 optimality 으로 가우스 Gauss-마코프 Markov 정리를 유도하고자 한다. 모수를 $(\boldsymbol{\mu}, \sigma^2)$ 라 하면 모수공간 parameter space 은 다음으로 정의한다.

$$\Theta = \left\{ (\boldsymbol{\mu}, \sigma^2) : \boldsymbol{\mu} \in S,\ \sigma^2 > 0 \right\}$$

설계행렬이 최대순위이므로 모수공간을 $\Theta = \left\{ (\boldsymbol{\beta}, \sigma^2) : \boldsymbol{\beta} \in \mathbb{R}^p,\ \sigma^2 > 0 \right\}$ 라 해도 무방하다.

추정대상인 목표모수는 상수벡터 $\boldsymbol{a} \in \mathbb{R}^p$ 에 대해 $\boldsymbol{a}^\top \boldsymbol{\mu}$ 이다.

추정량 T 의 편향 bias 은 규칙적인 차이를 의미하며 이는

$$(\text{편향}) = (\text{모수}) - (\text{추정량의 기댓값}) = \boldsymbol{a}^\top \boldsymbol{\mu} - \mathsf{E}[T]$$

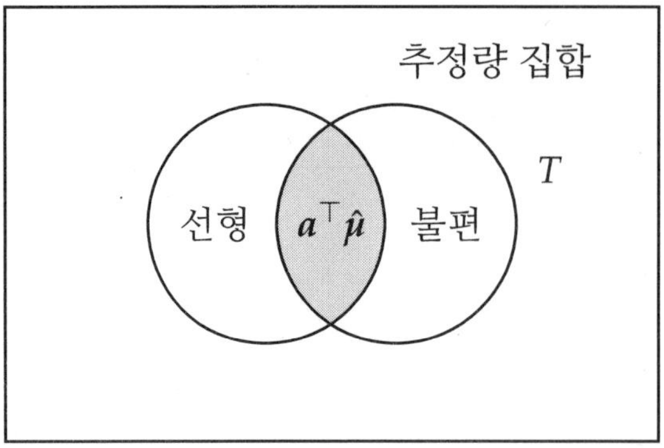

그림 4.5: 가우스-마코프 정리 도식화. 선형은 선형 추정량 집합을, 불편은 불편 추정량 집합을 나타낸다. 가우스-마코프 정리에 따르면 최제추정량 $\boldsymbol{a}^\top \hat{\boldsymbol{\mu}}$ 은 선형 추정량 집합과 불편 추정량 집합의 교집합인 선형 불편추정량들 중에서는 최적이다.

으로 정의되는데 기댓값이 모수에 의존하므로 편향 역시 모수에 따라 결정된다. 정의 4.4 에서 소위 불편추정량unbiased estimator은 말 그대로 편향이 없는 추정량이다.

정의 4.4. $\boldsymbol{a}^\top \boldsymbol{\mu}$ 에 대한 추정량 T 이 모든 $(\boldsymbol{\mu}, \sigma^2) \in \Theta$ 에 대해 식 $\mathsf{E}[T] = \boldsymbol{a}^\top \boldsymbol{\mu}$ 을 만족하면 불편추정량이라고 한다.

추정량의 형태는 무수히 많은데 최제추정량의 최적성은 선형추정량이라는 조건하에서 성립하므로 선형추정량linear estimator에 대한 엄밀한 정의가 요구된다.

정의 4.5. 고정된 상수벡터 $\boldsymbol{c} \in \mathbb{R}^n$ 에 대해 $\boldsymbol{c}^\top \boldsymbol{Y}$ 형태로 표현되는 추정량을 선형추정량이라고 한다.

선형모형에 대한 최제추정량의 최적성에 대한 정리로 유명한 것이 가우스-마코프 정리 4.2 이다. 그림 4.5 는 가우스-마코프 정리를 도식화한 것인데 그림에서 선형은 선형추정량 집합을, 불편은 불편추정량 집합을 나타낸다. 가우스-마코프 정리에 따르면 최제추정량 $\boldsymbol{a}^\top \hat{\boldsymbol{\mu}}$ 이 목표모수 $\boldsymbol{a}^\top \boldsymbol{\mu}$ 의 추정량으로서 선불추정량들 중에서는 최적이다. 불편추정량들만을 고려하고 있기 때문에 여기서 최적성의 의미는 분산을 최소로 하는 추정량을 의미한다. 가우스-마코프 정리 증명은 문제 4.5 로 보완할 수 있다.

선불추정량은 선형이면서 불편인 추정량을 말하며 정리 4.2 에서 BLUE 는 'Best Linear Unbiased Estimator' 를 뜻한다. 최제추정량이 전체 추정량들 중에서는 최적이지 않을 수 있다.

정리 4.2. $\boldsymbol{Y} \sim (\boldsymbol{\mu}, \sigma^2 I)$, $(\boldsymbol{\mu}, \sigma^2) \in \Theta$ *이라면 다음이 성립한다.*

1. *최제추정량* $\boldsymbol{a}^\top \hat{\boldsymbol{\mu}}$ *은 모수* $\boldsymbol{a}^\top \boldsymbol{\mu}$ *에 대한 유일 BLUE이다.*

2. $\boldsymbol{\mu} = G\boldsymbol{\beta}$ *라 하면 최제추정량* $\boldsymbol{b}^\top \hat{\boldsymbol{\beta}}$ *은 모수* $\boldsymbol{b}^\top \boldsymbol{\beta}$ *에 대한 유일 BLUE 이다.*

증명

1. 먼저 추정량 $\boldsymbol{a}^\top\hat{\boldsymbol{\mu}}$ 이 모수 $\boldsymbol{a}^\top\boldsymbol{\mu}$ 에 대한 정의 4.4 와 정의 4.5 를 만족하는 선불추정량이 됨을 알 수 있다. 선형추정량 $\boldsymbol{c}^\top\boldsymbol{Y}$ 이 목표모수 $\boldsymbol{a}^\top\boldsymbol{\mu}$ 의 불편추정량이라면 식

$$P\boldsymbol{a} = P\boldsymbol{c} \tag{4.6}$$

을 얻을 수 있고 이로부터 다음을 얻는다.

$$\mathsf{Var}\left[\boldsymbol{a}^\top\hat{\boldsymbol{\mu}}\right] = \sigma^2\boldsymbol{c}^\top P\boldsymbol{c}$$

문제 3.1 의 정리 3.13 과 행렬 $Q = I - P$ 를 이용하면 두 추정량의 분산 차이는

$$\mathsf{Var}\left[\boldsymbol{c}^\top\boldsymbol{Y}\right] - \mathsf{Var}\left[\boldsymbol{a}^\top\hat{\boldsymbol{\mu}}\right] = \sigma^2\|Q\boldsymbol{c}\|^2 \geq 0 \tag{4.7}$$

이므로 $\boldsymbol{a}^\top\hat{\boldsymbol{\mu}}$ 의 분산이 최소가 됨을 보여준다. 한편 등호는 $\boldsymbol{c} = P\boldsymbol{a}$ 일 때 성립하는데 이때 $\boldsymbol{c}^\top\boldsymbol{Y} = \boldsymbol{a}^\top\hat{\boldsymbol{\mu}}$ 이므로 $\boldsymbol{a}^\top\hat{\boldsymbol{\mu}}$ 는 $\boldsymbol{a}^\top\boldsymbol{\mu}$ 에 대한 유일 BLUE이다.

2. 상수벡터

$$\boldsymbol{a} = G(G^\top G)^{-1}\boldsymbol{b} \in \mathbb{R}^n$$

에 대해 다음이 성립한다.

$$\boldsymbol{b}^\top\boldsymbol{\beta} = \boldsymbol{a}^\top\boldsymbol{\mu}, \quad \boldsymbol{b}^\top\hat{\boldsymbol{\beta}} = \boldsymbol{a}^\top\hat{\boldsymbol{\mu}} \tag{4.8}$$

이제 1 번 결과를 이용하여 원하는 결과를 얻는다.

□

4.5 *최제추정량의 분포*

이 절에서는 $\boldsymbol{Y}$ 에 대한 선형모형 가정하에서 최제추정량과 관련 추정량들의 분포성질을 유도한다.

정준형식의 분포

정리 4.3 은 정준형식 벡터 $\boldsymbol{Z}$ 의 분포에 관한 것으로 그 결과는 최제추정량을 포함한 여러 추정량과 검정통계량의 이론 규명에 핵심 역할을 한다

[Bickel and Doksum, 2015]. 정준형식은

$$\mathbf{Z}_0 = (Z_1, \ldots, Z_p), \quad \mathbf{Z}_1 = (Z_{p+1}, \ldots, Z_n) \tag{4.9}$$

으로 분해하고 정준모수 벡터는 다음과 같이 분해한다.

$$\boldsymbol{\xi}_0 = (\xi_1, \ldots, \xi_p), \quad \boldsymbol{\xi}_1 = (\xi_{p+1}, \ldots, \xi_n)$$

정리 4.3. *$\boldsymbol{Y} \sim \mathcal{N}_n(\boldsymbol{\mu}, \sigma^2 I)$ 이라 가정하면 다음이 성립한다.*

1. *정준형식벡터 $\mathbf{Z}$ 의 분포는 $\mathcal{N}_n(\boldsymbol{\xi}, \sigma^2 I)$ 이다.*
2. *확률벡터 $\mathbf{Z}_0$ 의 분포는 $\mathcal{N}_p(\boldsymbol{\xi}_0, \sigma^2 I)$ 이다.*
3. *확률벡터 $\mathbf{Z}_1$ 의 분포는 $\mathcal{N}_{n-p}(\boldsymbol{\xi}_1, \sigma^2 I)$ 이다.*
4. *확률벡터들 $\mathbf{Z}_0, \mathbf{Z}_1$ 은 서로 독립이다.*

증명 $\boldsymbol{W} \sim \mathcal{N}_n(\mathbf{0}, I)$ 라면 $\boldsymbol{Y} = (\sigma I)\boldsymbol{W} + \boldsymbol{\mu}$ 이므로 다음이 성립한다.

$$\mathbf{Z} = (\sigma \tilde{U}^\top)\boldsymbol{W} + \tilde{U}^\top \boldsymbol{\mu}$$

행렬 $\tilde{U}$ 이 직교행렬이어서 $\sigma \tilde{U}^\top$ 이 가역이므로 정리 3.1 에 따라 $\mathbf{Z}$ 는 다변량정규분포에 따르며 확률벡터 $\mathbf{Z}$ 의 적률을 구하면 다음과 같다 (문제 4.4).

$$\mathsf{E}[\mathbf{Z}] = \boldsymbol{\xi}, \quad \mathsf{Var}[\mathbf{Z}] = \sigma^2 I$$

이에 따라 첫째 결과가 성립하며 나머지 결과들은 정리 3.2, 정리 3.3 에 따른다. □

최제추정량 관련 추정량들의 분포

이 부분절에서는 최제추정량 관련 추정량들의 분포를 살펴본다. 모수 σ^2 의 불편추정량으로서 다음과 같이 정의되는 추정량 $\hat{\sigma}^2$ 을 사용한다.

$$\hat{\sigma}^2 = \frac{1}{n-p}\mathrm{SSE} \tag{4.10}$$

확률변수 $\boldsymbol{a}^\top \hat{\boldsymbol{\mu}}$ 의 분산이

$$\mathsf{Var}\left[\boldsymbol{a}^\top \hat{\boldsymbol{\mu}}\right] = \sigma^2 \|P\boldsymbol{a}\|^2 \tag{4.11}$$

이므로 (문제 4.6) 추정량 $\boldsymbol{a}^\top \hat{\boldsymbol{\mu}}$ 의 표준오차는 다음으로 정한다.

$$\mathsf{SE}(\boldsymbol{a}^\top \hat{\boldsymbol{\mu}}) = \hat{\sigma}\|P\boldsymbol{a}\|$$

정리 4.4 는 평균벡터 추정량 분포에 관한 것이다.

정리 4.4. *$\boldsymbol{Y} \sim \mathcal{N}_n(\boldsymbol{\mu}, \sigma^2 I)$, $(\boldsymbol{\mu}, \sigma^2) \in \Theta$ 이라면 다음이 성립한다.*

1. $(n-p)\hat{\sigma}^2/\sigma^2 \sim \chi^2_{n-p}$
2. *$\hat{\boldsymbol{\mu}}$ 와 $\hat{\sigma}^2$ 는 서로독립이다.*
3. *$P\boldsymbol{a} \neq \boldsymbol{0}$ 이라 가정하면 $\dfrac{\boldsymbol{a}^\top \hat{\boldsymbol{\mu}} - \boldsymbol{a}^\top \boldsymbol{\mu}}{\mathsf{SE}(\boldsymbol{a}^\top \hat{\boldsymbol{\mu}})} \sim \mathcal{T}_{n-p}$ 이다.*

증명

1. 식 (4.5), 식 (4.10) 에 따라 다음이 성립한다.

$$(n-p)\hat{\sigma}^2/\sigma^2 = \sum_{j=p+1}^{n} \left(\frac{Z_j}{\sigma}\right)^2$$

   정리 4.3, 카이제곱 분포 성질을 이용하여 원하는 결과를 얻는다.

2. 평균벡터 추정량은 $\hat{\boldsymbol{\mu}} = U\boldsymbol{Z}_0$ 이고 추정량 $\hat{\sigma}^2$ 은 $\boldsymbol{Z}_1$ 의 함수이다. 정리 4.3 에 따라 $\boldsymbol{Z}_0$ 와 $\boldsymbol{Z}_1$ 이 독립이므로 $\hat{\boldsymbol{\mu}}$ 와 $\hat{\sigma}^2$ 역시 독립이다.

3. 식 $\boldsymbol{a}^\top \hat{\boldsymbol{\mu}} = (P\boldsymbol{a})^\top \boldsymbol{Y}$ 이 성립하는데 $P\boldsymbol{a} \neq \boldsymbol{0}$ 이므로 $\|P\boldsymbol{a}\| > 0$ 이다. 정리 3.5, 정리 4.1 에 따라 확률변수 $\dfrac{\boldsymbol{a}^\top \hat{\boldsymbol{\mu}} - \boldsymbol{a}^\top \boldsymbol{\mu}}{\sigma\|P\boldsymbol{a}\|}$ 는 표준정규분포에 따른다. 1 번, 2 번 결과와, 티분포의 성질을 이용하여 원하는 결과를 얻는다.

□

확률변수 $\boldsymbol{b}^\top \hat{\boldsymbol{\beta}}$ 의 분산이

$$\mathsf{Var}\left[\boldsymbol{b}^\top \hat{\boldsymbol{\beta}}\right] = \sigma^2 \boldsymbol{b}^\top (G^\top G)^{-1} \boldsymbol{b} \tag{4.12}$$

이므로 추정량 $\boldsymbol{b}^\top \hat{\boldsymbol{\beta}}$ 의 표준오차는 다음으로 정한다.

$$\mathsf{SE}(\boldsymbol{b}^\top \hat{\boldsymbol{\beta}}) = \hat{\sigma}\sqrt{\boldsymbol{b}^\top (G^\top G)^{-1} \boldsymbol{b}}$$

정리 4.5 는 계수벡터 최제추정량 분포에 관한 것인데 그 증명은 문제 4.7 로 보완할 수 있다.

정리 4.5. *$Y \sim \mathcal{N}_n(\boldsymbol{\mu}, \sigma^2 I)$, $(\boldsymbol{\mu}, \sigma^2) \in \Theta$, $\boldsymbol{\mu} = G\boldsymbol{\beta}$ 이라면 다음이 성립한다.*

1. $\hat{\boldsymbol{\beta}} \sim \mathcal{N}_p\left(\boldsymbol{\beta}, \sigma^2 \left(G^\top G\right)^{-1}\right)$
2. $\boldsymbol{b} \neq \mathbf{0}$ 이면 $\dfrac{\boldsymbol{b}^\top \hat{\boldsymbol{\beta}} - \boldsymbol{b}^\top \boldsymbol{\beta}}{\mathsf{SE}(\boldsymbol{b}^\top \hat{\boldsymbol{\beta}})} \sim \mathcal{T}_{n-p}$

증명

1. 식 (4.9) 의 $\boldsymbol{Z}_0$ 를 이용하면 계수벡터 추정량은 $\hat{\boldsymbol{\beta}} = R^{-1}\boldsymbol{Z}_0$ 로 표현된다. 정리 3.4, 정리 4.3 에 따라 $\hat{\boldsymbol{\beta}}$ 는 다변량정규분포에 따르는데 정리 4.1 을 이용하여 $\hat{\boldsymbol{\beta}}$ 의 적률들을 구해 원하는 결과를 얻는다.
2. $\boldsymbol{a} = G(G^\top G)^{-1}\boldsymbol{b}$ 라면 $P\boldsymbol{a} = \boldsymbol{a} \neq \mathbf{0}$ 이며 $\|P\boldsymbol{a}\| = \sqrt{\boldsymbol{b}^\top (G^\top G)^{-1}\boldsymbol{b}}$ 이다. 이제 식 (4.8), 정리 4.4 를 이용하여 원하는 결과를 얻는다.

□

4.6 신뢰구간

신뢰구간

j 번째 회귀계수 추정량은 $\hat{\beta}_j = \boldsymbol{e}_j^\top \hat{\boldsymbol{\beta}}$ 이므로 $\boldsymbol{b} = \boldsymbol{e}_j$ 인 경우에 해당한다. 행렬 $(G^\top G)^{-1}$ 의 j 번째 대각원소 v_{jj} 는 다음과 같다.

$$v_{jj} = \boldsymbol{e}_j^\top (G^\top G)^{-1} \boldsymbol{e}_j$$

$\hat{\beta}_j$ 의 표준오차가

$$\mathsf{SE}(\hat{\beta}_j) = \hat{\sigma}\sqrt{v_{jj}} \tag{4.13}$$

이며 정리 4.5 에 따르면

$$\frac{\hat{\beta}_j - \beta_j}{\hat{\sigma}\sqrt{v_{jj}}}$$

의 분포는 자유도 $(n-p)$ 인 t 분포 $\mathcal{T}_{n-p}$ 이다. β_j 에 대한 신뢰수준 $(1-\alpha)$ 인 신뢰구간으로는

$$\hat{\beta}_j \pm t_{\alpha/2}(n-p)\,\hat{\sigma}\sqrt{v_{jj}}$$

을 사용할 수 있다. 이상의 내용은 보다 일반적인 모수 $\boldsymbol{b}^\top \boldsymbol{\beta}$ 에 적용가능하다. 그림 4.6 은 단회귀모형에서 회귀계수의 신뢰구간에 대한 모의실험 결과를 보여준다.

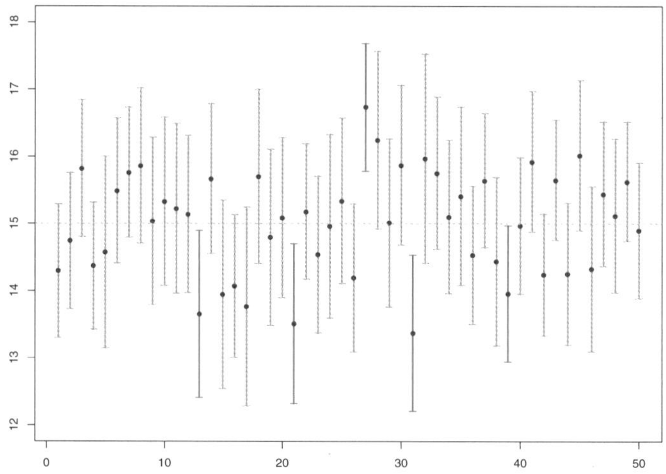

그림 4.6: 회귀계수의 신뢰구간에 대한 모의실험 결과를 보여준다. 모형 $Y = 1 + 15X + \varepsilon$ 에서표본크기 $n = 25$ 인 데이터를 50번 반복하여 생성하였다. 각 수직선은 원 모수 $\beta_1 = 15$에 대해 신뢰수준 $\alpha = 0.1$, 즉 90% 신뢰구간을 보여준다. 50개의 신뢰구간 중 45개의 구간들은 β_1를 포함하였으며 이들은 회색 실선으로 표시하였으며 나머지 구간들은 붉은색 선으로 표시하였다. 따라서, β_1 포함비율은 0.9이다.

동시신뢰구간

개별 회귀계수에 대한 신뢰구간들의 조합이 전체 회귀벡터에 대한 신뢰영역이 되지는 않는다. 회귀 계수벡터 $\boldsymbol{\beta}$ 에 대한 동시 신뢰영역은 다양한 종류가 존재하는 여기서는 신뢰타원체를 위해 다음 사실을 이용한다 (문제 4.8).

$$\frac{(\hat{\boldsymbol{\beta}} - \boldsymbol{\beta})^\top G^\top G(\hat{\boldsymbol{\beta}} - \boldsymbol{\beta})}{p\hat{\sigma}^2} \sim \mathcal{F}_{p,n-p} \tag{4.14}$$

(4.14) 를 이용하면 계수벡터 $\boldsymbol{\beta}$ 가 신뢰타원체

$$\mathcal{E}_{1-\alpha} = \left\{ \boldsymbol{b} \in \mathbb{R}^p : (\hat{\boldsymbol{\beta}} - \boldsymbol{b})^\top G^\top G(\hat{\boldsymbol{\beta}} - \boldsymbol{b}) \leq p\hat{\sigma}^2 \mathcal{F}_{p,n-p}(1-\alpha) \right\} \tag{4.15}$$

에 속할 확률은 $1 - \alpha$ 이다. 이 사실로부터 식 (4.15) 로 정의되는 집합 $\mathcal{E}_{1-\alpha}$ 는 $\boldsymbol{\beta}$ 에 대한 $100 \times (1-\alpha)$% 신뢰타원체이다.

4.7 *검정*

이 절에서는 회귀계수들 $\beta_1, \ldots, \beta_p$ 에 대한 검정 문제를 고려하는데 검정할 귀무가설 H_0 와 대립가설 H_1 은 다음과 같다.

$$H_0 : \boldsymbol{\mu} \in S_0, \quad H_1 : \boldsymbol{\mu} \in S \cap S_0^c \tag{4.16}$$

여기서 S 는 설계행렬 G 의 열공간이며 S_0 는 열공간 S 의 부분공간으로서 적절한 행렬 G_0 의 열공간으로 이해할 수 있는데 이들 열공간들 S, S_0 의 차원을 각각 p, p_0 라 하면 $0 < p_0 < p$ 이다. 이들 가설들에 대한 공통점을 정리하면 다음과 같다.

1. 가설들이 열공간 S 에 속하는 평균벡터 $\boldsymbol{\mu}$ 에만 의존한다.

2. 귀무가설은 평균벡터 $\boldsymbol{\mu}$ 가 열공간 S_0 에 속한다고 규정한다.

3. 대립가설은 평균벡터 $\boldsymbol{\mu}$ 가 열공간 S 에 속하나 S_0 에는 속하지 않는다고 규정한다.

예 4.5. 입력변수가 6 개 있는 중회귀모형에서 귀무가설 $H_0 : \beta_1 = \cdots = \beta_6 = 0$ 을 살펴본다. 귀무가설하에서는 $\boldsymbol{\beta} = (\beta_0, 0, 0, 0, 0, 0, 0)$ 이므로 $G_0 = \begin{bmatrix} \mathbf{1} \end{bmatrix}$ 라 하면 $\boldsymbol{\mu} = G\boldsymbol{\beta} = \mathbf{1}\beta_0 \in \text{Span}\{\mathbf{1}\} = S_0$ 이다. 여기서 열공간 S_0 가 전체 열공간 S 의 부분공간이고 $\mathbf{1}$이 S_0 의 기저가 되므로 $\dim S_0 = p_0 = 1$ 이다.

티검정 통계량과 에프검정 통계량

다음과 같은 가설검정 문제를 고려한다.

$$H_0 : \beta_j = 0, \quad H_1 : \beta_j \neq 0$$

식 (4.13) 의 표준오차 $\text{SE}(\hat{\beta}_j)$ 에 대해 티검정 통계량은

$$T_j = \frac{\hat{\beta}_j}{\text{SE}(\hat{\beta}_j)}$$

로 정의되며 유의수준이 α 인 기각역은 다음과 같다.

$$|T_j| > t_{\alpha/2}(n-p)$$

여기서 확률변수 T 가 자유도가 k 인 t 분포에 따르는 경우 $t_\alpha(k)$ 는 $\text{P}[T > t_\alpha(k)] = \alpha$ 인 점으로 정의된다.

식 (4.16) 에 대한 가설검정 방법으로 에프검정법을 사용한다. 귀무가설로 규정되는 부분모형 S_0 에서 구한 평균추정량 $\hat{\boldsymbol{\mu}}_0$ 과 전체모형 S 에서

구한 평균추정량 $\hat{\boldsymbol{\mu}}$ 은 각각

$$\hat{\boldsymbol{\mu}} = \underset{\boldsymbol{\eta} \in S}{\operatorname{argmin}} \|\boldsymbol{Y} - \boldsymbol{\eta}\|^2, \quad \hat{\boldsymbol{\mu}}_0 = \underset{\boldsymbol{\eta} \in S_0}{\operatorname{argmin}} \|\boldsymbol{Y} - \boldsymbol{\eta}\|^2 \tag{4.17}$$

으로 정의되며 이들 추정량들에 대한 최제제곱합들은 각각 다음과 같다.

$$\text{SSE}(RM) = \|\boldsymbol{Y} - \hat{\boldsymbol{\mu}}_0\|^2, \quad \text{SSE}(FM) = \|\boldsymbol{Y} - \hat{\boldsymbol{\mu}}\|^2$$

Chatterjee and Hadi [2006] 에서 부분모형 적합성에 대한 에프검정 통계량을

$$F = \frac{(\text{SSE}(RM) - \text{SSE}(FM))/(p - p_0)}{\text{SSE}(FM)/(n - p)} \tag{4.18}$$

으로 표현하는데 이 확률변수가 에프분포를 따르는 사실을 규명하고자 한다.

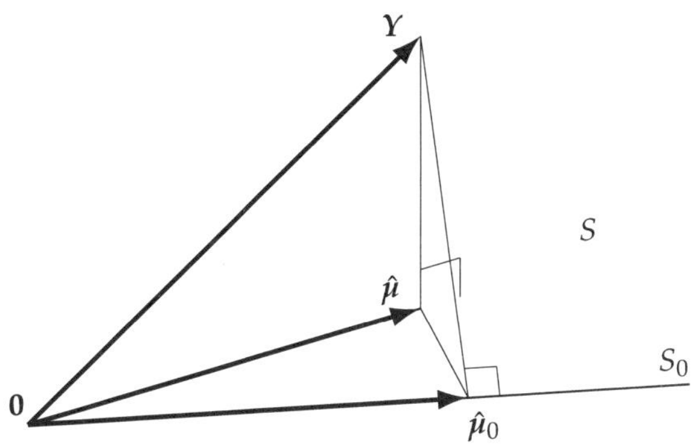

그림 4.7: 정리 4.6 의 내용을 도식한 그림이다. 정사영 정의에 따르면 $\boldsymbol{Y} - \hat{\boldsymbol{\mu}} \perp S$ 이고 $\boldsymbol{Y} - \hat{\boldsymbol{\mu}}_0 \perp S_0$ 이므로 $\hat{\boldsymbol{\mu}} - \hat{\boldsymbol{\mu}}_0 \perp S_0$ 이라는 결과를 얻을 수 있으며 $\|\boldsymbol{Y} - \hat{\boldsymbol{\mu}}_0\|^2 = \|\boldsymbol{Y} - \hat{\boldsymbol{\mu}}\|^2 + \|\hat{\boldsymbol{\mu}} - \hat{\boldsymbol{\mu}}_0\|^2$ 이다.

정준형식을 이용하면 평균추정량들 $\hat{\boldsymbol{\mu}}_0, \hat{\boldsymbol{\mu}}$ 을 구체적으로 표현할 수 있다. 정리 2.3 에 따라 $S_0 = \text{Span}\{\boldsymbol{u}_1, \ldots, \boldsymbol{u}_{p_0}\}$ 이며 $S = \text{Span}\{\boldsymbol{u}_1, \ldots, \boldsymbol{u}_p\}$ 이 되도록 직정 벡터 집합 $\{\boldsymbol{u}_1, \ldots, \boldsymbol{u}_n\}$ 을 선택한다. 이제 정준형식에 의해 표현하면 이들 평균추정량들은 다음과 같이 표현된다.

$$\hat{\boldsymbol{\mu}} = \sum_{j=1}^{p} Z_j \boldsymbol{u}_j, \quad \hat{\boldsymbol{\mu}}_0 = \sum_{j=1}^{p_0} Z_j \boldsymbol{u}_j. \tag{4.19}$$

다음 정리는 그림 4.7 에서 얻은 직관을 엄밀하게 정리한 것이다.

정리 4.6. *가설 (4.16) 에 대해 (4.17) 과 같이 부분공간들에서 정의된 평균 추정량들* $\hat{\boldsymbol{\mu}}$, $\hat{\boldsymbol{\mu}}_0$ *은 다음을 만족한다.*

1. $\hat{\boldsymbol{\mu}} - \hat{\boldsymbol{\mu}}_0 \perp S_0$
2. $\|\boldsymbol{Y} - \hat{\boldsymbol{\mu}}_0\|^2 = \sum_{j=p_0+1}^{n} Z_j^2$
3. $\|\boldsymbol{Y} - \hat{\boldsymbol{\mu}}\|^2 = \sum_{j=p+1}^{n} Z_j^2$
4. $\|\boldsymbol{Y} - \hat{\boldsymbol{\mu}}_0\|^2 = \|\boldsymbol{Y} - \hat{\boldsymbol{\mu}}\|^2 + \|\hat{\boldsymbol{\mu}} - \hat{\boldsymbol{\mu}}_0\|^2$

증명 각 결과 증명을 위해 $\boldsymbol{u}_j$ 들의 직정성을 이용한다.

1. 식 (4.19) 를 이용하여 벡터 $\hat{\boldsymbol{\mu}} - \hat{\boldsymbol{\mu}}_0$ 를 정준형식으로 표현하면

$$\hat{\boldsymbol{\mu}} - \hat{\boldsymbol{\mu}}_0 = \sum_{j=1}^{p} Z_j \boldsymbol{u}_j - \sum_{j=1}^{p_0} Z_j \boldsymbol{u}_j = \sum_{j=p_0+1}^{p} Z_j \boldsymbol{u}_j$$

   이므로 벡터 $\hat{\boldsymbol{\mu}} - \hat{\boldsymbol{\mu}}_0$ 는 S_0 을 생성하는 직정기저 벡터들 $\boldsymbol{u}_1, \ldots, \boldsymbol{u}_{p_0}$ 과 직교한다.

2. 직정기저 연산을 이용하면

$$\|\boldsymbol{Y} - \hat{\boldsymbol{\mu}}_0\|^2 = \left\| \sum_{j=1}^{n} Z_j \boldsymbol{u}_j - \sum_{j=1}^{p_0} Z_j \boldsymbol{u}_j \right\|^2 = \left\| \sum_{j=p_0+1}^{n} Z_j \boldsymbol{u}_j \right\|^2 = \sum_{j=p_0+1}^{n} Z_j^2$$

3. 2 번 증명법을 이용한다.
4. 2, 3 번 결과들을 종합한다.

□

정리 4.7 은 가설 (4.16) 에 대한 에프검정 통계량에 관한 것이다. 식 (4.20) 을 보면 확률변수 F 는 음이 아닌 값을 가짐을 알 수 있다. 또한, 귀무가설 $\boldsymbol{\mu} \in S_0$ 하에서 F 의 분포는 $\boldsymbol{\mu}$ 와 무관한 중심 에프분포이므로 가설 (4.16) 에 대한 에프검정 통계량으로 사용한다.

정리 4.7. $\boldsymbol{Y} \sim \mathcal{N}_n(G\boldsymbol{\beta}, \sigma^2 I)$ *이면 (4.18) 로 정의된 확률변수* F *는 다음을 만족한다.*

1. *식 (4.18) 로 정의된 확률변수는 다음과 같다.*

$$F = \frac{\|\hat{\boldsymbol{\mu}} - \hat{\boldsymbol{\mu}}_0\|^2/(p - p_0)}{\|\boldsymbol{Y} - \hat{\boldsymbol{\mu}}\|^2/(n - p)} \tag{4.20}$$

2. $\boldsymbol{\mu} \in S_0$ 이면 $F \sim \mathcal{F}_{p-p_0,n-p}$ 이다.

증명 정리 4.3 에 따라 $Z_1, \ldots, Z_n$ 들은 서로독립이며 $Z_i \sim \mathcal{N}(\xi_i, \sigma^2)$ 이다. 식

$$\boldsymbol{\mu} = \sum_{j=1}^{n} \xi_j \boldsymbol{u}_j$$

에 따라 $\boldsymbol{\mu} \in S_0$ 이면 $\xi_{p_0+1} = \cdots = \xi_n = 0$ 이다.

1. 정리 4.6 을 이용하면

$$\|\boldsymbol{Y} - \hat{\boldsymbol{\mu}}_0\|^2 - \|\boldsymbol{Y} - \hat{\boldsymbol{\mu}}\|^2 = \|\hat{\boldsymbol{\mu}} - \hat{\boldsymbol{\mu}}_0\|^2$$

   이므로 (4.18) 의 F 와 (4.20) 의 F 는 같다.

2. 정리 4.6 과 1 번 결과를 이용하면 (4.20) 의 F 에 대한 정준형식 표현은 다음과 같다.

$$F = \frac{(p-p_0)^{-1} \sum_{j=p_0+1}^{p} Z_j^2/\sigma^2}{(n-p)^{-1} \sum_{j=p+1}^{n} Z_j^2/\sigma^2}$$

   그런데 $\sum_{j=p_0+1}^{p} Z_j^2/\sigma^2$ 와 $\sum_{j=p+1}^{n} Z_j^2/\sigma^2$ 는 독립이며 각각 $\chi^2_{p-p_0}$ 와 χ^2_{n-p} 확률변수이므로 에프분포 성질에 따라 원하는 결과를 얻는다.

□

4.8 연습문제

4.1 $Y_1, \ldots, Y_n$가 $\mathcal{N}(\mu, \sigma^2)$에서 얻은 확률표본이고,

$$\bar{Y} = \frac{1}{n} \sum_{i=1}^{n} Y_i, \quad S = \frac{1}{n-1} \sum_{i=1}^{n} (Y_i - \bar{Y})^2$$

라 할 때, 확률변수 $T = \dfrac{\bar{Y} - \mu}{S/\sqrt{n}}$ 의 분포를 다음 과정을 통해 구하시오.

1. $\boldsymbol{Y} = (Y_1, \ldots, Y_n)$ 에 대해 선형모형 $\boldsymbol{Y} = X\boldsymbol{\beta} + \boldsymbol{\varepsilon}$ 형태로 표현할 때 X, $\boldsymbol{\beta}$ 와 $\boldsymbol{\varepsilon}$ 를 구체적으로 설명하시오.
2. 벡터 $\boldsymbol{u}_1 = \dfrac{1}{\sqrt{n}}\mathbf{1}$ 를 첫째열로 하는 직교행렬 U 를 구하는 법을 간단히 설명하시오.
3. 정준형식 $\boldsymbol{Z} = U\boldsymbol{Y}$ 를 이용하여 $\hat{\boldsymbol{\beta}}$ 와 $\hat{\sigma}^2$ 를 재표현하시오.
4. $\bar{Y}$ 와 $\sum_{i=1}^{n} (Y_i - \bar{Y})^2$ 이 독립임을 설명하시오.

5. $\bar{Y}$ 와 $(1/\sigma^2)\sum_{i=1}^n (Y_i - \bar{Y})^2$ 의 분포를 구하시오.

6. 확률변수 T의 분포를 유추하시오.

4.2 일원배치 또는 K 표본 문제의 데이터 구조는 다음과 같다.

(a) $k = 1, \ldots, K$ 에 대해 n_k 는 자연수이며 $Y_{k1}, \ldots, Y_{kn_k}$ 들은 IID $\mathcal{N}(\mu_k, \sigma^2)$ 에 따른다.

(b) 모든 확률변수들 $Y_{11}, \ldots, Y_{Kn_K}$ 은 서로독립이다.

표 4.2 는 K 표본 문제 데이터 구조를 정리한 것이다.

1	$Y_{11}, \ldots, Y_{1n_1}$
$\vdots$	$\vdots$
k	$Y_{k1}, \ldots, Y_{kn_k}$
$\vdots$	$\vdots$
K	$Y_{K1}, \ldots, Y_{Kn_K}$

표 4.2: 일원배치 데이터 형식

일원배치에서 고려하는 추론 대상은 평균 μ_k 들에 대한 추정과 검정인데 이러한 문제는 선형모형 $\boldsymbol{Y} = G\boldsymbol{\beta} + \boldsymbol{\varepsilon}$ 관점으로 이해할 수 있다. 표본크기는 $n = n_1 + \cdots + n_K$ 가 되며 반응벡터를

$$\boldsymbol{Y} = (Y_{11}, \ldots, Y_{1,n_1}, \ldots, Y_{K1}, \ldots, Y_{Kn_K}) \in \mathbb{R}^n$$

라 하고 오차벡터는 $\boldsymbol{\varepsilon} = (\varepsilon_1, \ldots, \varepsilon_n)$ 로 정의하는데 $\varepsilon_1, \ldots, \varepsilon_n$ 들은 IID $\mathcal{N}(0, \sigma^2)$ 로 가정한다.

회귀함수를 정의하는 함수들은 그룹 소속을 나타내는 입력변수 x 의 함수들로서

$$g_k(x) = \begin{cases} 1 & \text{그룹 } k \\ 0 & \text{그룹 } k \text{ 아님} \end{cases} \qquad k = 1, \ldots, K$$

인데 다음 물음에 답하시오.

1. 회귀함수를 $\mu(\cdot) = \beta_1 g_1 + \cdots + \beta_K g_K$ 라 할 때 다음 물음에 답하시오.

   i. 설계행렬 G 를 설명하고 최대 순위가 될 조건을 쓰시오.

   ii. 회귀계수 β_j 가 가지는 의미를 설명하시오.

iii. 최제추정량이 유일하게 존재할 조건을 쓰고 그 때의 $\hat{\beta}_j$ 가 가지는 의미를 설명하시오.

2. 회귀함수를 $\mu(\cdot) = \beta_0 + \beta_1 g_1 + \cdots \beta_K g_K$ 라 할 때 다음 물음에 답하시오.

   i. 설계행렬 G 를 설명하고 최대 순위가 될 조건을 쓰시오.

   ii. $\sum_{k=1}^{K} \beta_k = 0$ 라는 제한조건하에서 회귀계수 $\beta_j, j = 1, \ldots, K+1$ 들이 가지는 의미를 설명하시오.

   iii. 최제추정량이 유일하게 존재할 조건을 쓰고 최제추정량 $\hat{\beta}_j$ 이 가지는 의미를 설명하시오.

4.3 설계행렬 G 가 최대순위일 때 다음을 보이시오.

1. 설계행렬 G 의 열벡터들 $g_1, \ldots, g_p$ 이 열공간 S 에 대한 기저이다.
2. $\boldsymbol{\mu} = G\boldsymbol{\alpha} = G\boldsymbol{\beta}$ 이면 $\boldsymbol{\alpha} = \boldsymbol{\beta}$ 임을 보이시오.
3. $\boldsymbol{Y}$ 의 두 분포가 같다는 말은 각 분포의 밀도함수를 각각 f_1, f_2 라 할 때 $f_1 = f_2$ 를 의미한다. 여기서 $f_1 = f_2$ 라는 말은 모든 $\boldsymbol{y} \in \mathbb{R}^n$ 에 대해 $f_1(\boldsymbol{y}) = f_2(\boldsymbol{y})$ 임을 의미한다.
4. 반응벡터 $\boldsymbol{Y}$ 의 밀도함수를 $f(\cdot\,; \boldsymbol{\mu}, \sigma^2)$ 라 쓰고 "$(\boldsymbol{\mu}, \sigma^2) \neq (\tilde{\boldsymbol{\mu}}, \tilde{\sigma}^2)$ 이면 $f(\cdot\,; \boldsymbol{\mu}, \sigma^2) \neq f(\cdot\,; \tilde{\boldsymbol{\mu}}, \tilde{\sigma}^2)$" 이다.
5. 반응벡터 $\boldsymbol{Y}$ 의 밀도함수를 $f(\cdot\,; \boldsymbol{\beta}, \sigma^2)$ 라 표현하면 G 가 최대순위이면 "$(\boldsymbol{\beta}, \sigma^2) \neq (\tilde{\boldsymbol{\beta}}, \tilde{\sigma}^2)$ 이면 $f(\cdot\,; \boldsymbol{\beta}, \sigma^2) \neq f(\cdot\,; \tilde{\boldsymbol{\beta}}, \tilde{\sigma}^2)$" 이다.
6. 이상의 결과들을 종합하여 선형모형의 모수화parametrization는 $(\boldsymbol{\mu}, \sigma^2)$ 로 하는 것과 $(\boldsymbol{\beta}, \sigma^2)$ 로 하는 것이 같음을 설명하시오.

4.4 정준형식에 대해 다음 결과들을 보이시오.

1. 식 (4.2) 가 성립한다.
2. 행렬 $\tilde{U}$ 이 직교행렬이다.
3. 정리 3.13 에 따라 $\mathsf{E}[\boldsymbol{Z}] = \boldsymbol{\xi}$ 이고 $\mathsf{Var}[\boldsymbol{Z}] = \sigma^2 I$ 이다.
4. 모든 벡터 $\boldsymbol{y} \in \mathbb{R}^n$ 은 $\boldsymbol{y} = \sum_{j=1}^{n} \boldsymbol{u}_j \boldsymbol{u}_j^\top \boldsymbol{y}$ 로 표현된다.
5. 평균벡터 $\boldsymbol{\mu}$ 가 S 에 속할 조건과 $\xi_{p+1} = \cdots = \xi_n = 0$ 일 조건은 같다.
6. 식 (4.2) 에서 $\mathsf{Cov}[\boldsymbol{Z}_0, \boldsymbol{Z}_1] = \boldsymbol{0}_{p\times(n-p)}$ 이다.

7. 확률벡터 $\boldsymbol{Z}_0$ 와 확률벡터 $\boldsymbol{Z}$ 는 독립이다.

4.5 정리 4.2 에 대해 다음을 보이시오.

1. $\boldsymbol{a}^\top\hat{\boldsymbol{\mu}}$ 가 $\boldsymbol{a}^\top\boldsymbol{\mu}$ 에 대한 선형추정량이면서 불편추정량이다.
2. 선형추정량 $\boldsymbol{c}^\top\boldsymbol{Y}$ 에 대해 $\mathsf{E}\left[\boldsymbol{c}^\top\boldsymbol{Y}\right] = \boldsymbol{c}^\top\boldsymbol{\mu}$ 이다.
3. 선형추정량 $\boldsymbol{c}^\top\boldsymbol{Y}$ 이 목표모수 $\boldsymbol{a}^\top\boldsymbol{\mu}$ 의 불편추정량이라는 가정에 따라 모든 $\boldsymbol{\mu} \in S$ 에 대해 $\boldsymbol{a}^\top\boldsymbol{\mu} = \boldsymbol{c}^\top\boldsymbol{\mu}$ 이므로 $(\boldsymbol{a} - \boldsymbol{c}) \perp S$ 이다.
4. 정사영의 정의에 따라 $P(\boldsymbol{a} - \boldsymbol{c}) = \mathbf{0}$ 이며 식 (4.6) 이 성립한다.
5. 식 (4.7) 이 성립한다.
6. 식 (4.7) 의 등호는 $\boldsymbol{c}^\top\boldsymbol{Y} = \boldsymbol{a}^\top\hat{\boldsymbol{\mu}}$ 일 때만 성립한다.

4.6 식 (4.11) 의 증명을 다음 단계에 따라 하시오.

1. 정사영행렬 P 는 식 $P^2 = P$ 을 만족한다.
2. $\mathsf{Var}\left[\boldsymbol{a}^\top\hat{\boldsymbol{\mu}}\right] = \boldsymbol{a}^\top\mathsf{Var}\left[\hat{\boldsymbol{\mu}}\right]\boldsymbol{a}$
3. $\boldsymbol{a}^\top P\boldsymbol{a} = \|P\boldsymbol{a}\|^2$

4.7 정리 4.5 에서 $\boldsymbol{b} \neq \mathbf{0}_p$ 라는 가정하에 다음이 성립함을 보이시오.

1. G 가 최대순위이므로 $G^\top G$ 는 가역이다.
2. $\boldsymbol{a} \neq \mathbf{0}_n$
3. $\boldsymbol{a} \in S$
4. $P\boldsymbol{a} \neq \mathbf{0}_n$
5. $\|P\boldsymbol{a}\|^2 = \boldsymbol{b}^\top(G^\top G)^{-1}\boldsymbol{b}$
6. $\boldsymbol{b}^\top(G^\top G)^{-1}\boldsymbol{b} > 0$
7. $\hat{\boldsymbol{\beta}}$ 와 $\hat{\sigma}^2$ 는 서로독립이다.
8. $\dfrac{\boldsymbol{b}^\top\hat{\boldsymbol{\beta}} - \boldsymbol{b}^\top\boldsymbol{\beta}}{\sigma\sqrt{\boldsymbol{b}^\top(G^\top G)^{-1}\boldsymbol{b}}} \sim \mathcal{N}_1(0,1)$
9. 마지막 두 결과와 티분포 성질에 따라 정리 4.5 의 2 번이 성립한다.

4.8 $\boldsymbol{\mu} = G\boldsymbol{\beta}$ 일 때 다음을 보이시오.

1. $\boldsymbol{\mu} = G\boldsymbol{\beta}$ 이면 $\xi_{p+1} = \cdots = \xi_n = 0$ 이다.
2. $\hat{\boldsymbol{\mu}} = G\hat{\boldsymbol{\beta}}$

3. $D \triangleq \dfrac{(\hat{\boldsymbol{\beta}}-\boldsymbol{\beta})^\top G^\top G(\hat{\boldsymbol{\beta}}-\boldsymbol{\beta})}{\sigma^2} = \sum_{j=1}^{p}\left(\dfrac{Z_j-\xi_j}{\sigma}\right)^2$

4. $D \sim \chi^2_{n-p}$

5. D와 $\hat{\sigma}^2 = \text{SSE}/(n-p)$ 는 서로 독립이다.

6. 이상의 결과들을 종합하면 식 (4.14) 가 성립한다.

4.9 데이터 $Y_i = \beta_0 + \beta_1 x_i + \varepsilon_i, 1 \le i \le n$ 에서 x_i 들이 모두 같지는 않아 설계행렬 $G = \begin{bmatrix}\mathbf{1} & \boldsymbol{x}\end{bmatrix}$ 이 최대순위라 가정할 때 최제 직선 적합 관련하여 다음 물음에 답하시오.

1. 2 장 내용을 이용하여 정준형식 Z_1 과 Z_2 를 구하시오.

2. $\hat{\boldsymbol{\beta}} = R^{-1}(Z_1, Z_2)$ 를 만족하는 행렬 R 을 구하시오.

3. 행렬 R의 역행렬 R^{-1} 를 구하시오.

4. 행렬 $R^{-1}R^{-\top}$ 을 구하고 $(G^\top G)^{-1}$ 와 같음을 보이시오.

5. 위 결과들을 이용하여 $\hat{\boldsymbol{\beta}}$ 의 공분산행렬은

$$\mathsf{Var}\left[\hat{\boldsymbol{\beta}}\right] = \sigma^2\begin{bmatrix}1/n + \bar{x}^2/s_{xx} & -\bar{x}/s_{xx} \\ -\bar{x}/s_{xx} & 1/s_{xx}\end{bmatrix}$$

임을 보이시오.

4.10 단회귀모형에서 기울기 검정에 대한 티검정과 에프검정이 본질적으로 동일하다. 최제추정량들은 $\hat{\boldsymbol{\mu}} = \hat{\beta}_0\mathbf{1} + \hat{\beta}_1\boldsymbol{x}$ 과 $\hat{\beta}_1 = s_{xy}/s_{xy}$ 에 대해 $\hat{\beta}_0 = \bar{Y} - \hat{\beta}_1\bar{x}$ 이다. 다음이 성립함을 보이시오.

1. $\left((G^\top G)^{-1}\right)_{22} = \dfrac{1}{s_{xx}}$

2. 귀무가설 H_0 에 대한 티통계량은 $T = \dfrac{\sqrt{(n-2)s_{xx}}|\hat{\beta}_1|}{\sqrt{\text{SSE}}}$ 로 표현된다.

3. H_0 하에서 최제적합이 $\hat{\boldsymbol{\mu}}_0 = \mathbf{1}\bar{Y}$ 이다.

4. 귀무가설 H_0 에 대한 에프통계량은 $F = \dfrac{(n-2)s_{xx}\hat{\beta}_1^2}{\text{SSE}}$ 로 표현된다.

5. 이상의 결과를 이용하면 $H_0 : \beta_1 = 0$ 와 $H_1 : \beta_1 \ne 0$ 를 검정할 때 티검정과 에프검정이 같은 결론이 나온다.

4.11 G의 열벡터에 상수들을 곱하는 소위 스케일링을 하는 경우 최제추정량의 변화를 살펴본다. 다음 결과를 보이시오.

1. 대각원소가 $d_j \neq 0, j = 1, \ldots, p$ 인 대각행렬을 $D = \text{diag}(d_1, \ldots, d_p)$, $d_j > 0$ 라 하고 $GD = \begin{bmatrix} d_1 g_1 & \cdots & d_p g_p \end{bmatrix}$ 이다.
2. 중회귀모형에서 변수들을 스케일하는 경우는 $D = \text{diag}(1, d_1, \ldots, d_M)$ 이 된다.
3. 행렬 G 의 열공간 S 와 GD 의 열공간 S' 은 같다.
4. $G\hat{\boldsymbol{\beta}} = \Pi_S[\boldsymbol{Y}]$, $G\hat{\boldsymbol{\alpha}} = \Pi_{S'}[\boldsymbol{Y}]$ 라면 $G\hat{\boldsymbol{\beta}} = GD\hat{\boldsymbol{\alpha}}$ 이다.
5. G 가 최대순위이므로 $\hat{\boldsymbol{\beta}} = D\hat{\boldsymbol{\alpha}}$ 이다.
6. 최제추정량은 문제 **2.18** 의 스케일링 불변성을 가진다.

4.12 설계행렬 G 에 상수항 $\mathbf{1}$ 이 포함되었다고 하자. 이때 최근적합을 최제잔차를 $\boldsymbol{e} = \boldsymbol{Y} - \hat{\boldsymbol{\mu}}$, $Q = I - P$, 제곱합들을 $\text{SST} = \sum(Y_i - \bar{Y})^2$, $\text{SSR} = \sum(\hat{\mu}_i - \bar{Y})^2$, $\text{SSE} = \sum(Y_i - \hat{\mu}_i)^2$ 라 할 때 다음을 보이시오.

1. $\boldsymbol{e} = Q\boldsymbol{Y}$
2. $\mathbf{1}^\top \boldsymbol{e} = 0$
3. $\boldsymbol{e}^\top \hat{\boldsymbol{Y}} = 0$
4. $\|\boldsymbol{Y} - \mathbf{1}\bar{Y}\|^2 = \|P(\boldsymbol{Y} - \mathbf{1}\bar{Y})\|^2 + \|Q(\boldsymbol{Y} - \mathbf{1}\bar{Y})\|^2$
5. $P(\boldsymbol{Y} - \mathbf{1}\bar{Y}) = \hat{\boldsymbol{Y}} - \bar{Y}\mathbf{1}$, $\quad Q(\boldsymbol{Y} - \mathbf{1}\bar{Y}) = Q\boldsymbol{Y} = \boldsymbol{Y} - \hat{\boldsymbol{Y}}$
6. $Z_1 = \bar{Y}\mathbf{1}$, $\quad \boldsymbol{Y} - \bar{Y}\mathbf{1} = \sum_{j=2}^n Z_j \boldsymbol{u}_j$, $\quad \hat{\boldsymbol{Y}} - \bar{Y}\mathbf{1} = \sum_{j=2}^p Z_j \boldsymbol{u}_j$, $\boldsymbol{Y} - \hat{\boldsymbol{\mu}} = \sum_{j=p+1}^n Z_j \boldsymbol{u}_j$
7. P, Q 를 이용하거나 정준형식을 사용하면 $\text{SST} = \text{SSR} + \text{SSE}$ 이 성립한다.
8. 상수항이 없다고 가정하고 제곱합들을 $\text{SST} = \|\boldsymbol{Y}\|^2$, $\text{SSR} = \|\hat{\boldsymbol{\mu}}\|^2$, $\text{SSE} = \|\boldsymbol{Y} - \hat{\boldsymbol{\mu}}\|^2$ 으로 정의하면 $\text{SST} = \text{SSR} + \text{SSE}$ 이 성립한다.

4.13 최제추정량은 최대 가능도 추정량의 약어인 최가추정량과 밀접한 관계에 있다. 선형모형 $\boldsymbol{Y} \sim \mathcal{N}_n(\boldsymbol{\mu}, \sigma^2 I)$ 의 밀도함수를 $f_{\boldsymbol{Y}}(\boldsymbol{y}|\boldsymbol{\mu}, \sigma^2)$ 로 표시하며, 모수공간은 $\Theta = \{(\boldsymbol{\mu}, \sigma^2) : \boldsymbol{\mu} = G\beta \in S, \sigma^2 > 0\}$ 이다. 이때 로그가능도 log-likelihood function 함수는 $\ell_{\boldsymbol{Y}}(\boldsymbol{\mu}, \sigma^2) = \log f_{\boldsymbol{Y}}(\boldsymbol{Y}|\boldsymbol{\mu}, \sigma^2)$, $(\boldsymbol{\mu}, \sigma^2) \in \Theta$ 로 정의하며, 최가추정량은 다음과 같다. $(\hat{\boldsymbol{\mu}}, \hat{\sigma}^2) = \text{argmax}_{(\boldsymbol{\mu}, \sigma^2) \in \Theta} \ell_{\boldsymbol{Y}}(\boldsymbol{\mu}, \sigma^2)$ 이다. 다음을 보이시오.

1. $\boldsymbol{Y}$ 의 밀도함수가 $f_{\boldsymbol{Y}}(\boldsymbol{y}|\boldsymbol{\mu},\sigma^2) = \dfrac{1}{(2\pi\sigma^2)^{n/2}} \exp\left(-\dfrac{1}{2\sigma^2}\|\boldsymbol{y}-\boldsymbol{\mu}\|^2\right)$ 이다.
2. 고정된 σ 에 대해 $\ell_{\boldsymbol{Y}}(\boldsymbol{\mu},\sigma^2) \le \ell_{\boldsymbol{Y}}(\hat{\boldsymbol{\mu}},\sigma^2)$ 이다.
3. $\ell_{\boldsymbol{Y}}(\hat{\boldsymbol{\mu}},\sigma^2) = -\dfrac{1}{2\sigma^2}\mathrm{SSE} - \dfrac{n}{2}\log\sigma^2 - \dfrac{n}{2}\log(2\pi)$
4. 함수 $h(z) = -\dfrac{n}{2}\log z - \dfrac{1}{2z}\mathrm{SSE},\ z > 0$ 의 최댓값이 SSE$/n$ 로 유일하며 σ^2 에 대한 최가추정량은 $\hat{\sigma}^2 = \dfrac{\mathrm{SSE}}{n}$ 이다.
5. 모든 σ^2 에 대해 $\boldsymbol{\mu} \ne \hat{\boldsymbol{\mu}}$ 이면 $\ell_{\boldsymbol{Y}}(\boldsymbol{\mu},\sigma^2) < \ell_{\boldsymbol{Y}}(\hat{\boldsymbol{\mu}},\sigma^2)$ 이며 최가추정량 $\hat{\boldsymbol{\mu}}$ 의 유일성을 설명하시오.
6. 모든 $\boldsymbol{\mu}$ 에 대해 $\sigma^2 \ne \hat{\sigma}^2$ 이면 $\ell_{\boldsymbol{Y}}(\boldsymbol{\mu},\sigma^2) < \ell_{\boldsymbol{Y}}(\boldsymbol{\mu},\hat{\sigma}^2)$ 이므로 $\hat{\sigma}^2$ 의 유일 최가추정량이다.

4.14 정준형식을 이용하면 가능도 추론이 간편해진다는 사실은 아래 문제를 통해 확인할 수 있다. 3 번까지는 증명하고 나머지는 물음에 답하시오.

1. 최가추정량이 $\hat{\boldsymbol{\xi}} = (Z_1,\ldots,Z_p,\mathbf{0})$ 이며 $\hat{\sigma}^2 = \sum_{j=p+1}^{n} Z_j^2/n$ 이다.
2. 위 최가추정량들은 유일하다.
3. $\hat{\boldsymbol{\mu}} = \sum_{j=1}^{p}\hat{\xi}_j\boldsymbol{u}_j = \sum_{j=1}^{p}\boldsymbol{u}_j\boldsymbol{u}_j^\top\boldsymbol{y} = P\boldsymbol{y}$
4. $v = \sigma^2$ 라 하고 $\ell(\boldsymbol{\mu},v)$ 의 헤시안행렬 $H(\boldsymbol{\mu},v)$ 을 구하시오.
5. $\theta = (\boldsymbol{\mu},\sigma^2)$ 에 대해 정보행렬 $I(\theta) = -\,\mathsf{E}\,[H(\boldsymbol{\mu},v)]$ 를 구하시오.

4.15 에프검정과 가능도비검정은 본질적으로 동일하다. 제한 모수공간을 $\Theta_0 = \{\theta \in \Theta : \boldsymbol{\mu} \in S_0$ 이고 $\sigma^2 > 0\}$ 으로 정의할 때 귀무가설 $H_0 : \theta \in \Theta_0$ 와 대립가설 $H_1 : \theta \in \{\theta \in \Theta : \boldsymbol{\mu} \in S - S_0$ 이고 $\sigma^2 > 0\}$ 을 검정한다. 다음을 보이시오.

1. H_0 하에서의 최가추정량 $\hat{\boldsymbol{\mu}}_0 = (\hat{\boldsymbol{\mu}}_0,\hat{\sigma}_0^2)$ 은 다음과 같다.

$$\hat{\boldsymbol{\mu}}_0 = \sum_{j=1}^{p_0}\boldsymbol{u}_j\boldsymbol{u}_j^\top\boldsymbol{Y} = \sum_{j=1}^{p_0}Z_j\boldsymbol{u}_j, \quad \hat{\sigma}_0^2 = \frac{1}{n}\|\boldsymbol{Y}-\hat{\boldsymbol{\mu}}_0\|$$

2. 가능도비 likelihood ratio 검정통계량은

$$\lambda(\boldsymbol{Y}) = \frac{f_{\boldsymbol{Y}}(\boldsymbol{Y}|\hat{\boldsymbol{\mu}},\hat{\sigma}^2)}{f_{\boldsymbol{Y}}(\boldsymbol{Y}|\hat{\boldsymbol{\mu}}_0,\hat{\sigma}_0)} = \left(\frac{\|\boldsymbol{Y}-\hat{\boldsymbol{\mu}}_0\|^2}{\|\boldsymbol{Y}-\hat{\boldsymbol{\mu}}\|^2}\right)^{n/2}$$

이다.

3. $F = \frac{n-p}{p-p_0}\left(\lambda(\boldsymbol{Y})^{2/n} - 1\right)$
4. 가능도비 통계량이 클 때 귀무가설을 기각하는 것은 에프검정 통계량이 클 때 귀무가설을 기각하는 것과 같은데 그 역도 마찬가지이다.

UMVUE uniformly minimum variance unbiased estimator 에 관한 레만-세페 정리 Lehmann-Scheffé theorem는 다음과 같다.

정리 4.8 (레만-세페 정리)**.** *특정 모수에 대한 완비 충분 통계량의 함수인 불편통계량은 UMVUE 이다.*

4.16 정리 4.9 는 $\hat{\boldsymbol{\mu}}$의 선형결합에 대한 최적성에 관한 내용인데 그 뜻을 보다 정확히 알아보자. 모수 $h(\theta) = \boldsymbol{c}^\top\boldsymbol{\mu}$에 대한 임의의 추정량 T 가 불편성 $\mathsf{E}[T] = h(\theta), \theta \in \Theta$ 을 만족하면 $\mathsf{Var}\left[\boldsymbol{c}^\top\hat{\boldsymbol{\mu}}\right] \le \mathsf{Var}[T], \theta \in \Theta$ 이라는 뜻이다. 여기서 $\theta = (\boldsymbol{\mu}, \sigma^2)$ 인데 $\boldsymbol{\mu} \in S_0 = S$ 이고 $\sigma^2 > 0$ 이다.

정리 4.9. *$\boldsymbol{Y} \sim \mathcal{N}_n(G\boldsymbol{\beta}, \sigma^2 I)$ 이면 $\boldsymbol{c}^\top\hat{\boldsymbol{\mu}}$ 는 $\boldsymbol{c}^\top\boldsymbol{\mu}$ 에 대한 UMVUE 이다.*

정리 4.9 를 다음 단계에 따라 증명하시오.

1. $Z_1, \ldots, Z_n$ 의 밀도함수가 다음과 같음을 보이시오.

$$f(z;\theta) = \exp\left[-\frac{\|\boldsymbol{z}\|^2}{2\sigma^2} + \frac{1}{\sigma^2}\sum_{j=1}^{p}\xi_j z_j - \frac{1}{2\sigma^2}\sum_{j=1}^{p}\xi_j^2 - \frac{n}{2}\log(2\pi\sigma^2)\right]$$

2. 통계량 $(Z_1, \ldots, Z_p, \|\boldsymbol{Z}\|^2)$ 이 모수 $(\xi_1, \ldots, \xi_p, \sigma^2)$ 에 대한 완비충분함을 보이시오.
3. 레만-세페 정리를 이용하여 정리 4.9 를 증명하시오.

4.17 정리 4.10 은 선형모형에서 주된 관심사인 $\hat{\boldsymbol{\beta}}$ 의 선형결합에 대한 최적성에 관한 내용이다.

정리 4.10. *$\boldsymbol{Y} \sim \mathcal{N}_n(G\boldsymbol{\beta}, \sigma^2 I)$ 라 하자. 그러면, 임의의 상수벡터 $\boldsymbol{a} \in \mathbb{R}^p$ 에 대해 $\boldsymbol{a} \neq \boldsymbol{0}$ 이면 $\boldsymbol{a}^\top\hat{\boldsymbol{\beta}}$ 는 $\boldsymbol{a}^\top\boldsymbol{\beta}$ 의 UMVUE이다.*

1. 정리 4.9 를 이용하여 정리 4.10 을 증명하시오.
2. $\hat{\beta}_j$ 가 β_j 의 UMVUE 임을 보이시오.

5

변수선택과 축소추정

4 장에서는 예측변수들이 정해졌다는 가정하에 최제추정량 관련 추론에 대해 살펴보았다. 실제 데이터 분석 시에는 어떤 예측변수들이 반응변수를 잘 설명하는지 모르는 경우도 있고, 예측변수들 간에 다중공선성 multicolinearity 이 존재해서 추정량의 변동성이 높아지는 경우도 있다.

이 장에서는 먼저 다중공선성을 보여주는 척도로서 분산확대인자를 행렬을 이용하여 유도하고 그 의미를 살펴본다. 다음으로는 변수를 추가 또는 제거하는 경우 기댓값과 공분산이 어떠한 식으로 표현되는지를 살펴보려고 하는데 이는 어떠한 예측변수가 중요한지를 이해하는데 도움이 될 것이다. 마지막으로는 실제 데이터에 적용하는 방법론으로서 변수선택기법들과 축소추정량 shrinkage estimator 에 대해 알아보기로 한다.

5.1 직정기저에 의한 통계량 재표현

설명변수 개수 p 가 $p = p_0 + p_1,\ p_0, p_1 > 0$ 로 표현될 때 계수벡터를 다음과 같이 분할한다.

$$\boldsymbol{\beta} = \begin{bmatrix} \boldsymbol{\beta}_0 \\ \boldsymbol{\beta}_1 \end{bmatrix} \in \mathbb{R}^p, \quad \boldsymbol{\beta}_0 \in \mathbb{R}^{p_0}, \quad \boldsymbol{\beta}_1 \in \mathbb{R}^{p_1}$$

처음 p_0 개의 열벡터의 생성은 S_0 로, 모든 열벡터들의 생성은 S 로 나타낸다. 최대순위인 설계행렬 G 의 열벡터들을 이용하여 그람-슈미트 과정에 의해 구한 $\boldsymbol{u}_1, \ldots, \boldsymbol{u}_n$ 은 $\mathbb{R}^n$ 의 직정기저로서 $\boldsymbol{u}_1, \ldots, \boldsymbol{u}_p$ 들이 S 를 생성한다고 가정한다. 이제 설계행렬 G 와 그 큐알분해 $G = UR$ 에 나타나는 U 와 R 을 다음과 같이 분할한다.

$$G = \begin{bmatrix} G_0 & G_1 \end{bmatrix}, \; U = \begin{bmatrix} U_0 & U_1 \end{bmatrix}, \; R = \begin{bmatrix} R_{00} & R_{01} \\ \mathbf{0} & R_{11} \end{bmatrix}$$

여기서 $G_0, U_0 \in \mathbb{R}^{n \times p_0}$, $G_1, U_1 \in \mathbb{R}^{n \times p_1}$, $R_{00} \in \mathbb{R}^{p_0 \times p_0}$, $R_{01} \in \mathbb{R}^{p_0 \times p_1}$, $R_{11} \in \mathbb{R}^{p_1 \times p_1}$ 이다. 최제추정량도 다음과 같이 분할한다.

$$\hat{\boldsymbol{\beta}} = \begin{bmatrix} \hat{\boldsymbol{\beta}}_0 \\ \hat{\boldsymbol{\beta}}_1 \end{bmatrix} \in \mathbb{R}^p, \quad \hat{\boldsymbol{\beta}}_0 \in \mathbb{R}^{p_0}, \quad \hat{\boldsymbol{\beta}}_1 \in \mathbb{R}^{p_1}$$

향후 논의를 위해 설계행렬 G_0 만을 이용하는 경우 최제추정량은 다음과 같다.

$$\hat{\boldsymbol{\alpha}} = (G_0^\top G_0)^{-1} G_0^\top \boldsymbol{Y} = R_{00}^{-1} U_0^\top \boldsymbol{Y}$$

정리 5.1 은 최제추정량 구성 성분들을 직정기저를 이용하여 재표현한 것을 보여준다.

정리 5.1. *$B = R_{00}^{-1} R_{01}$ 라 하면 최제추정량 성분은*

$$\hat{\boldsymbol{\beta}}_1 = R_{11}^{-1} U_1^\top \boldsymbol{Y}, \quad \hat{\boldsymbol{\beta}}_0 = \hat{\boldsymbol{\alpha}} - B \hat{\boldsymbol{\beta}}_1 \tag{5.1}$$

로 표현되며 $\hat{\boldsymbol{\beta}}$ 의 공분산행렬은 다음과 같이 분할된다.

$$\mathsf{Var}\left[\hat{\boldsymbol{\beta}}\right] = \sigma^2 \begin{bmatrix} (R_{00}^\top R_{00})^{-1} + B(R_{11}^\top R_{11})^{-1} B^\top & -B(R_{11}^\top R_{11})^{-1} \\ -(R_{11}^\top R_{11})^{-1} B^\top & (R_{11}^\top R_{11})^{-1} \end{bmatrix} \tag{5.2}$$

증명 큐알분해를 이용하여 보인다. $\hat{\boldsymbol{\beta}} = R^{-1} U^\top \boldsymbol{Y}$ 이므로 큐알분해와 분할 행렬연산에 따라 다음을 얻는다.

$$G_0 = U_0 R_{00}, \quad G_1 = U_0 R_{01} + U_1 R_{11} \tag{5.3}$$

한편, R 의 역행렬은 다음과 같다.

$$R^{-1} = \begin{bmatrix} R_{00}^{-1} & -R_{00}^{-1} R_{01} R_{11}^{-1} \\ \mathbf{0} & R_{11}^{-1} \end{bmatrix} \tag{5.4}$$

이제 식 (5.3) 과 식 (5.4) 를 이용하여 (5.1) 을 보인다. 한편 식 (4.12) 에 있는 $\hat{\boldsymbol{\beta}}$ 의 공분산행렬 공식을 큐알분해를 이용하여 재표현하면

$$\text{Var}\left[\hat{\boldsymbol{\beta}}\right] = \sigma^2(G^\top G)^{-1} = \sigma^2 R^{-1} R^{-\top}$$

이다. 이제 식 (5.4) 와 분할 행렬연산을 이용하여 (5.2) 를 얻는다. □

역행렬 A^{-1} 의 전치를 $A^{-\top}$ 으로 나타낸다.

정리 5.1 에서 $B = R_{00}^{-1} R_{01} = \mathbf{0}$ 인 상황을 고려해 본다. 부분행렬들 G_0, G_1 에 대한 열공간들 S_0, S_1 이 직교한다는 말은 G_0 에 해당하는 설명변수들과 G_1 에 해당하는 설명변수들이 연관성이 없다는 의미이다. 그런데 $B = \mathbf{0}$ 이라는 조건과 S_0, S_1 이 직교한다는 조건이 같다 (문제 5.1). 이 가정이 성립할 때에는 $\hat{\boldsymbol{\alpha}} = \hat{\boldsymbol{\beta}}_0$ 이므로 전체 모형의 추정량 성분과 축소 모형의 추정량이 같게 된다.

모든 $\boldsymbol{v}_0 \in S_0$ 와 $\boldsymbol{v}_1 \in S_1$ 에 대해 $\boldsymbol{v}_0^\top \boldsymbol{v}_1 = 0$ 이면 열공간 S_0, S_1 이 직교한다고 하며 $S_0 \perp S_1$ 로 쓴다.

정리 5.2 의 (5.5) 는 정리 5.1 에서 $p_0 = p - 1$ 인 경우의 결과를 보여준다.

정리 5.2. *$p_0 = p - 1$, $p_1 = 1$ 이라 한다. 이때 $\hat{\beta}_p$ 의 형태와 분산은 다음과 같다.*

$$\hat{\beta}_p = \frac{\boldsymbol{u}_p^\top \boldsymbol{Y}}{\boldsymbol{u}_p^\top \boldsymbol{g}_p}, \quad \text{Var}\left[\hat{\beta}_p\right] = \frac{\sigma^2}{(\boldsymbol{u}_p^\top \boldsymbol{g}_p)^2} \tag{5.5}$$

5.2 다중공선성과 분산확대인자

이 절에서는 다중공선성이 최제추정량 분산에 끼치는 영향과 이를 측정하는 분산확대인자에 대해 살펴본다. 관심있는 예측변수가 $\boldsymbol{g}_p$ 일 때 $\boldsymbol{g}_p$ 를 반응변수로 하고 나머지 변수들 $\boldsymbol{g}_1, \ldots, \boldsymbol{g}_{p-1}$ 을 설명변수로 간주하면 $G_0 = \begin{bmatrix} \boldsymbol{g}_1 & \ldots & \boldsymbol{g}_{p-1} \end{bmatrix}$ 가 설계행렬인 선형모형을 적합한다.

다중공선성과 최제추정량 분산

관심 대상 변수 $\boldsymbol{g}_p$ 의 정준형식을 $w_j = \boldsymbol{u}_j^\top \boldsymbol{g}_p$, $1 \le j \le p - 1$ 이라 한다. $\boldsymbol{g}_p$ 를 반응변수로 하고 나머지 변수들을 적합하는 최제문제에서 최제적합 $\hat{\boldsymbol{g}}_p$ 과 잔차제곱합 SSE_p 은 다음과 같다.

$$\hat{\boldsymbol{g}}_p = \sum_{j=1}^{p-1} w_j \boldsymbol{u}_j, \quad \text{SSE}_p = \|\boldsymbol{g}_p - \hat{\boldsymbol{g}}_p\|^2 = w_p^2 \tag{5.6}$$

정리 5.2 와 식 (5.6) 을 결합하여 다음 식을 얻는다.

$$\mathrm{Var}\left[\hat{\beta}_p\right] = \frac{\sigma^2}{\mathrm{SSE}_p} \tag{5.7}$$

식 (5.7) 에 따르면 $\boldsymbol{g}_p$가 다른 예측변수들에 크게 의존하면 SSE_p 는 작아지고 $\hat{\beta}_p$ 의 분산은 커지게 된다. 극단적으로 $\boldsymbol{g}_p$ 가 다른 예측변수들의 선형결합으로 표현되면 속하면 $\hat{\beta}_p$ 의 분산은 무한대가 된다.

분산확대인자

여기서는 분산확대인자variance inflation factor, VIF가 변수들 간의 다중공선성을 재는 척도로 쓰이는 이유를 살펴본다.

보통 선형모형에는 상수항이 포함되므로 $\boldsymbol{g}_1 = \mathbf{1}$ 이라 가정하고 제곱합분해를 살펴본다. 총제곱합 $\mathrm{SST}_p = \|\boldsymbol{g}_p - \bar{g}_p\mathbf{1}\|^2$ 과 회제제곱합 $\mathrm{SSR}_p = \|\hat{\boldsymbol{g}}_p - \bar{g}_p\mathbf{1}\|^2$ 은 각각 다음과 같다.

$$\mathrm{SST}_p = \sum_{j=2}^{p} w_j^2, \quad \mathrm{SSR}_p = \sum_{j=2}^{p-1} w_j^2 \tag{5.8}$$

식 (5.6), (5.8) 들을 이용하여 제곱합분해식

$$\mathrm{SST}_p = \mathrm{SSR}_p + \mathrm{SSE}_p \tag{5.9}$$

을 얻고 결정계수는 다음과 같다.

$$r_p^2 = \frac{\sum_{j=2}^{p-1} w_j^2}{\sum_{j=2}^{p} w_j^2} \tag{5.10}$$

정의 5.1. 관심 변수 $\boldsymbol{g}_p$ 의 분산확대인자는 $\mathrm{VIF}_p = \dfrac{1}{1 - r_p^2}$ 이다.

정의 5.1 에 따라 분산확대인자가 변수들간의 다중공선성을 재는 척도로 쓰이는 이유를 살펴본다. 위 결정계수 $r_p^2 = 1$ 은 보통의 결정계수와 같은 의미를 가진다. $\boldsymbol{g}_p$ 가 $\boldsymbol{g}_2, \ldots, \boldsymbol{g}_{p-1}$ 들의 선형결합으로 표현되어 $\boldsymbol{g}_p$ 가 이들로 '완벽히 설명되면' $w_p = 0$ 이므로 $r_p^2 = 1$ 이다. 한편 $\boldsymbol{g}_p$ 가 $\boldsymbol{g}_2, \ldots, \boldsymbol{g}_{p-1}$ 들과 직교하면 $\boldsymbol{g}_p$ 가 이들과 '완벽히 무관하다' 는 뜻이다. 이때에는 $w_2 = \cdots = w_{p-1} = 0$ 이므로 $r_p^2 = 0$ 이다. 따라서 (5.10) 으로 정의된 결정계수 r_p 는 $\boldsymbol{g}_p$ 가 $\mathbf{1}$ 을 제외하고 $\boldsymbol{g}_2, \ldots, \boldsymbol{g}_{p-1}$ 들로 설명되는 정도를 나타낸다 (문제 5.2). 그런데 결정계수 r_p^2 가 1에 가까운 값이면

VIF_p 값이 매우 크게 되며, 반대로 r_p^2 가 0에 가까운 값이면 VIF_p 값은 1 에 가까운 값이 된다. 따라서, VIF_p 이 클 경우 p 번째 예측변수는 나머지 예측변수에 크게 의존한다고 할 수 있다. 분산확대인자라는 용어가 가지는 의미는 설명변수들이 직교한다는 가정하에서 얻은 추정량에 대한 분산의 확대비율로 이해할 수 있다.

5.3 변수선택에 대한 기초 이론

이 절에서는 예측변수들 중에서 일부만을 사용한 최제추정량 $\hat{\boldsymbol{\alpha}}$ 과 정리 5.1 에서 구한 추정량 $\hat{\boldsymbol{\beta}}_0$ 의 성능을 비교하고자 한다. 향후 논의에서 $\boldsymbol{Y} \sim (G\boldsymbol{\beta}, \sigma^2 I)$ 로 가정하는데 이는 $\boldsymbol{\mu} = \mathsf{E}[\boldsymbol{Y}] = G\boldsymbol{\beta}$ 이며 $\mathsf{Var}[\boldsymbol{Y}] = \sigma^2 I$ 를 의미하며 $\boldsymbol{Y}$ 의 분포 가정은 하지 않는다.

평균제곱오차

어떤 변수가 신호변수인지 모르는 상황에서는 편향과 분산을 동시에 고려하여 추정량의 성능을 평가하는 평균제곱오차mean squared error를 사용하는 것이 일반적이다. 한편 평균제곱오차를 성능 평가 기준으로 하는 다른 이유로는 기대예측오차를 작게하는 노력은 평균제곱오차를 최소로 하려는 시도와 같다는 점이다 (문제 5.7). 이 관점에 보면 평균제곱오차가 상대적으로 작은 추정량은 미래의 반응변수값에 대한 예측정밀도가 높다.

정의 5.2 는 모수벡터에 대한 추정량의 평균제곱오차 행렬과 편향벡터를 규정한다.

정의 5.2. 추정대상 모수벡터 $\boldsymbol{\beta}_0$ 에 대한 추정량 $\tilde{\boldsymbol{\beta}}_0$ 의 평균제곱오차 행렬과 편향벡터는 각각 다음과 같다.

$$\mathsf{MSE}\left[\tilde{\boldsymbol{\beta}}_0\right] = \mathsf{E}\left[\left(\tilde{\boldsymbol{\beta}}_0 - \boldsymbol{\beta}_0\right)\left(\tilde{\boldsymbol{\beta}}_0 - \boldsymbol{\beta}_0\right)^\top\right] \in \mathbb{R}^{p_0 \times p_0}, \ \mathsf{Bias}\left[\tilde{\boldsymbol{\beta}}_0\right] = \mathsf{E}\left[\tilde{\boldsymbol{\beta}}_0\right] - \boldsymbol{\beta}_0 \in \mathbb{R}^{p_0}$$

정리 5.3 에서는 모수가 벡터인 경우에도 추정량의 평균제곱오차가 편향행렬과 분산행렬의 합으로 표현된다는 뜻의 편향-분산분해 공식이 성립한다는 사실을 보여준다 (문제 5.5).

정리 5.3. $\mathsf{MSE}\left[\tilde{\boldsymbol{\beta}}_0\right] = \mathsf{Var}\left[\tilde{\boldsymbol{\beta}}_0\right] + \mathsf{Bias}\left[\tilde{\boldsymbol{\beta}}_0\right] \mathsf{Bias}\left[\tilde{\boldsymbol{\beta}}_0\right]^\top$

평균제곱오차가 행렬이므로 두 개 이상의 추정량들의 성능을 평균제곱오차로 비교할 경우에는 정의 5.3 관점에서 비교해야 한다. 실수들에 대한 부등호 기호를 행렬들에 대해서도 다음과 같은 뜻으로 쓰기로 한다.

정의 5.3. 대칭정방행렬들 A_1, A_2 에 대해 $A_1 - A_2$ 가 양의 정부호이면 $A_1 > A_2$로 쓰고 $A_1 - A_2$ 가 양의 준정부호이면 $A_1 \geq A_2$ 로 쓴다.

변수제거에 따른 평균제곱오차 비교

전체모형 $\mathsf{E}[\boldsymbol{Y}] = G\boldsymbol{\beta}$ 에서 일부 변수를 제거할 때 발생하는 문제를 고려하자. 정리 5.4 는 전체모형과 변수가 제거된 축소모형의 평균제곱오차 차이에 관한 것이다.

정리 5.4. *가정* $\boldsymbol{Y} \sim (G\boldsymbol{\beta}, \sigma^2 I)$ *하에서* $B = R_{00}^{-1}R_{01}$ *라면 다음이 성립한다.*

$$\mathsf{MSE}\left[\hat{\boldsymbol{\beta}}_0\right] - \mathsf{MSE}\left[\hat{\boldsymbol{\alpha}}\right] = B\left(\mathsf{Var}\left[\hat{\boldsymbol{\beta}}_1\right] - \boldsymbol{\beta}_1\boldsymbol{\beta}_1^\top\right)B^\top \tag{5.11}$$

증명 기댓값 연산규칙, 정리 5.1 을 이용하여 다음을 얻는다.

$$\mathsf{E}\left[\hat{\boldsymbol{\beta}}_0\right] = \boldsymbol{\beta}_0, \quad \mathsf{E}\left[\hat{\boldsymbol{\alpha}}\right] = \boldsymbol{\beta}_0 + B\boldsymbol{\beta}_1 \tag{5.12}$$

B를 이용하면 공분산행렬들은 다음과 같다.

$$\mathsf{Var}\left[\hat{\boldsymbol{\alpha}}\right] = \sigma^2(R_{00}^\top R_{00})^{-1}, \quad \mathsf{Var}\left[\hat{\boldsymbol{\beta}}_0\right] = \mathsf{Var}\left[\hat{\boldsymbol{\alpha}}\right] + \sigma^2 B(R_{11}^\top R_{11})^{-1}B^\top \tag{5.13}$$

이제 (5.13) 과 (5.12) 를 종합하기 위해 B 를 이용하면 모수벡터 $\boldsymbol{\beta}_0$ 에 대한 평균제곱오차들은 다음과 같다.

$$\mathsf{MSE}\left[\hat{\boldsymbol{\alpha}}\right] = \sigma^2(R_{00}^\top R_{00})^{-1} + B\boldsymbol{\beta}_1\boldsymbol{\beta}_1^\top B^\top \tag{5.14}$$

$$\mathsf{MSE}\left[\hat{\boldsymbol{\beta}}_0\right] = \sigma^2\left((R_{00}^\top R_{00})^{-1} + B(R_{11}^\top R_{11})^{-1}B^\top\right) \tag{5.15}$$

따라서, 정리 5.1, 식 (5.14) 와 식 (5.15) 를 이용하여 (5.11) 을 얻는다. □

정리 5.4 의 증명과정과 결론에 대해 살펴본다 (문제 5.6).

1. 추정량 $\hat{\boldsymbol{\beta}}_0$ 은 참 모수 $\boldsymbol{\beta}_0$ 에 대한 불편추정량이므로 $\mathsf{MSE}\left[\hat{\boldsymbol{\beta}}_0\right] = \mathsf{Var}\left[\hat{\boldsymbol{\beta}}_0\right]$ 이며 $\hat{\boldsymbol{\beta}}_0$ 의 분산은 $\hat{\boldsymbol{\alpha}}$ 의 분산에 비해 증가한다.

2. R_{00} 이 가역이므로 $B = R_{00}^{-1}R_{01} = \mathbf{0}$ 와 $R_{01} = \mathbf{0}$ 는 같은 조건이다. 추정량 $\hat{\boldsymbol{\alpha}}$ 의 분산은 줄어들지만 특별한 상황이 아니면 편향이 발생하

게 되는데 추정량 $\hat{\boldsymbol{\alpha}}$ 이 참 모수 $\boldsymbol{\beta}_0$ 에 대한 불편추정량이 되는 조건은 $R_{01} = \mathbf{0}$ 또는 $\boldsymbol{\beta}_1 = \mathbf{0}$ 이다.

3. MSE 관점에서 축소모형과 전체모형을 비교하면 다음과 같다.

   (a) $\mathsf{Var}\left[\hat{\boldsymbol{\beta}}_1\right] \geq \boldsymbol{\beta}_1\boldsymbol{\beta}_1^\top$ 이라 하자. G_1 부분의 '분산이 계수크기보다 상대적으로 크거나 같으므로' 전체모형에서 '잡음변수 noise variable 들'인 G_1 부분을 제거한 축소모형이 좋다. 극단적으로 $\boldsymbol{\beta}_1 = \mathbf{0}$ 이면 축소모형이 참 모형이므로 제거된 변수들은 잡음변수가 되며 이들 잡음변수는 당연히 제거하는 것이 타당하다.

   (b) $\mathsf{Var}\left[\hat{\boldsymbol{\beta}}_1\right] \leq \boldsymbol{\beta}_1\boldsymbol{\beta}_1^\top$ 이라 하면 반대 해석이 가능하다. G_1 부분의 '계수크기가 분산보다 크거나 같으므로' 이들 신호변수 signal variable 들을 제거하는 경우 편향이 분산에 비해 상대적으로 더 증가하므로 G_1 부분을 그대로 둔 전체모형이 좋다.

모형탐색

실제에서는 분산 $\mathsf{Var}\left[\hat{\boldsymbol{\beta}}_1\right]$ 과 계수크기 $\boldsymbol{\beta}_1\boldsymbol{\beta}_1^\top$ 를 모르기 때문에 변수 선택 방법이 필요한데 그 기본 생각은 데이터에 기반하여 '잡음변수'로 판단되는 변수들은 제거하는 것이다. 변수선택의 일차 단계는 모형 탐색 model search 인데 모형 탐색에서 대표적인 것이 부분집합 탐색 방법인데 그 예로는 모든 부분집합 선택법, 전진 선택법, 후진 선택법, 단계적 선택법 등이 있다 [Chatterjee and Hadi, 2006]. 모형 탐색이 완료되면 적합된 후보 모형들 중에 적절한 선택 기준에 따라 모형 선택 model selection 이 뒤따른다. 실제에서는 모형 탐색과 선택으로 '신호변수'로 판단되는 변수들을 이용한 모형을 적합하여 최종 모형으로 분석하게 된다.

5.4 중회귀모형에 대한 축소추정량

축소추정량을 중회귀모형 관점에서 설명하기 위해 반응변수 Y 를 입력변수들 $X_1, \ldots, X_M$ 에 적합하는 문제를 고려한다.

축소추정량의 정의와 성질들

축소추정량은 계수의 크기가 특정 값보다 작다는 조건하에서 잔차제곱합을 최소화하는 계수벡터로 정의한다. 그런데 계수의 크기는 설명변수들의 단위에 의존하므로 표준화하는 것이 일반적이다. $\bar{x}_j$ 와 s_j 를 각각 j번째 입력변수의 표본평균과 표본표준편차라 할 때 각 설명변수들은 $g_{ij} = (x_{ij} - \bar{x}_j)/s_j$ 로 표준화하여 사용한다. 이때 상수항은 $\bar{y}$ 으로 추정되므로 반응변수 역시 센터링한다 (문제 5.8).

반응변수는 센터링되었으며, 상수항을 제외하며, 표준화된 설명변수들의 설계행렬을 G 라 한다. 벡터 $\boldsymbol{b} = (b_1, \ldots, b_M)$ 의 r-길이는 $\|\boldsymbol{b}\|_r = \left(\sum_{j=1}^{M} |b_j|^r\right)^{1/r}$, $r \geq 1$ 로 정의한다. 중회귀모형에서 축소추정량은 다음 제한최소화 문제의 해로 정의한다.

$$\text{최소화} \quad \|\boldsymbol{Y} - G\boldsymbol{b}\|^2, \quad \|\boldsymbol{b}\|_r \leq t \tag{5.16}$$

KKT Karush-Kuhn-Tucker 이론 [Boyd and Vandenberghe, 2009] 에 따르면 이 축소추정량은 t 에 대응하는 $\lambda = \lambda(t)$ 가 있어

$$\mathrm{RSS}^{\lambda,r}(\boldsymbol{b}) = \|\boldsymbol{Y} - G\boldsymbol{b}\|^2 + \frac{2\lambda}{r}\|\boldsymbol{b}\|_r^r. \tag{5.17}$$

로 정의되는 벌점화 잔차제곱합을 최소로 하는 벡터와 같다. 이를 식으로 표현하면 다음과 같다.

$$\hat{\boldsymbol{\beta}}^{\lambda,r} = \underset{\boldsymbol{b} \in \mathbb{R}^M}{\operatorname{argmin}} \, \mathrm{RSS}^{\lambda,r}(\boldsymbol{b}) \tag{5.18}$$

축소모수, 벌점모수, 복잡도모수 등으로 일컫는 λ 가 (5.18) 의 축소추정량 $\hat{\boldsymbol{\beta}}^{\lambda,r}$ 끼치는 영향에 대해 살펴본다. (5.16) 의 t 와 (5.17) 의 λ 는 반비례이면서 일대일대응 관계가 있음이 알려져 있다. λ 가 작아지면 역으로 t 는 커지는데 이때 (5.16) 에서 제한조건 $\|\boldsymbol{b}\|_r \leq t$ 이 없는 것과 마찬가지이므로 $\hat{\boldsymbol{\beta}}^{\lambda,r}$ 는 보통의 최제추정량에 가까워진다. 반대로 λ 가 커지면 역으로 t 는 0에 가까워지므로 (5.16) 의 제한조건 $\|\boldsymbol{b}\|_r \leq t \approx 0$ 에 따라 $\hat{\boldsymbol{\beta}}^{\lambda,r}$ 은 영벡터 $\mathbf{0}$ 에 가까운 벡터가 된다. 보통의 λ 에 대해서 추정량 $\hat{\boldsymbol{\beta}}^{\lambda,r}$ 은 최제추정량에 비해 영벡터쪽으로 축소되므로 축소추정량이라 일컫는다.

축소추정량들 중에서 대표적인 것이 $r = 2$ 에 해당하는 리지 ridge 추정량과 $r = 1$ 에 해당하는 라소 lasso 추정량이다. 간단한 미분법으로 리지추정량을 구하면 다음으로 표현된다.

라소추정량은 Tibshirani [1996]가 제안하였다

$$\hat{\boldsymbol{\beta}}^{\lambda,2} = (G^\top G + \lambda I)^{-1} G^\top \boldsymbol{Y} \tag{5.19}$$

라소추정량은 $\|\boldsymbol{b}\|_1$ 이 미분불가능하므로 리지추정량과 달리 제한최적화 방법인 이차 프로그래밍을 이용하여거나 좌표하강 알고리즘 등을 이용한다.

ℓ^2와 ℓ^1 벌점들을 비교하여 보자. 리지와 라소 추정량의 정의구역은 각각 ℓ^2 벌점 $\|\boldsymbol{b}\|_2$ 과 ℓ^1 벌점 $\|\boldsymbol{b}\|_1$으로 결정된다. 정의구역들은 그림 5.1 에서 각각 네모와 원의 형태로 표현되어 있다. 벌점화 추정량은 타원 형태로 표현된 잔차제곱합의 등고선도와 정의구역이 만나는 지점에서 형성된다. 최제추정량에 비해 두 벌점화 추정량들은 원점방향으로 움직였는데 축소화 관점에서 보면 예상했던 결과이다. 한편, 그림 5.1 에 따르면 ℓ^1 벌점에 의하면 $\hat{\beta}_1 = 0$ 이지만 ℓ^2 벌점에 의한 리지추정량의 계수들은 모두 0이 아닌 수로 추정되었다. 이는 ℓ^1 벌점과 ℓ^2 벌점으로 정의되는 정의구역에 형태에 따른 차이이다. 이러한 현상은 이 경우에만 국한된 것이 아니며 일반적으로 ℓ^1 벌점에 의한 추정량은 ℓ^2 벌점에 의한 추정량들보다 0의 수가 많아 상대적으로 성긴 (sparse) 추정량이 된다.

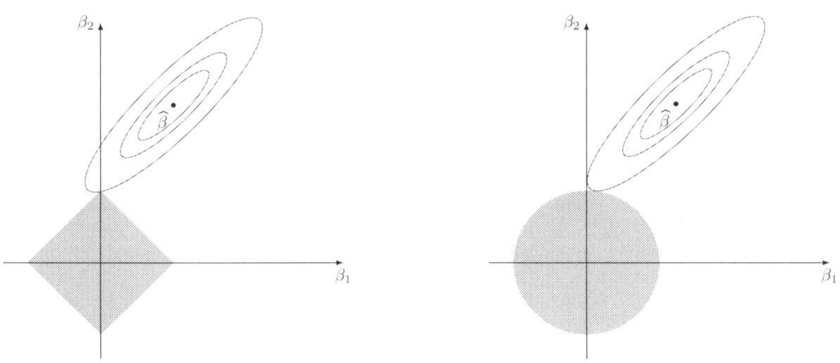

그림 5.1: 리지와 라소 추정 방법의 시각화. 왼쪽 그림의 네모는 라소추정량을 구하는 영역 $|\beta_1| + |\beta_2| \leq t$ 을 나타내며 오른쪽 그림의 원판은 리지추정량을 구하는 영역 $\beta_1^2 + \beta_2^2 \leq t^2$ 을 나타낸다. 타원 형태의 등고선도는 잔차제곱합을 나타낸다. 등고선도와 벌점화 영역이 만나는 곳에서 추정량이 형성된다.

실질적 자유도는 모형선택과 비교에서 중요한 역할을 한다. 최대순위일 경우 최제추정량의 자유도는 다음과 같다.

$$\text{trace}(P) = \text{trace}\left[G(G^\top G)^{-1}G^\top\right] = M \tag{5.20}$$

같은 방식으로 리지추정량의 실질적인 자유도는 다음으로 정의된다.

$$\text{df}(\lambda) = \text{trace}\left[G(G^\top G + \lambda I)^{-1}G^\top\right] \tag{5.21}$$

여기서, $\text{df}(\lambda) \leq M$ 이고, $\lim_{\lambda\uparrow\infty} \text{df}(\lambda) \to 0$ 이며 $\lim_{\lambda\downarrow 0} \text{df}(\lambda) = M$ 임을

알 수 있다 (문제 5.9). 라소추정량의 자유도에 관한 연구는 진행되고 있다 [Zou et al., 2007].

직교 설계행렬의 경우 리지추정량과 라소추정량

설계행렬 G 의 그람행렬이 $G^\top G = I$ 을 만족하여 열벡터들이 직정이라면 (5.17) 은 다음과 같다.

$$\mathrm{RSS}^{\lambda,r}(\boldsymbol{b}) = \sum_{j=1}^{M} \left[b_j^2 - 2(\boldsymbol{g}_j^\top \boldsymbol{Y}) b_j + \frac{2\lambda}{r} |b_j|^r \right] + \|\boldsymbol{Y}\|^2 \tag{5.22}$$

$\lambda = 0$, 즉 보통 최제추정량은 다음과 같다.

$$\hat{\boldsymbol{\beta}} = G^\top \boldsymbol{Y}, \quad \hat{\beta}_j = \boldsymbol{g}_j^\top \boldsymbol{Y}, \quad j = 1, \ldots, M. \tag{5.23}$$

리지추정량은 벌점화 잔차제곱합

$$\mathrm{RSS}^{\lambda,2}(\boldsymbol{b}) = \sum_{j=1}^{M} \left[(1+\lambda) b_j^2 - 2(\boldsymbol{g}_j^\top \boldsymbol{Y}) b_j \right] + \|\boldsymbol{Y}\|^2$$

을 최소화하는 벡터 $\hat{\boldsymbol{\beta}}^{\lambda,2}$ 인데 리지추정량의 각 원소는 다음과 같다.

$$\hat{\beta}_j^{\lambda,2} = \frac{\boldsymbol{g}_j^\top \boldsymbol{Y}}{1+\lambda}, \quad j = 1, \ldots, p. \tag{5.24}$$

라소추정량은 벌점화 잔차제곱합

$$\mathrm{RSS}^{\lambda,1}(\boldsymbol{b}) = \sum_{j=1}^{M} \left[b_j^2 - 2(\boldsymbol{g}_j^\top \boldsymbol{Y}) b_j + 2\lambda |b_j| \right] + \|\boldsymbol{Y}\|^2$$

을 최소로 하는 벡터 $\hat{\boldsymbol{\beta}}^{\lambda,1}$ 인데 라소추정량의 각 원소는 다음과 같다.

$$\hat{\beta}_j^{\lambda,1} = \mathsf{ST}(\boldsymbol{g}_j^\top \boldsymbol{Y}, \lambda), \quad j = 1, \ldots, M \tag{5.25}$$

여기서 ST 는 소위 연성문턱 soft thresholding 규칙이라 일컫는데 그 정의는 다음과 같다.

$$\mathsf{ST}(b,\lambda) = \mathrm{sign}(b)\,(|b| - \lambda)_+ = \begin{cases} b - \lambda & (b > \lambda \text{ 일 때}) \\ 0 & (|b| \le \lambda \text{ 일 때}) \\ b + \lambda & (b < -\lambda \text{ 일 때}) \end{cases} \tag{5.26}$$

(5.24) 와 (5.25) 의 증명은 문제 5.10 을 참조한다.

그림 5.2 는 설계행렬의 열벡터들이 직정인 경우 리지벌점화와 라소벌점화를 비교하고 있다. 검은선은 벌점화 하지 않은 최제추정량에 해당하는 함수 $y = z$ 을, 푸른선은 리지추정량을 정의하는 함수 $y = \dfrac{z}{1+\lambda}$ 을, 붉은 선은 라소추정량을 정의하는 함수 $y = \text{sign}(z)\,(|z| - \lambda)_+$ 을 도식화하고 있다.

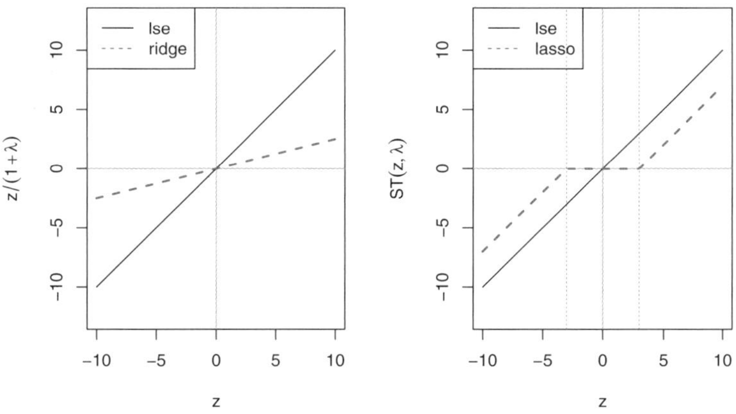

그림 5.2: 설계행렬의 열벡터들이 직정인 경우 리지벌점화와 라소벌점화 비교. 검은선은 벌점화 하지 않은 최제추정량을, 왼쪽의 붉은점선은 리지추정량을, 오른쪽의 붉은점선은 라소추정량을 도식화한다.

5.5 모형선택과 간결성 원리

모형탐색 방법으로 부분집합 모형들을 적합하거나 여러 축소추정량을 적합한 후 최적의 모형을 선택하여야 한다. 변수를 추가하면 대응하는 모형들이 포함되므로 최제잔차 제곱합은 증가하지 않는다 (문제 5.4). 따라서 최제 잔차제곱합은 서로 다른 모형을 비교하는 기준으로 한계를 가지며 모형의 자유도 또는 복잡도[complexity] 를 고려한 모형선택 기준이 필요하다.

모형선택 기법

중회귀모형의 경우 모형선택 방법으로는 적절한 정보기준을 정한 후 여러 적합된 모형들 중에서 정보기준을 최소로 하는 모형을 최적모형으로 선택한다.

선형모형에 대한 정보기준들을 살펴보고자 하는데 이를 위해 $\boldsymbol{Y} \sim \mathcal{N}_n(\boldsymbol{\mu}, \sigma^2 I)$ 이고 G 가 최대순위인 선형모형들을 고려한다. 이 부분절에서 $\hat{\boldsymbol{\beta}}$, RSS, SSE 들은 설명변수 개수 M 에 따라 달라질 수 있다는 점을 주목할 필요가 있다.

σ^2 가 알려진 경우 $\boldsymbol{\beta}$ 에 대한 로그가능도는

$$\ell(\boldsymbol{\beta}) = \log\left[\prod_{i=1}^{n} \frac{1}{\sqrt{2\pi}\sigma} \exp\left\{-\frac{1}{2\sigma^2}\left(Y_i - \mu(\boldsymbol{x}_i;\boldsymbol{\beta})\right)^2\right\}\right] = -\frac{1}{2\sigma^2}\text{RSS}(\boldsymbol{\beta}) - C(\sigma^2)$$

로 주어지는데 $C(\sigma^2) = \frac{n}{2}\log(2\pi) + \frac{n}{2}\log\sigma^2$ 는 $\boldsymbol{\beta}$ 와 무관하다. 최가추정량은 $\hat{\boldsymbol{\beta}}^{MLE} = \text{argmax}_{\boldsymbol{\beta}}\, \ell(\boldsymbol{\beta})$ 으로 정의하는데 $\hat{\boldsymbol{\beta}}^{MLE}$ 는 최제추정량 $\hat{\boldsymbol{\beta}}$ 이 되므로 최대화된 로그가능도는 다음과 같다.

$$\ell\left(\hat{\boldsymbol{\beta}}^{MLE}\right) = -\frac{\text{RSS}\left(\hat{\boldsymbol{\beta}}^{MLE}\right)}{2\sigma^2} - C(\sigma^2) = -\frac{\text{SSE}}{2\sigma^2} - C(\sigma^2)$$

최가추정량의 자유도가 p 라는 말은 $\hat{\boldsymbol{\beta}}^{MLE} \in \mathbb{R}^p$ 라는 뜻인데 이때 AIC 와 BIC 는 다음과 같다.

$$\text{AIC} = \frac{\text{SSE}}{\sigma^2} + 2M, \quad \text{BIC} = \frac{\text{SSE}}{\sigma^2} + M\log n$$

σ^2도 미지인 경우 모수 $(\boldsymbol{\beta}, \sigma^2)$ 에 대한 로그가능도는 다음과 같다.

$$\ell(\boldsymbol{\beta}, \sigma^2) = -\frac{1}{2\sigma^2}\text{RSS}(\boldsymbol{\beta}) - \frac{n}{2}\log(2\pi) - \frac{n}{2}\log\sigma^2$$

모수벡터 $\boldsymbol{\beta}$ 에 대한 최가추정량 $\hat{\boldsymbol{\beta}}^{MLE}$ 은 최제추정량 $\hat{\boldsymbol{\beta}}$ 과 같으며 σ^2 에 대한 최가추정량은 $(\tilde{\sigma}^2)^{MLE} = n^{-1}\text{SSE}$ 이다. 이상을 종합하면 최대화된 로그가능도 함수값은 다음과 같다.

$$\ell\left(\hat{\boldsymbol{\beta}}^{MLE}, \tilde{\sigma}^2\right) = -\frac{n}{2}\log\text{SSE} + \text{ (상수)}$$

자유도 p 와 무관한 상수를 생략하면 정보기준들은 다음과 같다.

$$\text{AIC} = n\log\text{SSE} + 2M, \quad \text{BIC} = n\log\text{SSE} + M\log n$$

간결성 원리

변수선택 또는 축소추정을 고려하는 이유로는 다음을 들 수 있다.

- 예측정밀도 관점: 분산을 줄이기 위하여 약간의 편향를 감수한다면 평균제곱오차를 줄일 수 있으며 이는 기대 예측 기댓값을 감소시키는 것과 동일하여 결과적으로 예측정밀도를 향상시키는 것과 같다. 이러한 시도들은 현대 통계 모형화에서 소위 편향-분산 조절이라 할 수 있다.

- 해석 관점: 모형구축의 또다른 목표는 모형구축 과정과 최종모형을 통해 얻을 수 있는 주어진 현상의 해석이다. 입력변수들의 개수가 크면 해석상 문제가 발생할 수 있다. 따라서, 간결한 모형의 설명력이 상대적으로 복잡도가 높은 모형에 비해 크게 떨어지지 않는다면 해석력 관점에서 간결한 모형을 선택하게 된다.

일반 상황에서 설명변수의 개수, 즉 모형의 복잡도가 증가하면 편향제곱은 감소하나 분산이 증가하며, 반대로 모형의 복잡도가 감소하여 간결한 모형을 적합하면 편향제곱은 증가하지만 분산은 감소한다. 따라서, 분산만으로 모형들을 비교하는 것은 문제가 있으므로 편향을 같이 고려하는 평균제곱오차를 모형 평가 기준으로 하는 것이 일반적이다.

어떤 모형이 참 모형인지 모르는 상황에서는 편향과 분산간 협상을 해야 한다. 즉, 편향제곱과 분산을 적절히 조절해야 하는데 이때 많은 사람들이 따르는 간결성 원리는 데이터 적합도가 충분한 경우 최대한 간결한 모형을 쓰자는 원리이다.

5.6 연습문제

5.1 정리 5.1 과 정리 5.2 의 증명 보완을 위해 분할 행렬연산을 이용하여 다음을 보이시오.

1. 식 $U^\top U = I$ 에서 $U_0^\top U_0 = I_{p_0}$, $U_1^\top U_1 = I_{p_1}$, $U_0^\top U_1 = \mathbf{0}_{p_0 \times p_1}$, $U_1^\top U_0 = \mathbf{0}_{p_1 \times p_0}$ 이 성립한다.
2. 식들 (5.3), (5.4) 가 성립한다.
3. 식들 (5.3), (5.4) 에 따라 (5.1), (5.2) 가 성립한다.
4. $B = R_{00}^{-1} R_{01}$ 라 하면 다음이 성립한다.

i. $B = (G_0^\top G_0)^{-1} G_0^\top G_1$

ii. $B = \mathbf{0} \iff S_0 \perp S_1$

iii. $B = \mathbf{0}$ 이면 $\hat{\boldsymbol{\alpha}} = \hat{\boldsymbol{\beta}}_0$ 이다.

5. 식 (5.5) 가 성립한다.

5.2 $g_1 = \mathbf{1}$ 인 경우 5.2 절의 r_p 에 대해 다음이 성립함을 보이시오.

1. $\boldsymbol{u}_1 = \dfrac{1}{\sqrt{n}}$
2. $w_1 = \bar{g}_p = \dfrac{1}{n}\sum_{i=1}^{n} g_{ip}$
3. 식 (5.8) 이 성립한다.
4. 제곱합분해식 (5.9) 가 성립한다.
5. 상수항이 있을 때 결정계수 $r_p^2 = (\mathrm{SST}_p - \mathrm{SSE}_p)/\mathrm{SST}_p$ 가 (5.10) 과 같다.

5.3 선형모형에서 귀무가설 $H_0 : \beta_p = 0$ 에 대한 티검정통계량의 제곱은 에프검정통계량과 같다는 사실은 다음과 같이 증명할 수 있다. 여기서 변수순서를 바꾸면 되므로 β_p 에 대한 검정을 고려하는 것은 일반성을 잃지 않는다.

1. 정리 5.1 을 이용하여 다음을 보이시오.

$$\hat{\beta}_p = \frac{\boldsymbol{u}_p^\top \boldsymbol{Y}}{R_{11}}, \quad \mathsf{Var}\left[\hat{\beta}_p\right] = \frac{\sigma^2}{R_{11}^2}$$

2. H_0 에 대한 티통계량이 다음과 같음을 보이시오.

$$T = \frac{\boldsymbol{u}_p^\top \boldsymbol{Y}}{S}$$

3. 귀무가설하에서 최제적합이 다음과 같음을 보이시오.

$$\hat{\boldsymbol{\mu}}_0 = \sum_{j=1}^{p-1} Z_j \boldsymbol{u}_j$$

4. 에프통계량의 분자가 다음과 같음을 보이시오.

$$\|\hat{\boldsymbol{\mu}} - \hat{\boldsymbol{\mu}}_0\|^2 = (\boldsymbol{u}_p^\top \boldsymbol{Y})^2$$

5. 정의에 따라 에프통계량 F 를 구하고 $F = T^2$ 임을 보이시오.

5.4 반응벡터 $\boldsymbol{Y}$ 를 G 와 G_0 를 설계행렬로 할 때 최제적합을 각각 $\hat{\boldsymbol{\mu}} = G\hat{\boldsymbol{\beta}}$ 와 $\hat{\boldsymbol{\mu}}_0 = G_0\hat{\boldsymbol{\beta}}_0$ 라 하자.

1. S_0 는 S 의 부분공간이므로 S_0 가 S 에 포함된다는 사실을 설명하시오.
2. 정준형식을 이용하여 다음을 보이시오.

$$\|\boldsymbol{Y} - G_0\hat{\boldsymbol{\beta}}_0\|^2 - \|\boldsymbol{Y} - G\hat{\boldsymbol{\beta}}\|^2 = \sum_{j=p_0+1}^{p} Z_j^2 \tag{5.27}$$

3. 식 (5.27) 을 이용하여 다음을 보이시오.

$$\|\boldsymbol{Y} - G_0\hat{\boldsymbol{\beta}}_0\|^2 \geq \|\boldsymbol{Y} - G\hat{\boldsymbol{\beta}}\|^2$$

5.5 이 문제는 벡터 모수에 대한 평균제곱오차의 편향-분산 분해에 관한 것으로 먼저 스칼라 모수에 대한 추정량의 평균제곱오차에 대한 정의 5.4 를 살펴보자.

정의 5.4. 모수 $h(\theta)$ 에 대한 추정량 T의 평균제곱오차와 편향은 각각 다음과 같다.

$$\mathsf{MSE}\,[T] = \mathsf{E}\left[(T - h(\theta))^2\right], \quad \mathrm{Bias}[T] = \mathsf{E}\,[T] - h(\theta)$$

정리 5.5 는 평균제곱오차가 편향제곱과 분산의 합으로 표현된다는 의미로 편향-분산분해에 관한 결과이다.

정리 5.5. $\mathsf{MSE}\,[T] = \mathsf{Var}\,[T] + \mathrm{Bias}^2[T]$

1. 정리 5.5 는 다음과 같이 증명되는데 각 등호가 성립하는 이유를 설명하시오.

$$\begin{aligned}
&\mathsf{E}\,[T - h(\theta)]^2 \\
&= \mathsf{E}\left[(T - \mathsf{E}\,[T] + \mathsf{E}\,[T] - h(\theta))^2\right] \\
&= \mathsf{E}\left[(T - \mathsf{E}\,[T])^2\right] + \mathsf{E}\left[(\mathsf{E}\,[T] - h(\theta))^2\right] + 2\,\mathsf{E}\,[(T - \mathsf{E}\,[T])\,(\mathsf{E}\,[T] - h(\theta))] \\
&= \mathsf{Var}\,[T] + \mathrm{Bias}^2[T] + 2\,(\mathsf{E}\,[T] - h(\theta))\;\mathsf{E}\,[T - \mathsf{E}\,[T]] \\
&= \mathsf{Var}\,[T] + \mathrm{Bias}^2[T]
\end{aligned}$$

2. 위 스칼라 평균제곱오차의 편향-분산 분해 증명방법을 이용하여 정리 5.3 을 증명하시오.

5.6 변수제거에 따른 평균제곱오차 비교에 관해 다음 물음에 답하시오.

1. 식들 (5.12), (5.13), (5.14), (5.15) 을 구체적으로 보이시오.
2. 정리 5.1 의 셋째 결과를 이용하여 다음을 보이시오.

$$\mathrm{Var}\left[\hat{\boldsymbol{\beta}}_1\right] = \sigma^2(R_{11}^\top R_{11})^{-1}$$

3. $B = R_{00}^{-1}R_{01}$ 와 $D = \mathrm{Var}\left[\hat{\boldsymbol{\beta}}_1\right] - \boldsymbol{\beta}_1\boldsymbol{\beta}_1^\top$ 를 이용하면 모든 벡터 $\boldsymbol{b} \in \mathbb{R}^{p_0}$ 에 대해 다음이 성립한다.

$$\boldsymbol{b}^\top B\left(\mathrm{Var}\left[\hat{\boldsymbol{\beta}}_1\right] - \boldsymbol{\beta}_1\boldsymbol{\beta}_1^\top\right)B^\top\boldsymbol{b} = (B^\top\boldsymbol{b})^\top D(B^\top\boldsymbol{b}) \qquad (5.28)$$

4. 식 (5.28) 을 이용하여 $\mathrm{Var}\left[\hat{\boldsymbol{\beta}}_1\right] \geq \boldsymbol{\beta}_1\boldsymbol{\beta}_1^\top$ 이면 $\mathrm{MSE}\left[\hat{\boldsymbol{\beta}}_0\right] \geq \mathrm{MSE}\left[\hat{\boldsymbol{\alpha}}\right]$ 이라는 사실과 반대로 $\mathrm{Var}\left[\hat{\boldsymbol{\beta}}_1\right] \leq \boldsymbol{\beta}_1\boldsymbol{\beta}_1^\top$ 이면 $\mathrm{MSE}\left[\hat{\boldsymbol{\beta}}_0\right] \leq \mathrm{MSE}\left[\hat{\boldsymbol{\alpha}}\right]$ 이라는 사실을 보이시오.
5. 추정량 $\hat{\boldsymbol{\alpha}}$ 이 참 모수 $\boldsymbol{\beta}_0$ 에 대한 불편추정량이 되는 조건은 $B = \mathbf{0}$ 이거나 $\boldsymbol{\beta}_1 = \mathbf{0}$ 이다.
   i. $B = \mathbf{0}$ 이면 $j = p_0 + 1, \ldots, p$ 에 대해 g_j 가 $g_1, \ldots, g_{j-1}$ 들과 연관성이 0이라는 뜻인 이유를 설명하시오.
   ii. $\boldsymbol{\beta}_1 = \mathbf{0}$ 이면 $g_{p_0+1}, \ldots, g_p$ 가 설명력이 없는 잡음변수인 이유를 설명하시오.
6. S_0 와 S_1 이 서로 직교하면 정리 5.4 에 따라 $\mathrm{MSE}\left[\hat{\boldsymbol{\beta}}_0\right] = \mathrm{MSE}\left[\hat{\boldsymbol{\alpha}}\right]$ 이다.
7. S_0 와 S_1 이 서로 직교하지 않는 조건의 하나로서

$$G_1^\top(G_0\boldsymbol{b}) \neq \mathbf{0} \in \mathbb{R}^{p_1}, \quad \boldsymbol{b} \in \mathbb{R}^{p_0}, \quad \boldsymbol{b} \neq \mathbf{0}$$

을 가정한다. $G_0^\top G_0$ 가 가역이라는 조건을 이용하여 다음을 보이시오.

$$\boldsymbol{a} \neq \mathbf{0} \rightarrow B^\top\boldsymbol{a} \neq \mathbf{0}$$

이를 이용하여 $\mathrm{Var}\left[\hat{\boldsymbol{\beta}}_1\right] > \boldsymbol{\beta}_1\boldsymbol{\beta}_1^\top$ 이면 $\mathrm{MSE}\left[\hat{\boldsymbol{\beta}}_0\right] > \mathrm{MSE}\left[\hat{\boldsymbol{\alpha}}\right]$ 이라는 사실과 반대로 $\mathrm{Var}\left[\hat{\boldsymbol{\beta}}_1\right] < \boldsymbol{\beta}_1\boldsymbol{\beta}_1^\top$ 이면 $\mathrm{MSE}\left[\hat{\boldsymbol{\beta}}_0\right] < \mathrm{MSE}\left[\hat{\boldsymbol{\alpha}}\right]$

이라는 사실을 보이시오.

5.7 회귀함수 추정 관점에서 MSE 와 EPE 의 관계를 살펴보자. 데이터 $(\boldsymbol{x}_i, Y_i), \ldots, (\boldsymbol{x}_n, Y_n)$ 를 이용하여 정의된 추정량을 $\hat{\mu}(\cdot)$ 라 하자. 입력변수의 값이 $\boldsymbol{x}_0$인 경우 새로운 반응변수 Y_0 가 다음과 같이 관측된다고 가정한다.

$$Y_0 = \mu(\boldsymbol{x}_0) + \varepsilon_0 \tag{5.29}$$

단, ε_0 는 훈련데이터와 독립이라고 가정하는데 이는 $\varepsilon_1, \ldots, \varepsilon_n$ 들과 독립이라고 가정하는 것과 같다. x_0 에서 Y_0 에 대한 예측기인 $\hat{\mu}(\boldsymbol{x}_0)$ 의 EPE 는 다음과 같다.

$$\mathsf{EPE}\left[\hat{\mu}(\boldsymbol{x}_0)\right] = \mathsf{E}\left[(Y_0 - \hat{\mu}(\boldsymbol{x}_0))^2\right]$$

1. Y_0 와 $\hat{\mu}(\boldsymbol{x}_0)$ 이 서로독립임을 설명하시오.

2. 다음 식을 보이시오.

$$\mathsf{E}\left[\varepsilon_0\left(\mu(\boldsymbol{x}_0) - \hat{\mu}(\boldsymbol{x}_0)\right)\right] = 0$$

3. 다음 식을 보이시오.

$$\mathsf{EPE}\left[\hat{\mu}(\boldsymbol{x}_0)\right] = \mathsf{E}\left[\varepsilon_0^2\right] + \mathsf{E}\left[(\mu(\boldsymbol{x}_0) - \hat{\mu}(\boldsymbol{x}_0))^2\right]$$

4. $\mathsf{MSE}\left[\hat{\mu}(\boldsymbol{x}_0)\right] = \mathsf{E}\left[(\mu(\boldsymbol{x}_0) - \hat{\mu}(\boldsymbol{x}_0))^2\right]$ 라 할 때 다음 식을 보이시오.

$$\mathsf{EPE}\left[\hat{\mu}(\boldsymbol{x}_0)\right] = \sigma^2 + \mathsf{MSE}\left[\hat{\mu}(\boldsymbol{x}_0)\right]$$

5. 이상의 결과들을 이용하여 MSE가 작은 추정량은 상대적으로 MSE 가 큰 다른 추정량보다 (5.29) 로 생성되는 미래의 반응변수값에 대한 예측정밀도가 높으며, EPE를 작게하는 노력은 MSE를 최소로 하려는 시도와 같음을 설명하시오.

5.8 표준화된 입력변수들을 $\boldsymbol{g}_1, \ldots, \boldsymbol{g}_M$ 이라 하고 다음 물음에 답하시오.

1. $\mathbf{1}^\top \boldsymbol{g}_j = 0, 1 \leq j \leq M$ 을 보이시오.

2. 상수항을 제외한 설계행렬 $G = \begin{bmatrix}\boldsymbol{g}_1 & \ldots & \boldsymbol{g}_M\end{bmatrix}$, $\boldsymbol{b} = (b_1, \ldots, b_M)$

에 대해 다음을 보이시오.

$$\mathrm{RSS}(b_0, \boldsymbol{b}) = \left\| \boldsymbol{Y} - b_0 \mathbf{1} - \sum_{j=1}^{M} b_j \boldsymbol{g}_j \right\|^2 = \|\boldsymbol{Y} - \bar{y}\mathbf{1} - G\boldsymbol{b}\|^2 + \|(\bar{y} - b_0)\mathbf{1}\|^2$$

3. 제한최적화 문제

$$\text{최소화} \quad \mathrm{RSS}(b_0, \boldsymbol{b}), \quad \|\boldsymbol{b}\|_r \leq t \tag{5.30}$$

의 해를 $\hat{\beta}_0$ 와 $\hat{\boldsymbol{\beta}}^{\lambda,r}$ 이라 하면 $\hat{\beta}_0 = \bar{y}$ 임을 설명하시오.

4. 반응변수가 센터링되었다면 (5.30) 의 해 $\hat{\boldsymbol{\beta}}^{\lambda,r}$ 는 (5.16) 의 해와 같음을 설명하시오.

5.9 최대순위 설계행렬 $G \in \mathbb{R}^{n\times p}$ 에 대해 (B.1) 의 특잇값 분해는 다음과 같다. 특잇값들 $d_1 \geq \cdots \geq d_p > 0$, 대각행렬 $D = \mathrm{diag}(d_1, \ldots, d_p)$, 준직교행렬 $U = \begin{bmatrix} \boldsymbol{u}_1 & \ldots & \boldsymbol{u}_p \end{bmatrix} \in \mathbb{R}^{n\times p}$, 직교행렬 $V = \begin{bmatrix} \boldsymbol{v}_1 & \ldots & \boldsymbol{v}_p \end{bmatrix} \in \mathbb{R}^{p\times p}$ 이 존재하여 다음이 성립한다.

$$G = UDV^\top = \sum_{j=1}^{p} d_j \boldsymbol{u}_j \boldsymbol{v}_j^\top \tag{5.31}$$

1. V 가 직교행렬이므로 $\{\boldsymbol{v}_1, \ldots, \boldsymbol{v}_p\}$ 이 $\mathbb{R}^p$ 의 직정기저가 되며 $\boldsymbol{b} \in \mathbb{R}^p$ 에 대해 $a_j = \boldsymbol{v}_j^\top \boldsymbol{b}, 1 \leq j \leq p$ 라 하면

$$\boldsymbol{b} = \sum_{j=1}^{p} a_j \boldsymbol{v}_j \tag{5.32}$$

로 표현되는데 계수 a_j 들이 유일함을 설명하시오.

2. 식들 (5.31), (5.32) 를 이용하여 다음을 보이시오.

$$G\boldsymbol{b} = \sum_{j=1}^{p} d_j a_j \boldsymbol{u}_j$$

3. 이상의 결과를 이용하여 행렬 G 를 정의구역이 $\mathbb{R}^p$ 이고 치역이 S 인 함수로 이해하면 정의구역의 직정기저가 $\{\boldsymbol{v}_1, \ldots, \boldsymbol{v}_p\}$ 이고 치역의 직정기저가 $\{\boldsymbol{u}_1, \ldots, \boldsymbol{u}_p\}$ 임을 설명하시오.

4. 식 (5.31) 을 이용하여 다음을 보이시오.

$$G^\top G = VD^2V^\top, \quad (G^\top G)^{-1} = VD^{-2}V^\top \tag{5.33}$$

5. 식들 (5.31), (5.33) 을 이용하여 최제적합 $G\hat{\boldsymbol{\beta}} = G(G^\top G)^{-1}G^\top \boldsymbol{Y} = UU^\top \boldsymbol{Y}$ 이 다음과 같음을 보이시오.

$$G\hat{\boldsymbol{\beta}} = \sum_{j=1}^{p} \left(\boldsymbol{u}_j^\top \boldsymbol{Y}\right) \boldsymbol{u}_j$$

6. 대각행렬 $D^\lambda = \mathsf{diag}(d_1^2 + \lambda, \ldots, d_p^2 + \lambda) \in \mathbb{R}^{p\times p}$ 을 이용하여 다음을 보이시오.

$$G^\top G + \lambda I_p = VD^\lambda V^\top, \quad (G^\top G + \lambda I_p)^{-1} = V(D^\lambda)^{-1}V^\top \tag{5.34}$$

7. 식들 (5.31), (5.34) 를 이용하여 (5.19) 의 리지추정량 $\hat{\boldsymbol{\beta}}^{\lambda,2}$ 로 정의된 리지적합 $G\hat{\boldsymbol{\beta}}^{\lambda,2}$ 이

$$G\hat{\boldsymbol{\beta}}^{\lambda,2} = \sum_{j=1}^{M} \left(\frac{d_j^2}{d_j^2 + \lambda}\boldsymbol{u}_j^\top \boldsymbol{Y}\right) \boldsymbol{u}_j$$

과 같음을 증명하고 리지추정량이 최제추정량을 영벡터로 축소하는 이유를 설명하시오.

8. 식 (5.20) 을 보이시오.

9. 식들 (5.31), (5.34) 를 이용하여 (5.21) 의 $\mathsf{df}(\lambda)$ 가

$$\mathsf{df}(\lambda) = \sum_{j=1}^{M} \frac{d_j^2}{d_j^2 + \lambda}$$

로 표현됨을 보이고 λ 의 변화에 따라 $\mathsf{df}(\lambda)$ 의 변화를 설명하시오.

5.10 $G^\top G = I$ 일 때 일차원 리지와 라소 문제에 관한 다음 물음에 답하시오.

1. 식 (5.22) 를 보이시오.

2. 식 (5.23) 을 보이시오.

3. 이차식 $h(z) = (1+\lambda)z^2 - 2bz$ 을 최소로 하는 값은 $\hat{z} = \dfrac{b}{1+\lambda}$ 임을 보이고 이를 이용하여 (5.24) 를 증명하시오.

4. 식 (5.26) 에서 정의된 연성규칙 ST를 이용하면 식 $h(z) = z^2 - 2bz + 2\lambda|z|$ 를 최소로 하는 값이 $\hat{z} = \mathsf{ST}(b, \lambda)$ 임을 보이고 이를 이용하여 (5.25) 를 증명하시오.

6

선형방법들

선형방법론이라는 패러다임으로 이해할 수 있는 통계방법론으로는 다항식으로 회귀함수를 추정하는 다항회귀, 구간마다 상수인 조각상수로 추정하는 리그레소그램, 그리고 이에 비해 보다 일반화되고 정교화된 회귀스플라인 방법론 등이 있다.

이 장에서는 일차로 1.3 절에서 간단히 설명한 회귀함수 추정에서 예측변수의 차원이 일변량 ($M = 1$) 인 경우에 대해 선형방법론의 기본생각을 알아본다. 일변량 회귀함수 추정 문제를 고려하는 경우 기저함수 방법론의 기본 생각을 과도하게 어려운 이론의 도입없이 그림에 의해 쉽게 설명 가능하다. 이런 관점에서 다항회귀, 리그레소그램, 회귀스플라인 방법론을 순차적으로 살펴본다.

6.1 일변량 회귀모형과 기저추정량

회귀모형

$$Y_i = \mu(x_i) + \varepsilon_i, \quad i = 1, \ldots, n$$

에 따르는 훈련데이터 $\mathcal{T} = \{(x_1, Y_1), \ldots, (x_n, Y_n)\}$ 를 이용하여 회귀함수 $\mu(\cdot)$ 를 추정하는 문제를 고려한다. 예측공간은 $\mathcal{X} = [a_0, a_1]$ 으로 나타내는데 $a_0 = -\infty$ 또는 $a_1 = \infty$ 일 수 있다. 예측변수의 값들 $x_1, \ldots, x_n \in \mathcal{X}$ 은 고정, 확률변수들 $\varepsilon_1, \ldots, \varepsilon_n$ 은 서로 독립, 분산이 $\sigma^2 > 0$ 이라고 가정한다. 이러한 가정하에서는 $Y_1, \ldots, Y_n$ 은 서로 독립, 모든 $i = 1, \ldots, n$ 에

대해 Y_i 의 평균은 $\mu(x_i)$, 분산은 $\sigma^2 > 0$ 이다. 반응벡터 $\boldsymbol{Y} = (Y_1, \ldots, Y_n)$ 의 적률은 다음과 같다.

$$\mathsf{E}[\boldsymbol{Y}] = (\mu(x_1), \ldots, \mu(x_n)), \quad \mathsf{Var}[\boldsymbol{Y}] = \sigma^2 I$$

회귀함수 추정 문제에 대한 해법으로 선형방법론을 사용하고자 한다. 선형방법론에서는 적절한 기저basis $\{g_1, \ldots, g_p\}$ 를 선택하고 계수 벡터가 $\boldsymbol{b} = (b_1, \ldots, b_p)$ 인 선형결합 g 형태의 추정량을 고려하는데 g 는 다음으로 정의된다.

$$g = \sum_{j=1}^{p} b_j g_j \tag{6.1}$$

(6.1) 의 선형결합 g 의 함수값 $g(x)$ 은 다음 식에 따라 계산한다.

$$g(x) = \sum_{j=1}^{p} b_j g_j(x), \quad x \in \mathcal{X} \tag{6.2}$$

선형방법론의 대전제는 계수벡터 $\boldsymbol{b}$ 를 잘 선택한다면 선형결합 g 가 회귀함수 $\mu(\cdot)$ 에 대한 '좋은' 근사가 되야 한다는 것이다.

최제법에 따라 훈련데이터 $\mathcal{T}$ 와 선형결합 g 의 잔차제곱합은 다음으로 정의한다.

$$\mathrm{RSS}(g) = \sum_{i=1}^{n} (Y_i - g(x_i))^2 . \tag{6.3}$$

잔차제곱합 RSS(g) 을 최소로 하는 선형결합을 $\hat{\mu}(\cdot)$ 라 하면 $\hat{\mu}(\cdot)$ 가 기저에 의해 정의되므로 기저추정량basis estimator 이라 부른다.

기저추정량을 결정하는 계수벡터에 대한 최제추정량을 구하기 위해 잔차제곱합을 재표현한다. 설계행렬 G 는 (4.1) 로 정의하며 계수벡터 $\boldsymbol{b}$ 와 반응변수벡터 $\boldsymbol{Y}$ 를 이용하면 잔차제곱합은 다음과 같이 재표현된다.

$$\mathrm{RSS}(\boldsymbol{b}) = \|\boldsymbol{Y} - G\boldsymbol{b}\|^2 \tag{6.4}$$

(6.3) 의 RSS(g) 을 최소로 하는 문제와 (6.4) 의 RSS$(\boldsymbol{b})$ 를 최소로 하는 문제와 본질적으로 같다 (7 장 참조).

최제추정량은 (6.4) 를 최소로 하는 계수벡터 $\hat{\boldsymbol{\beta}}$ 으로 다음과 같이 표현된다.

$$\hat{\boldsymbol{\beta}} = (G^\top G)^{-1} G^\top \boldsymbol{Y} \tag{6.5}$$

계수벡터가 최제추정량 $\hat{\boldsymbol{\beta}}$ 인 기저추정량 $\hat{\mu}(\cdot)$ 은 (6.1) 로 결정되며 특정

값 $x \in \mathcal{X}$ 에서 기저추정량 $\hat{\mu}(\cdot)$ 의 값은 (6.2) 에 따라 계산한다. 이상을 정리하면 다음과 같다.

$$\hat{\mu}(\cdot) = \sum_{j=1}^{p} \hat{\beta}_j g_j, \quad \hat{\mu}(x) = \sum_{j=1}^{p} \hat{\beta}_j g_j(x), \quad x \in \mathcal{X} \tag{6.6}$$

6.2 다항회귀

설명변수와 반응변수 사이의 비선형관계를 모형화하는 방법 중에 대표적인 것이 다항식을 이용하는 것이다. 다항식을 이용하여 구한 회귀함수 추정량을 다항회귀 추정량이라고 한다. 다항회귀 추정량을 규정하기 위해서 다항식을 선형결합으로 표현해주는 함수들을 정하고 6.1 절에서 설명한 최제추정법을 이용한다.

다항회귀 추정량

차수가 L 인 다항식 g 은 보통

$$g(x) = b_0 + b_1 x + \cdots + b_L x^L \tag{6.7}$$

로 표현되는데 계수들의 개수가 $p = L + 1$ 이므로 g 를 개수order 또는 자유도가 p 인 다항식이라 부르기도 한다. 논의 간편성을 위해 함수와 함수값을 동일시하기로 한다. 집합 $\{g_0, g_1, \ldots, g_L\} = \{1, x, \ldots, x^L\}$ 은 L차 다항식들을 표현해주는 단항식 기저이다. 단항식들의 선형결합 g 는 (6.1) 로 표현되며 특정 값 $x \in \mathcal{X}$ 에서 다항식 g 의 값은 (6.2) 에 따라 계산하는데 그 결과는 (6.7) 과 같다.

훈련데이터 $\mathcal{T}$ 에 대해 6.1 절에서 설명한 최제추정법을 이용하여 최제추정량 $\hat{\boldsymbol{\beta}} = (\hat{\beta}_0, \hat{\beta}_1, \ldots, \hat{\beta}_L)$ 과 기저추정량 $\hat{\mu}(\cdot)$ 을 구한다. 예측변수의 값들 $x_1, \ldots, x_n$ 중에서 서로 다른 점들의 수가 L 보다 크다고 가정하면 다항식 기저에 대한 설계행렬 G 는 최대순위이다 (문제 6.3). 이때 $\hat{\boldsymbol{\beta}}$ 는 (6.5) 로 유일하게 결정되며 $\hat{\mu}(\cdot)$ 는 (6.6) 으로 정의하는데 기저추정량 $\hat{\mu}(\cdot)$ 을 다항회귀 추정량이라 일컫는다.

중합데이터에 대한 다항회귀 적합

표 6.1 은 중합 화학공학 공정 데이터이다. 예측변수 T 는 반응기 온도를 나타내며 반응변수 Y 는 4개의 같은 단위체에서 유도되는 중합체라는 뜻의 사량체의 수율을 나타낸다. i번째 데이터는 온도 T_i 와 수율 Y_i 로 구성되는데 예컨대, $T_1 = 220°C$ 이며 $Y_1 = 58.9$ 이다. 분석 편의성을 위해 다음과 같이 변환한다.

$$x = (T - 245)/5, \quad T = 245 + 5x$$

T	220	230	240	250	260	270
x	−5	−3	−1	1	3	5
Y	58.9	71.6	78.0	81.6	86.0	85.2

표 6.1: 중합 데이터를 보여준다. 예측변수 T는 반응기 온도를 나타내고 반응변수 Y는 사량체 수율을 나타낸다. 총 6번 반복 실험을 하였다. $x = (T - 245)/5$, 즉 $T = 245 + 5x$로 코딩한 데이터를 보여준다.

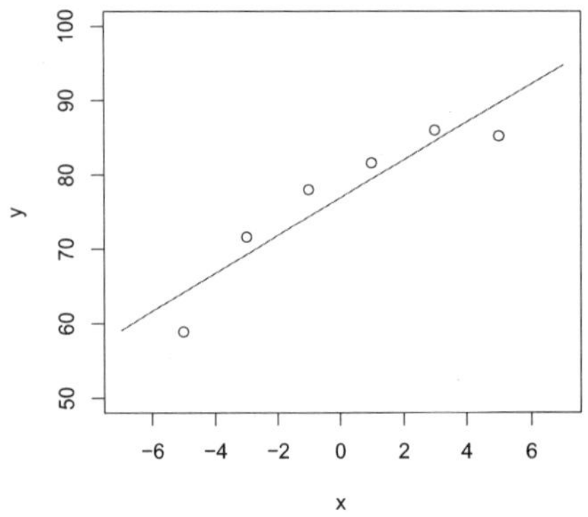

그림 6.1: 중합데이터 최소제곱직선 적합 그림.

중합데이터에 최소제곱법에 의해 적합된 일차 다항식은

$$\hat{\mu}(x) \approx 76.9 + 2.547x$$

이며 이를 그림으로 표현하면 그림 6.1 의 직선이 된다. 한편, 적합된 일차 다항식에 대응하는 잔차제곱합은 대략 72.9 로 계산된다.

그림 6.1 에 산점도를 보면 중합데이터는 예측변수와 반응변수 사이에 직선경향뿐만 아니라 곡선성이 존재하는 것으로 보인다. 이러한 곡선관계를 적합하기 위해 이차 다항식을 적합하여 볼 수 있다. 근사적으로 구한

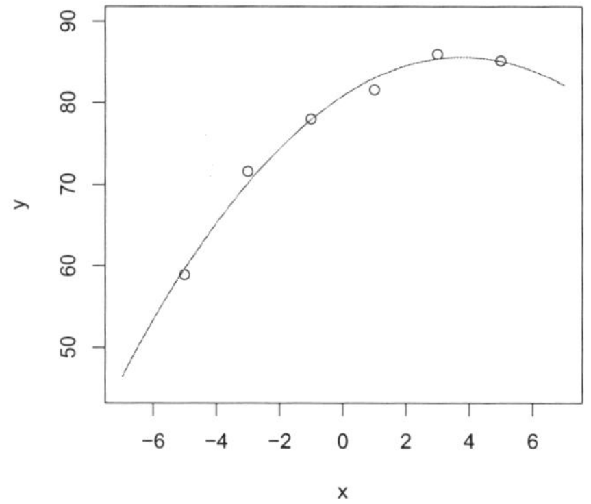

그림 6.2: 중합데이터 최소제곱 이차식 적합 그림.

최소제곱추정치를 이용하여 적합된 이차다항식은 다음과 같다.

$$\hat{\mu}(x) \approx 80.82 + 2.55x - 0.34x^2$$

그림 6.2 는 산점도와 적합된 최소제곱 이차식을 보여준다. 또한, 이차 다항식 추정량에 대응하는 잔차제곱합은 대략 5.073 인데 이 값은 일차 다항식 추정량 잔차제곱합 72.93 보다 월등히 작음을 알 수 있다. 수치로 이차식적합이 직선적합보다 우월함을 확인하였는데 이는 산점도와 적합된 회귀함수들을 눈으로 비교하여 확인할 수 있다.

6.3 리그레소그램

1961년 투키 Tukey 는 히스토그램 개념을 예측변수가 있는 경우로 확장한 방법론으로 리그레소그램 regressogram 을 제안했다 [Tukey, 1961]. 그 기본생각은 예측변수 X의 범위를 조각으로 나누고 각 조각에서 상수값을 가지는 조각상수 함수를 적합하는 것이다. 히스토그램을 구할 때 데이터를 유한개의 계급들로 나누고 각 계급에 속하는 돗수를 구한다는 생각과 매우 유사하다. 1 장에서는 골턴 데이터에 대해 국소평균으로 변수들 간의 관계를 설명할 수 있음을 확인한 바 있다. 그 결과는 1.4 절에 있는데 m 으로 표시된 것은 리그레소그램 적합으로 이해할 수 있다.

리그레소그램을 규정하기 위해서 조각상수 함수를 선형결합으로 표현해주는 기저를 정하고 6.1 절에서 설명한 최제추정법을 이용한다.

리그레소그램에 대한 최소제곱법

예측공간 $\mathcal{X} = [t_0, t_{K+1}]$ 에 대해 $t_0 < t_1 < \cdots < t_K < t_{K+1}$ 을 만족하는 점들 $t_1, \ldots, t_K$ 을 내부 매듭점 knot들이라 하고 t_0 와 t_{K+1} 은 경계 매듭점이라고 부른다. 매듭점들에 의해 정의되는 부분구간들은 다음과 같이 정한다.

보통 매듭점이라는 말은 내부 매듭점만을 의미한다.

$$I_0 = [t_0, t_1),\ I_1 = [t_1, t_2), \ldots,\ I_{K-1} = [t_{K-1}, t_K),\ I_K = [t_K, t_{K+1}] \quad (6.8)$$

여기서 $t_0 = -\infty$ 또는 $t_{K+1} = \infty$ 이면 $I_0 = (-\infty, x_1)$ 또는 $I_K = [t_K, \infty)$ 이다. (6.8) 의 각 부분구간은 겹치지 않으며 모든 부분구간들의 합집합은 $\mathcal{X}$ 전체가 되므로 $\mathcal{X}$ 에 속하는 모든 점은 한구간에 속하게 된다. 이 절에서는 부분구간의 개수를 p 라 하면 $p = K + 1$ 이며 $0 \le k \le K$ 라 가정한다.

조각상수 함수는 각 부분구간 I_k 에서 상수값 b_k 을 가지는 함수인데 이를 식으로 표현하면 다음과 같다.

$$g(x) = b_k, \quad x \in I_k$$

지시함수는 $\mathrm{ind}(\cdot)$ 로 표현하는데 이를 이용하여 조각상수 함수 g_k 를 다음과 같이 정의한다.

$$g_k(x) = \mathrm{ind}(x \in I_k) = \begin{cases} 1 & (x \in I_k \text{ 일 때}) \\ 0 & (x \notin I_k \text{ 일 때}) \end{cases} \quad (6.9)$$

조각상수 기저로는 (6.9) 로 정의된 함수들로 구성된 집합 $\{g_0, g_1, \ldots, g_K\}$ 을 사용한다. 조각상수 기저의 선형결합 g 는 (6.1) 로 표현되는데 g 는 하나의 조각상수 함수가 된다. 특정 값 $x \in \mathcal{X}$ 에서 조각상수 함수 g 의 값은 (6.2) 에 따라 계산하는데 부분구간 I_k 에서 g 의 값과 (6.1) 에 사용되는 계수벡터의 k 번째 성분과 같다.

훈련데이터 $\mathcal{T}$ 에 대해 6.1 절에서 설명한 최제추정법을 이용하여 최제추정량 $\hat{\boldsymbol{\beta}} = (\hat{\beta}_0, \hat{\beta}_1, \ldots, \hat{\beta}_K)$ 과 기저추정량 $\hat{\mu}(\cdot)$ 을 구한다. 설계점들 $x_1, \ldots, x_n$ 중에서 각 부분구간에 속하는 점이 한 개 이상이라고 가정하면 설계행렬 G 는 최대순위이다. 이때 $\hat{\boldsymbol{\beta}}$ 는 (6.5) 로 유일하게 결정되며 $\hat{\mu}(\cdot)$ 는 (6.6) 으로 정의하는데 기저추정량 $\hat{\mu}(\cdot)$ 을 리그레소그램이라 일컫는다.

$\hat{\beta}$ 를 (6.5) 에 따라 구체적으로 구하면

$$\hat{\beta}_k = (I_k \text{ 에 속하는 반응변수들의 평균}) \tag{6.10}$$

이므로 리그레소그램 $\hat{\mu}(\cdot)$ 의 $x \in \mathcal{X}$ 에 대한 값은

$$\hat{\mu}(x) = (I_k \text{ 에 속하는 반응변수들의 평균}), \quad x \in I_k. \tag{6.11}$$

이상의 결과는 문제 6.4 를 통해 보일 수 있다.

모의데이터에 대한 리그레소그램

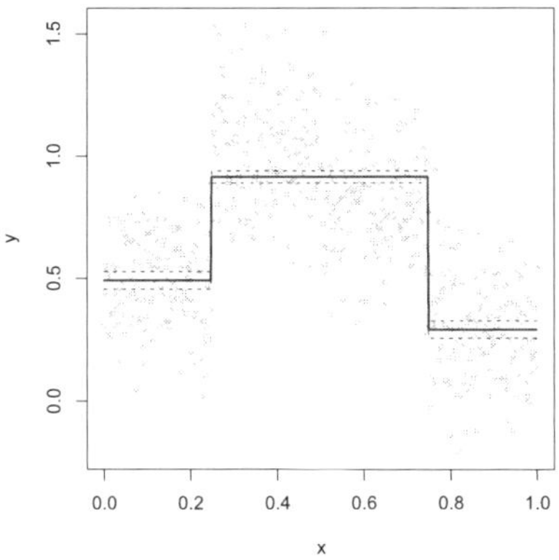

그림 6.3: 모의데이터에 대한 리그레소그램 적합. 점들은 모의데이터에 대한 산점도를 나타낸다. 실선은 조각상수들을 이용한 최소제곱추정량을 나타내며 점선은 각 점에서 95% 신뢰구간을 선으로 연결한 것을 나타낸다.

그림 6.3 은 모의데이터에 대한 리그레소그램 적합을 보여준다. 그림에서 점들은 모의데이터에 대한 산점도를 나타낸다. 실선은 조각상수들을 이용한 최소제곱추정량을 나타내며 점선은 각 점에서 95% 신뢰구간을 선으로 연결한 것을 나타낸다. 조각상수들을 이용한 리그레소그램은 매듭점을 잘 설정하지 못하는 경우 변수들 간의 관계를 놓칠 수 있다는 문제점이 있다. 예컨대 두번째 조각에서 예측변수가 증가할 때 반응변수가 감소하는 경향을 모형화하지 못하고 있음을 알 수 있다. 그럼에도 불구하고 조각상수 모형은 그 해석상 편의성에 따라서 생물통계학과 인구통계학 등에서 널리 사용되고 있다.

6.4 회귀스플라인 방법론

이 절에서는 회귀함수 추정법으로 Stone 교수가 주도한 회귀스플라인 방법론을 살펴보기로 한다. 6.3 절의 매듭점, 부분구간, 등에 대해 같은 기호를 사용한다.

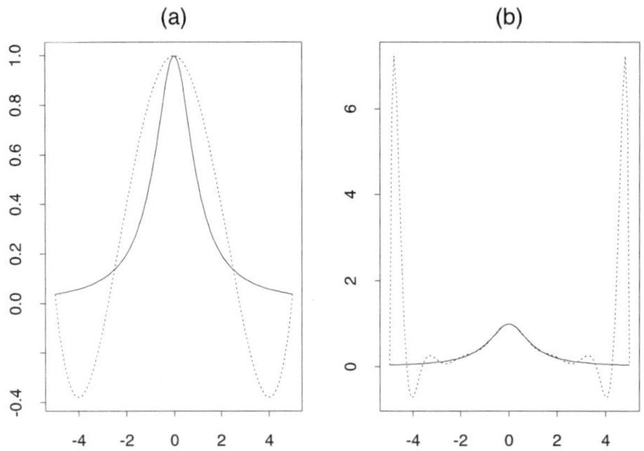

그림 6.4: 다항식 내삽 결과.

그림 6.4 에서 실선은 내삽 대상 함수를 나타내며 점선은 다항식으로 내삽한 결과를 보여준다. 내삽이라는 말은 실선 위 점들을 통과하는 다항식을 구하는 문제를 말한다. y 축 단위를 보면 내삽 점들의 수를 증가하면 내삽 다항식 변동이 급증하는 것을 알 수 있는데 그 이유는 내삽 점의 수의 증가에 따라 다항식의 차수가 늘어야 하기 때문이다. 특히 양 끝으로 갈수록 변동성이 높아지는데 이는 다항식이 가지는 대역 성질에 기인하는 것으로 보인다.

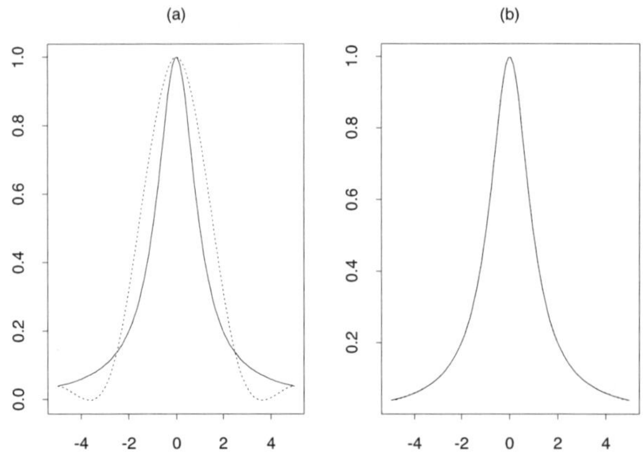

그림 6.5: 스플라인 내삽 결과.

그림 6.5 에서 실선은 내삽 대상 함수를 나타내며 점선은 아래에서 설명할 스플라인으로 내삽한 결과를 보여준다. 다항식의 유연성을 높이기 위해서 자유도인 차수를 늘리는 반면에 스플라인의 자유도는 매듭점의 개수로 결정된다. 왼편 그림은 매듭점의 수가 작은 스플라인 내삽 결과, 오른편 그림은 매듭점의 수가 큰 스플라인 내삽 결과를 보여주는데 자유도는 그림 6.4 의 다항 내삽의 경우와 같다. 다항 내삽과 달리 매듭점의 개수를 증가시키면 스플라인 내삽은 안정적이며 대상 함수와 구별이 되지 않을 정도의 높은 근사 정밀도를 가진다. 이러한 장점은 스플라인이 가지는 국소성질에 기인하는 것으로 알려져 있으며 선형방법론의 주요 방법이 되는 이유이다.

스플라인 정의

정의 6.1 에 따르면 스플라인 spline 은 각 매듭점에서 적절한 미분조건을 만족하는 조각다항식 piecewise polynomial 이며 자연 스플라인은 삼차 스플라인의 일종이다.

정의 6.1. 조각다항식, 스플라인, 자연 스플라인은 각각 다음으로 정의된다.

1. L 차 조각다항식은 (6.8) 의 각 구간 I_k 에서 L 차 다항식인 함수이다.

2. L 차 스플라인은 조각다항식으로서 각 매듭점에서 L 개의 미분조건을 만족하는 함수이다.

3. 자연 스플라인은 삼차 스플라인으로 구간 $[t_0, t_1]$, $[t_K, t_{K+1}]$ 에서 직선인 함수이다.

자연 스플라인은 삼차 스플라인의 유연성을 최대한 살리면서, 통계학의 회귀를 포함한 여러 문제에서 예측변수 양 끝에서 데이터의 개수가 작아 추정량의 안정성이 떨어지는 문제점을 완화시킨다는 장점이 있다. Stone and Koo [1986a,b] 에서는 이러한 이유로 자연 스플라인을 고려하였다.

그림 6.6 에서 각 그림의 곡선은 $x = 0$ 에서 매듭점을 가지는 조각다항식 또는 스플라인을 보여주는데 왼쪽위부터 시계방향으로 첫째는 제한조건이 없는 3 차 조각다항식을, 둘째는 매듭점에서 연속인 3 차 조각다항식을, 셋째는 매듭점에서 두 번 미분가능한 3 차 스플라인을, 넷째는 매듭점에서 연속인 1 차 스플라인을 보여준다. 정의 6.1 에 따르면 0 차

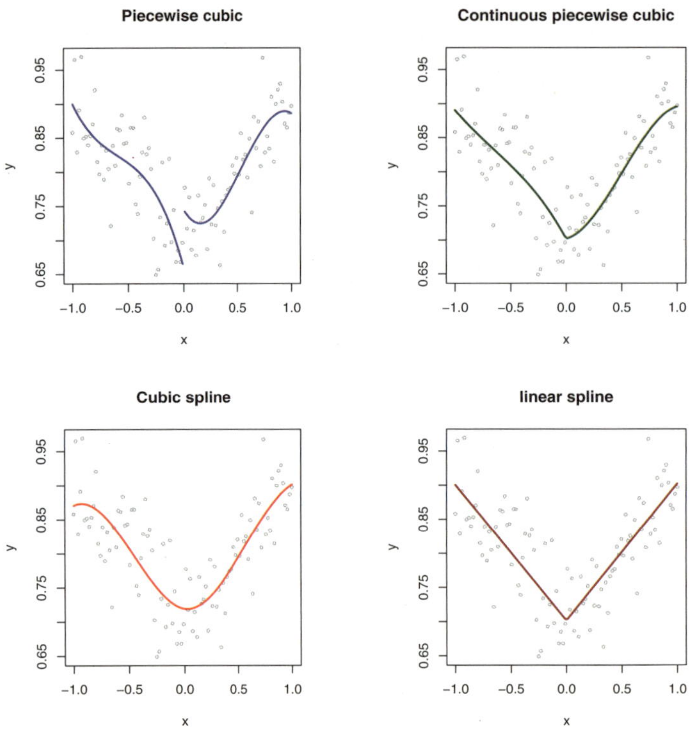

그림 6.6: 모의 데이터에 대한 조각다항식과 스플라인 적합으로 매듭점은 $x = 0$ 이다. 첫째는 매듭점에서 제한조건 없는 3 차 조각다항식 적합 결과, 둘째는 매듭점에서 연속인 조각다항식 적합 결과, 셋째는 매듭점에서 두 번 미분가능한 3 차 스플라인 적합결과, 넷째는 매듭점에서 연속인 1 차 스플라인 적합결과 이다.

스플라인 또는 상수 스플라인은 각 매듭점에서 만족시킬 조건이 없으나 1 차 스플라인 또는 일차 스플라인은 각 매듭점에서 연속이라는 조건 1 개를, 3 차 스플라인 또는 삼차 스플라인은 각 매듭점에서 연속, 일차 미분가능, 이차 미분가능이라는 조건 3개를 만족해야 한다. 따라서 둘째는 조각다항식은 되지만 스플라인은 아니다.

피-스플라인 기저

스플라인들의 기저로서 피-스플라인을 고려한다. 이를 위해 (6.12) 와 같이 정의되는 플러스 함수 $(\cdot)_+$ 를 사용한다.

$$(z)_+ = \begin{cases} z & (z \geq 0 \text{ 일 때}) \\ 0 & (z < 0 \text{ 일 때}) \end{cases}, \quad z \in \mathbb{R} \tag{6.12}$$

편의상 함수값으로 그 함수를 나타내기로 한다면 L 차 피-스플라인 기저는 다음 함수들로 구성된다.

$$g_{-l}(x) = x^l,\ 0 \le l \le L, \quad g_k(x) = (x - t_k)_+^L,\ 1 \le k \le K$$

그림 6.7 은 매듭점이 (0.25, 0.5, 0.75) 인 경우 삼차 스플라인에 대한 피-스플라인 기저함수들을 보여준다. 여기서, (a) 는 $g_0, g_{-1}, g_{-2}, g_{-3}$, (b) 는 g_1, g_2, g_3 를 보여준다. 한편, 자연 스플라인에 대한 기저는 피-스플라인으로 구하거나 [Hastie et al., 2008] 비-스플라인을 이용하여 구할 수 있다.

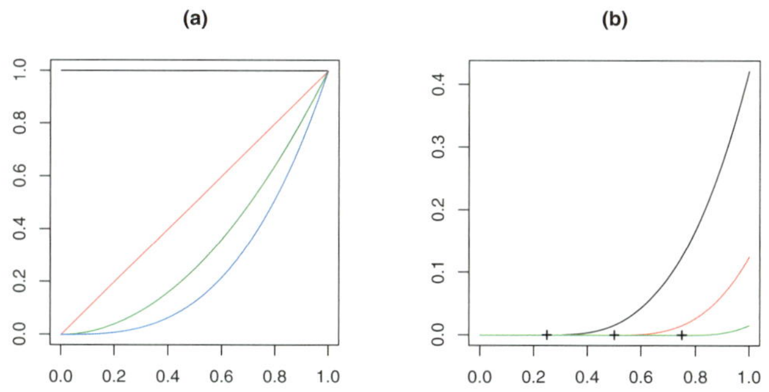

그림 6.7: 매듭점이 (0.25, 0.5, 0.75) 인 경우 삼차 스플라인에 대한 피-스플라인 기저함수들을 보여준다. 여기서, (a) 는 $g_0, g_{-1}, g_{-2}, g_{-3}$, (b) 는 g_1, g_2, g_3 를 나타낸다.

스플라인의 자유도

스플라인에 대한 기저에 대해 살펴보았는데 그 기저함수들의 개수에 대해 살펴본다. 스플라인 집합에 대해 선정된 기저함수는 다를 수 있지만 그 개수 p 는 같으며 이를 각 스플라인 집합의 차원 또는 자유도라 일컫는다. 상수 스플라인 집합은 $p = K + 1$ 개의 상수 기저함수들로 구성된 기저, 일차 스플라인 집합은 $p = K + 2$ 개의 피-스플라인 기저함수들로 구성된 기저 $\{1, x, (x - t_1)_+, \ldots, (x - t_K)_+\}$, 삼차 스플라인 집합은 $p = K + 4$ 개의 피-스플라인 기저함수들로 구성된 기저 $\left\{1, x, x^2, x^3, (x - t_1)_+^3, \ldots, (x - t_K)_+^3\right\}$ 의 선형결합으로 표현된다. 한편 자연 스플라인은 삼차 스플라인이면서 두 부분구간에서 각각 두 개의 추가 제한조건을 만족하므로 $p = (K + 4) - 2 \times 2 = K$ 개의 기저함수들의

선형공간 이론에 따르면 모든 선형공간의 기저들은 여러 가지 있을 수 있지만 각 기저는 같은 개수의 기저함수들로 구성된다.

선형결합으로 표현된다.

특정 기저에 속하는 기저함수들 개수 p 는 적합한 추정량의 복잡도를 결정하는 복잡도모수의 일종으로 간주한다. 차원 또는 자유도 p 가 커지면 데이터에 존재하는 국소 특성을 잘 반영할 수 있지만 추정량의 안정성은 떨어지게 되는데 반대로 p 가 작아지면 안정성은 높아지지만 국소특성을 간과하게 된다. 자유도 p 가 스플라인 추정량에 미치는 영향은 다음과 같이 정리할 수 있다.

- 자유도 p 가 너무 작으면 추정량이 대단히 매끄럽지만 추정대상 회귀함수 $\mu(\cdot)$의 변화를 보여주지 못한다 (분산은 감소하지만 편향은 증가)

- 자유도 p 가 커지면 추정대상 회귀함수 $\mu(\cdot)$의 변화를 보여주지만 변동성이 커진다 (편향은 감소하지만 분산은 증가)

실제 문제에서 복잡도 모수 p 는 정보기준을 사용하거나 교차타당성 방법을 이용하여 적절히 선택한다.

비-스플라인 기저

매듭점이 밀접하게 위치할 경우 피-스플라인 기저는 수치계산에 문제가 많아서 비-스플라인이 도입되었다 de Boor [1978]. 비-스플라인은 수치해석 관점에서 장점이 있으나 피-스플라인이 그 표현 방식이 비-스플라인에 비해 공식이 간단하여 구현이 간편한다는 장점이 있다.

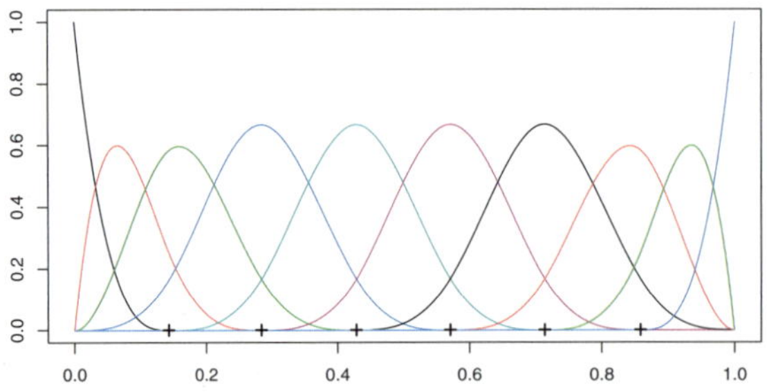

그림 6.8: 선들은 등간격 매듭점에 대한 비-스플라인을 보여주며 x축의 +는 매듭점의 위치를 나타낸다.

그림 6.8 은 매듭점이

$$t_0 = 0,\ t_{i-1} = \frac{i-1}{7}, \quad i = 2, \ldots, 7,\ t_{6+1} = 1 \tag{6.13}$$

인 경우 차수가 3 인 삼차 비-스플라인의 모양을 보여준다. 여기서 $K = 6$ 이고 $L = 3$ 이므로 자유도는 $p = K + L + 1 = 10$ 임을 알 수 있다.

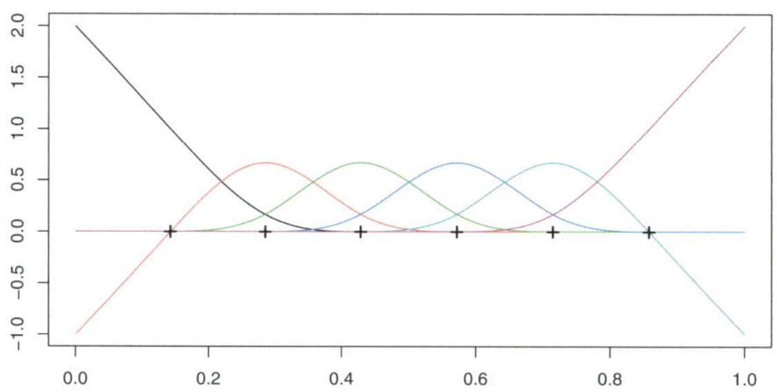

그림 6.9: 선들은 등간격 매듭점에 대해 비-스플라인을 사용한 자연 스플라인들의 기저함수들을 보여주며 x 축에 + 는 매듭점의 위치를 나타낸다.

그림 6.9 는 매듭점이 (6.13) 으로 주어진 경우 비-스플라인을 이용하여 생성한 자연스플라인 기저함수들을 나타낸다. 여기서 $K = 6$ 이므로 자유도는 $p = K = 6$ 임을 알 수 있다.

훈련데이터 $\mathcal{T}$ 에 대해 6.1 절에서 설명한 최제추정법을 이용하여 최제추정량 $\hat{\beta}$ 과 기저추정량 $\hat{\mu}(\cdot)$ 을 구한다. 설계점들 $x_1, \ldots, x_n$ 이 적절한 조건을 만족하면 설계행렬 G 는 최대순위이다 (문제 6.7). 이때 $\hat{\beta}$ 는 (6.5) 로 유일하게 결정되며 $\hat{\mu}(\cdot)$ 는 (6.6) 으로 정의하는데 기저추정량 $\hat{\mu}(\cdot)$ 을 회귀스플라인 추정량이라 일컫는다.

다항회귀 추정량과 회귀스플라인 추정량의 비교

그림 6.10 은 모의데이터에 대해 자유도가 15 인 자연 스플라인 적합과 자유도 15 인 다항회귀 적합을 보여준다. 여기서 자연 스플라인의 경우 자유도는 매듭점의 개수 $K = 15$ 와 같으며 다항식은 차수 $L + 1 = 15$ 과 같다.

다항식은 스플라인에 비해 특히 예측변수의 양 끝에서 적합이 불규칙해지는 이상 현상을 보일 수 있다. 이러한 현상은 다항식은 유한개 점들에서 값이 결정되면 모든 구간에서 값이 결정된다는 특성에서 유래한다. 예컨대 이차식은 서로 다른 세 점에서 값이 결정되면 전 구간에서 그 함수형태가

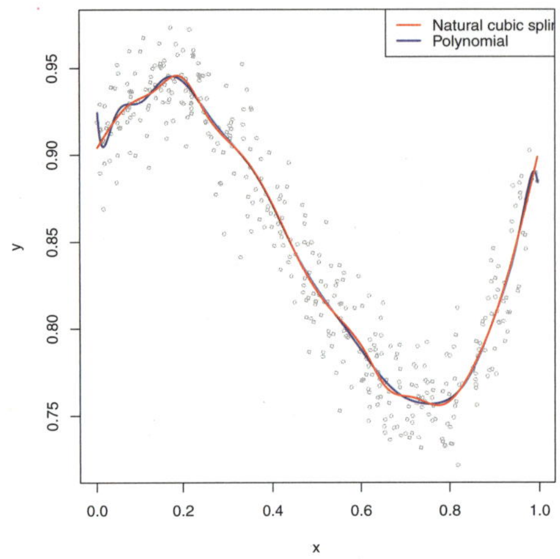

그림 6.10: 모의데이터에 대해 자유도 15인 자연 스플라인 적합과 자유도 15인 다항회귀 적합을 비교한 그림이다. 다항식은 스플라인에 비해 특히 데이터 끝에서 이상현상을 보일 수 있다.

결정된다. 따라서 다항회귀는 일부 구간에서 가지는 특성이 전구간에서의 특성을 결정하는 대역 성질을 가지게 된다.

자연 스플라인을 사용한 회귀스플라인 추정량은 같은 자유도를 가지는데도 전반적으로 데이터를 잘 설명하는 것으로 보이며 특히 양끝에서 안정적 적합결과를 보여준다. 이는 회귀스플라인 추정량이 다항회귀 추정량에 비해 우월한 국소 특성을 가진다는 사실을 보여준다. 회귀함수 추정에서는 다항회귀 추정량이 가지는 대역성질은 바람직하지 못한 것으로 알려져 있다.

6.5 연습문제

6.1 실수로 구성된 집합 $\{v_0, v_1, \ldots, v_L\}$ 에 대한 방데르몽드 Vandermonde 행렬은

$$V = \begin{bmatrix} 1 & v_0 & \ldots & v_0^L \\ 1 & v_1 & \ldots & v_1^L \\ \vdots & \vdots & \ddots & \vdots \\ 1 & v_L & \ldots & v_L^L \end{bmatrix} \tag{6.14}$$

로 정의되는 데 그 행렬식은 다음과 같다고 알려져 있다.

$$\det V = \prod_{0 \le i < j \le L} (v_j - v_i) \tag{6.15}$$

1. $L = 1, 2$ 일 때 V 를 구체적으로 쓰고 행렬식 계산법에 따라 $\det V$ 를 구하고 (6.15) 와 같음을 확인하시오.
2. 식 (6.15) 를 이용하여 $v_0, v_1, \ldots, v_L$ 들이 서로 다를 때 이들에 대응하는 방데르몽드 행렬 V 는 가역행렬임을 설명하시오.

6.2 다음 정리는 다항식 내삽에 관한 것이다.

정리 6.1. *평면상에 $L+1$ 개의 점들 (x_l, y_l), $l = 0, 1, \ldots, L$ 이 있다고 하자. 만약 x_l 들 중에서 서로 같은 값이 없다면 L 차 다항식으로서 조건*

$$g(x_l) = y_l, \quad l = 0, \ldots, L \tag{6.16}$$

을 만족하는 다항식 g 은 유일하게 존재한다.

(6.7) 의 L 차 다항식 g, 설계점 집합 $\mathcal{D} = \{x_0, x_1, \ldots, x_L\}$, 설계점 집합에 대한 설계행렬 G, 반응벡터 $\boldsymbol{y} = (y_0, y_1, \ldots, y_L)$, 계수벡터 $\boldsymbol{b} = (b_0, b_1, \ldots, b_L)$ 를 이용하여 다음을 보이시오.

1. 내삽조건 (6.16) 은 $G\boldsymbol{b} = \boldsymbol{y}$ 이다.
2. G 가 $\mathcal{D}$ 에 대한 방데르몽드 행렬이다.
3. G 는 가역이다.
4. 이상의 결과를 종합하면 정리 6.1 이 성립한다.

6.3 설계점[design points]들 $x_1, \ldots, x_n$ 중에서 서로 다른 점들로 구성된 집합 $\mathcal{X}' = \{x'_1, \ldots, x'_m\}$ 을 설계집합[design set] 이라 한다. 이제 $m \ge L$ 이라 가정하고 다항식 설계행렬 G 에 대해 다음 물음에 답하시오.

1. G 를 설계점들 $x_1, \ldots, x_n$ 을 이용하여 구체적으로 표현하시오.
2. 식 (6.14) 를 이용하여 $\mathcal{X}'$ 의 부분집합 $\{v_0, v_1, \ldots, v_L\}$ 의 방데르몽드 행렬 V 이 가역 행렬임을 설명하시오.
3. $G\boldsymbol{b} = \boldsymbol{0}_n$ 이면 $V\boldsymbol{b} = \boldsymbol{0}_p$ 이며 이로부터 $\boldsymbol{b} = \boldsymbol{0}_p$ 라는 결론을 도출할 수 있는 이유를 설명하시오.

4. 이상을 종합하여 G 가 최대순위인 이유를 설명하시오.

6.4 6.3 절에 (6.8) 의 부분구간들 모두 최소한 한 개 이상의 설계점을 포함한다는 가정한다. 조각상수 설계행렬을 $G = \begin{bmatrix} g_1 & \cdots & g_p \end{bmatrix}$ 로 표현하며 $1 \le i \le n, 1 \le j \le p$ 이다. 다음 물음에 답하시오.

1. (6.9) 로 정의된 $g_1, \ldots, g_p$ 들을 이용하여 (6.1) 로 표현되는 선형결합을 g 라 하면 $x \in I_k$ 일 때 $g(x) = b_k$ 이므로 g 가 조각상수 함수임을 설명하시오.
2. 열벡터 $\boldsymbol{g}_j$ 의 i 번째 원소가 $g_j(x_i)$ 임을 설명하고 그 값을 x_i 조건에 따라 구하시오.
3. 부분구간들 모두 최소한 한 개 이상의 설계점을 포함한다는 가정하에서는 G 가 비특이 행렬이 됨을 설명하시오.
4. 최제추정량 $\hat{\boldsymbol{\beta}}$ 를 (6.5) 에 따라 구하여 (6.10) 과 (6.11) 을 보이시오.
5. $\boldsymbol{g}_1, \ldots, \boldsymbol{g}_p$ 의 그람-슈미트 과정 결과인 직정벡터 $\boldsymbol{u}_1, \ldots, \boldsymbol{u}_p$ 를 구하시오.
6. $\boldsymbol{Y}$ 의 정준형식을 구하시오.
7. 최제적합의 유일성을 이용하여 (6.10) 과 (6.11) 을 보이시오.

6.5 차수가 1 이며 매듭점들을 $t_0 = 0 < t_1 = 0.6 < t_2 = 1$ 라 하면 일차 스플라인은 연속인 꺾은선이 되며 (6.17) 과 같이 정의된 함수 g 는 꺾은선이다.

$$g(x) = \begin{cases} 1 + 2x & \text{if } x \in [0, 0.6] \\ 4 - 3x & \text{if } x \in [0.6, 1] \end{cases} \tag{6.17}$$

다음 물음에 답하시오.

1. 스플라인의 일반 정의에서 나타나는 기호들 L, K, a, b 을 위 상황에서 구하시오.
2. g 의 그래프를 그리시오.
3. (6.12) 의 정의에 따라 플러스 함수들 $(x)_+$ 과 $(x - 0.6)_+$ 의 그래프들을 하나의 그림 위에 그리시오.

4. (6.12) 의 플러스 함수를 이용하여 g 를 재표현하면

$$g(x) = b_0 + b_{-1}x + b_1(x - 0.6)_+ \tag{6.18}$$

과 같다. 이때 계수들의 값을 구하시오.

5. (6.18) 에서 b_1 가 가지는 의미를 기울기 관점에서 설명하시오.

6. 같은 꺾은선 함수 g 를 표현할 때 (6.17) 과 (6.18) 의 장단점을 비교하시오.

6.6 훈련데이터 $(x_1, y_1), \ldots, (x_n, y_n)$ 가 모형

$$Y_i = 10 - 15(x_i - 0.6)_+^2 + \varepsilon_i$$

에 의해 생성되는데 $x_i = 1/n$, $n = 100$ 이며 $\varepsilon_1, \ldots, \varepsilon_n$ 는 IID $\mathcal{N}(0,1)$ 이다. 6.11 의 점들은 이와 같은 방법으로 생성된 데이터인데 그림에서 꺾은선들을 구하는 문제와 관련하여 다음 물음에 답하시오.

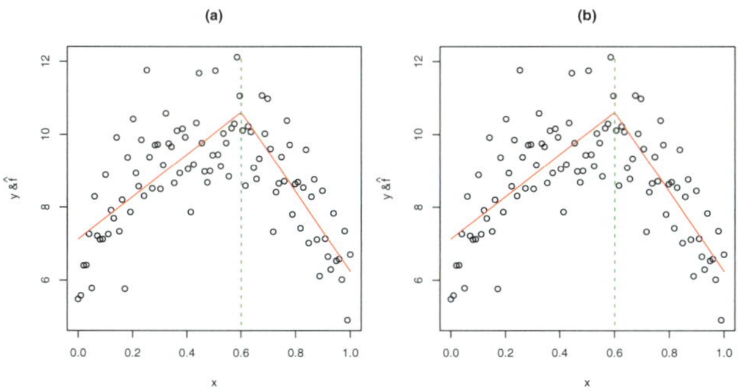

그림 6.11: (a) 는 제한회귀 방법에 의한 결과이고 (b) 는 피-스플라인을 사용하여 얻은 결과이다.

1. 매듭점이 $t_0 = 0 < t_1 = 0.6 < t_2 = 1$ 일 때 일반적인 꺾은선이 다음으로 표현됨을 설명하시오.

$$g(x) = \begin{cases} a + bx & \text{if } x \in [0, 0.6] \\ c + dx & \text{if } x \in [0.6, 1] \end{cases} \tag{6.19}$$

2. (6.19) 의 꺾은선이

$$a + 0.6b = c + 0.6d \tag{6.20}$$

을 만족하면 연속 함수가 됨을 설명하시오.

3. (6.19) 의 꺾은선 g 에 대한 잔차제곱합을

$$\mathrm{RSS}(g) = \sum_{i=1}^{n} (y_i - g(x_i))^2$$

으로 표현하면 다음이 성립하는 이유를 설명하시오.

$$\mathrm{RSS}(g) = \sum_{x_i \le 0.6} (y_i - a - bx_i)^2 + \sum_{x_i > 0.6} (y_i - c - dx_i)^2$$

4. 연속 제한조건 (6.20) 하에서 RSS(g) 를 최소로 하는 벡터를 $(\hat{a}, \hat{b}, \hat{c}, \hat{d})$ 라 한다. R 명령어 `solve.QP`를 사용하여 $(\hat{a}, \hat{b}, \hat{c}, \hat{d})$ 을 구하는 방법을 설명하시오.

5. 연속 제한조건 (6.20) 하에서 (6.19) 의 꺾은선 g 가 (6.18) 과 같이 표현할 수 있는 이유를 설명하고 $\boldsymbol{b} = (b_0, b_{-1}, b_1)$ 를 a, b, c, d 로 표현하시오.

6. $\boldsymbol{b}$ 에 대한 잔차제곱합을 RSS($\boldsymbol{b}$) 라 하면

$$\mathrm{RSS}(\boldsymbol{b}) = \sum_{i=1}^{n} (y_i - b_0 - b_{-1}x_i - b_1(x_i - 0.6)_+)^2 .$$

RSS($\boldsymbol{b}$) 를 최소로 하는 $\hat{\boldsymbol{\beta}}$ 를 구하는 문제와 연속 제한조건 (6.20) 하에서 $(\hat{a}, \hat{b}, \hat{c}, \hat{d})$ 를 구하는 문제가 같은 이유를 설명하시오.

6.7 예측공간 $\mathcal{X} = [t_0, t_{K+1}]$, K 개의 매듭점들 $a = t_0 < t_1 < \cdots < t_K < t_{K+1} = b$, $p = K + 2$ 에 대해 일차 피-스플라인들을 다음과 같이 나타낸다.

$$g_1(x) = 1,\ g_{-1}(x) = x,\ g_k(x) = (x - t_k)_+,\ 1 \le k \le K$$

이들의 선형결합 g 은 (6.1) 로 표현되며 그 값은 (6.2) 로 계산한다. 훈련데이터의 설계점 집합 $\{x_1, \ldots, x_n\}$ 에 조건

$$t_0 < u_0 < v_0 < t_1 < v_1 < \cdots < t_K < v_K < t_{K+1}$$

을 만족하는 p 개의 설계점들 $u_0, v_0, v_1, \ldots, v_K$ 이 존재한다고 가정한다. 이제 일차 피-스플라인들에 대한 설계행렬의 순위 관련하여 다음 물음에 답하시오.

1. 설계점들에 대한 설계행렬 G 를 (4.1) 에 따라 쓰시오.

2. 설계행렬 G 가 최대순위임을 보이기 위해 $G\boldsymbol{b} = \boldsymbol{0}_n$ 라 가정한다. 여기서 계수벡터는 $\boldsymbol{b} = (b_0, b_{-1}, b_1, \ldots, b_p)$ 라 한다.

   i. $b_0 = b_{-1} = 0$ 임을 보인다.

      A. $G\boldsymbol{b} = \boldsymbol{0}_n$ 이라는 가정에 따라 $\begin{bmatrix} 1 & u_0 \\ 1 & v_0 \end{bmatrix} \begin{bmatrix} b_0 \\ b_{-1} \end{bmatrix} = \boldsymbol{0}_2$ 임을 보이시오.

      B. 행렬 $\begin{bmatrix} 1 & u_0 \\ 1 & v_0 \end{bmatrix}$ 이 가역임을 보이시오.

      C. $b_0 = b_{-1} = 0$ 임을 도출하시오.

   ii. $b_3 = 0$ 임을 보인다.

      A. $b_0 = b_{-1} = 0$ 라는 사실과 $G\boldsymbol{b} = \boldsymbol{0}_n$ 이라는 가정에서 $b_1(v_1 - t_1)_+ = 0$ 임을 보이시오.

      B. $b_1 = 0$ 임을 보인다.

   iii. 귀납법을 이용하여 나머지 계수들도 0 임을 보인다.

   iv. $\boldsymbol{b} = \boldsymbol{0}_p$ 라는 결론을 도출하고 그 결론이 설계행렬 G 가 최대순위라는 사실을 의미하는 이유를 설명하시오.

3. 삼차 스플라인의 경우 설계행렬이 최대순위가 될 충분조건을 쓰고 그 조건하에서 설계행렬이 최대순위가 됨을 보이시오.

6.8 첨자 $k = 1, \ldots, K$ 에 대해 $T_k(x) = (x - t_k)_+^3$ 라 할 때 다음 결과들이 성립하는 이유를 설명하시오.

1. 삼차 스플라인 g 는 다음과 같이 표현된다.

$$g(x) = a_0 + a_{-1}x + a_{-2}x^2 + a_{-3}x^3 + \sum_{k=1}^{K} a_k T_k(x)$$

2. 삼차 스플라인 g 가 구간 $[t_0, t_1]$ 과 구간 $[t_K, t_{K+1}]$ 에서 직선이라는 조건과 각각 $g''(a) = g'''(a) = 0$ 이고 $g''(t_{K+1}) = g'''(t_{K+1}) = 0$ 이라는 조건과 같다.

3. 제한조건 $g''(t_0) = g'''(t_0) = 0$ 은 x^2, x^3 들을 제거함으로써 만족시킬 수 있다.

4. 제한조건 $g''(t_{K+1}) = g'''(t_{K+1}) = 0$ 은 다음과 같다.

$$\sum_{k=1}^{K} a_k = 0, \quad \sum_{k=1}^{K} t_k a_k = 0 \tag{6.21}$$

5. a_1 과 a_K 를 $a_2, \ldots, a_{K-2}$ 와 매듭점들에 의해 다음과 같이 정의한다.

$$a_1 = -\sum_{k=2}^{K-2} \frac{t_K - t_k}{t_K - t_1} a_k, \quad a_K = -\sum_{k=2}^{K-2} \frac{t_k - t_1}{t_K - t_1} a_k$$

그러면 K 개의 계수들 $a_1, \ldots, a_K$ 이 (6.21) 을 만족하며 함수 h 를

$$h(x) = \sum_{k=1}^{K} a_k T_k(x)$$

로 정의하면 $h''(t_{K+1}) = h'''(t_{K+1}) = 0$ 이다.

6. 위에서 정의한 함수 h 가 다음으로 표현된다.

$$h(x) = \sum_{k=2}^{K-2} a_k \left(T_k(x) - \frac{t_K - t_k}{t_K - t_1} T_1(x) - \frac{t_k - t_1}{t_K - t_1} T_K(x) \right)$$

7. $g_1(x) = 1, g_2(x) = x,$

$$g_j(x) = T_{j-1}(x) - \frac{t_K - t_{j-1}}{t_K - t_1} T_1(x) - \frac{t_{j-1} - t_1}{t_K - t_1} T_K(x), \quad j = 3, \ldots, K,$$

$\boldsymbol{b} = (a_0, a_{-1}, a_2, \ldots, a_{K-1})$ 라 하면 자연 스플라인 g 는 다음과 같이 표현된다.

$$g(x) = a_0 + a_{-1}x + h(x) = \sum_{j=1}^{p} b_j g_j(x)$$

8. 집합 $\{g_1, \ldots, g_p\}$ 가 자연 스플라인들에 대한 기저가 됨을 설명하시오.

7
선형방법론 이론

선형해석에서는 특정 조건을 만족하는 함수들의 집합을 벡터공간으로 간주하여 선형대수의 여러 결과들을 이용하고자 한다. 이러한 기본철학은 입력변수의 변환으로 예측변수를 만들어 모형화하고자 하는 선형방법론의 이론상 기초가 된다.

선형모형에서는 반응변수의 평균을 규정하는 함수들이 알려져 있으며 사전에 그 형태나 개수가 정해져 있다. 그런데, 선형방법론에서는 이러한 제약을 벗어나 다양한 형태의 함수들을 이용하여 반응변수의 평균을 모형화하고자 한다. 이 장에서는 선형방법론에 나타나는 선형해석 관련 문제를 살펴보고자 한다.

선형방법론은 적절한 함수들을 선택한 후 이들의 선형결합으로 회귀함수를 추정하자는 것이다. 근본적인 의문은 예측값들과 최제추정량의 유일 존재성 관련성에 관한 것이다. 예컨대, 예측값들이 실수값을 가지고 단회귀모형을 적합할 경우 예측값들 중에서 서로 다른 두 점이 존재한다면 최제직선은 존재한다. 이러한 의문은 식별가능성으로 해결된다. 선형해석에 대한 중요 참고문헌은 [Stone, 1996] 이다.

7.1 선형공간 기초

입력공간 $\mathcal{X}$ 는 공집합이 아니면서 $\mathbb{R}^M$ 의 부분집합이라 하고 입력공간 $\mathcal{X}$ 위 함수는 정의구역이 $\mathcal{X}$ 이면서 실수값을 가지는 함수를 의미한다. 함수들의 특성을 있는 그대로 분석하는 것은 어려울 수 있는데 벡터공간 즉 선형공간 linear space 의 방법론을 이용하면 함수들 집합의 기하학 구조를 이해하는 데 도움이 된다. 이를 위해 $\mathcal{X}$ 위 함수들의 집합 $\mathcal{F}$ 을 선형공간으로 이해하고자 한다.

입력공간 $\mathcal{X}$ 위 두 함수들의 같음 equivalence 에 대해 살펴본다. $\mathcal{X}$ 위 두 함수 f_1, f_2 가 조건

$$f_1(\boldsymbol{x}) = f_2(\boldsymbol{x}), \quad \boldsymbol{x} \in \mathcal{X}$$

을 만족하면 두함수 f_1 과 f_2 는 같다고 정의하며 $f_1 = f_2$ 라 쓴다. 상수 함수 c 는 모든 $\boldsymbol{x} \in \mathcal{X}$ 의 함수값이 c 인 함수이다. $\mathcal{X}$ 위 두 함수 f_1, f_2 의 벡터합은 $f_1 + f_2$ 으로 표현하며 그 정의는 다음과 같다.

$$(f_1 + f_2)(\boldsymbol{x}) = f_1(\boldsymbol{x}) + f_2(\boldsymbol{x}), \quad \boldsymbol{x} \in \mathcal{X}$$

$\mathcal{X}$ 위 함수 f 와 실수 c 에 대해 스칼라 곱은 cf 로 표현하는데 cf 는 다음으로 정의된다.

$$(cf)(\boldsymbol{x}) = cf(\boldsymbol{x}), \quad \boldsymbol{x} \in \mathcal{X}$$

선형공간 $\mathcal{F}$ 은 위 벡터합 vector addition 과 스칼라곱 scalar multiplication 에 대해 벡터공간 공리 axiom 를 만족하는 함수들의 집합이다. 선형공간 $\mathcal{F}$ 의 부분집합 $\mathcal{G}$ 이 다음 조건을 만족하면 부분공간이라 한다.

$$b_1 g_1 + b_2 g_2, \quad b_1, b_2 \in \mathbb{R},\ g_1, g_2 \in \mathcal{G}$$

다시 말해 부분공간 $\mathcal{G}$ 은 벡터합과 스칼라곱에 대해 닫혀있는 $\mathcal{F}$ 의 부분집합이다.

선형공간 $\mathcal{F}$ 의 부분집합 $\mathcal{B} = \{g_1, \ldots, g_p\}$ 과 계수벡터 $\boldsymbol{b} = (b_1, \ldots, b_p)$ 에 의한 선형결합 g 는 $g = \sum_{j=1}^{p} b_j g_j$ 로 정의된다. $\mathcal{B}$ 의 선형결합들로 이루어진 집합을 $\mathcal{B}$ 의 생성 span 이라 하고 기호로는 $\text{Span}\{\mathcal{B}\}$ 로 표시하는데 이는 $\mathcal{F}$ 의 부분공간이 된다.

조건 "$\sum_{j=1}^{p} b_j g_j = 0$ 이면 $\boldsymbol{b} = \boldsymbol{0}_p$ 이다" 를 만족하면 집합 $\mathcal{B}$ 가 선형독립 linearly independent 이라고 하며 "$\boldsymbol{b} \neq \boldsymbol{0}_p$ 이면서 $\sum_{j=1}^{p} b_j g_j = 0$ 를 만족하는 $\boldsymbol{b}$ 가 존재한다" 를 만족하면 집합 $\mathcal{B}$ 가 선형종속 linearly dependent 이라고 한다.

$\mathcal{B}$ 가 선형독립이면 $\mathcal{B}$ 는 $\text{Span}\{\mathcal{B}\}$ 의 기저 basis 라 한다. 부분공간의

기저의 종류는 하나 이상일 수 있으나 특정 기저에 속하는 벡터의 수는 같으며 이를 차원 dimension 이라 하고 기호로는 $\dim \mathcal{G}$ 로 표현한다.

예 7.1. $\mathcal{X} = \mathbb{R}$, $\mathcal{G}$ 는 $\mathcal{X}$ 위 직선들의 집합, $g_0(x) = 1$, $g_1(x) = x$, $\mathcal{B} = \{g_0, g_1\}$ 이라 한다. $\mathcal{G}$ 에 속하는 직선은 $b_0 + b_1 x = b_0 g_0(x) + b_1 g_1(x)$ 로 표현되므로 $\mathcal{G} = \text{Span}\{\mathcal{B}\}$ 이다. 한편 $g = b_0 g_0 + b_1 g_1 = 0$ 이면 $g(0) = b_0 = 0$, $g(1) = b_0 + b_1 = b_1 = 0$ 에서 $\boldsymbol{b} = \boldsymbol{0}$ 을 얻을 수 있으므로 $\mathcal{B}$ 는 $\mathcal{G}$ 의 기저이고 $\dim \mathcal{G} = 2$ 이다.

7.2 설계행렬의 최대순위 조건

집합 $\mathcal{B}$ 가 주어졌을 때 설계행렬

$$G = \begin{bmatrix} \boldsymbol{g}_1 & \cdots & \boldsymbol{g}_p \end{bmatrix} = \begin{bmatrix} g_1(\boldsymbol{x}_1) & \cdots & g_p(\boldsymbol{x}_1) \\ \vdots & \ddots & \vdots \\ g_1(\boldsymbol{x}_n) & \cdots & g_p(\boldsymbol{x}_n) \end{bmatrix} \in \mathbb{R}^{n \times p}$$

의 최대순위 여부를 판단하고자 벡터화와 식별가능성 identifiability 을 도입한다. 집합 $\mathcal{B}$ 의 생성은 $\mathcal{G}$ 로 나타내며 설계행렬 G 의 열공간은 계속해서 S 로 표현하는데 집합 $\mathcal{G}$ 은 $\mathcal{F}$ 의 부분공간이고 열공간 S 는 $\mathbb{R}^n$ 의 부분공간이다.

설계집합 design set 은 입력값들 $\boldsymbol{x}_1, \ldots, \boldsymbol{x}_n \in \mathcal{X}$ 중에서 서로 다른 점들 $\boldsymbol{x}'_1, \ldots, \boldsymbol{x}'_{n'}$ 로 이루어진 집합 $\mathcal{D}$ 로서 기호로는 다음과 같이 표현되는데 $n' \le n$ 이다.

$$\mathcal{D} = \{\boldsymbol{x}'_1, \ldots, \boldsymbol{x}'_{n'}\}$$

정의 7.1. 벡터화 vectorization 연산은 $\mathcal{X}$ 위 함수 f 를 입력값들에 대한 함수값을 성분으로 하는 n 차원 벡터에 대응시키는 연산인데 기호로는 다음과 같다.

$$f \mapsto \vec{f} = \begin{bmatrix} f(\boldsymbol{x}_1) \\ \vdots \\ f(\boldsymbol{x}_n) \end{bmatrix} \in \mathbb{R}^n$$

예 7.2. 영함수 0 을 벡터화 하면 $\mathbb{R}^n$ 의 영벡터 $\boldsymbol{0}_n$ 이므로 $\vec{0} = \boldsymbol{0}_n$ 이다. 또한 반응벡터 $\boldsymbol{Y}$ 의 평균벡터 $\boldsymbol{\mu} = \mathsf{E}[\boldsymbol{Y}] = (\mu(\boldsymbol{x}_1), \ldots, \mu(\boldsymbol{x}_n))$ 는 회귀함수 $\mu(\cdot)$ 의 벡터화이므로 $\overrightarrow{\mu(\cdot)} = \boldsymbol{\mu}$ 이다. 한편 $1 \le j \le p$ 에 대해 $\vec{g}_j = \boldsymbol{g}_j$

이므로

$$\boldsymbol{g} = \vec{g}$$

라면 $\boldsymbol{g} = G\boldsymbol{b} \in S$ 이다 (문제 7.4). 이를 기호로 표현하면 다음과 같다.

$$\overrightarrow{\sum_{j=1}^{p} b_j g_j} = G\boldsymbol{b} \tag{7.1}$$

정의 7.2. 부분공간 $\mathcal{G}$ 의 원소들이 조건

$$\vec{g} = \mathbf{0}_n \Rightarrow g = 0$$

을 만족하면 부분공간 $\mathcal{G}$ 은 식별가능 identifiable 하다.

조건 $\vec{g} = \mathbf{0}_n$ 과 조건 $g(x_1') = \cdots = g(x_{n'}') = 0$ 은 같으므로 정의 7.2 를 말로 설명하면 "설계집합 $\mathcal{D}$ 위 영함수는 $\mathcal{X}$ 위 영함수로 유일하면 부분공간 $\mathcal{G}$ 은 식별가능하다" 이다 (문제 7.4).

정리 7.1. *다음 조건들은 같다.*

1. *집합 $\mathcal{B}$ 가 선형독립이며 그 생성 $\mathcal{G}$ 이 식별가능하다.*

2. *설계행렬 G 가 최대순위이다.*

증명

1 ⇒ 2. $g = \sum_{j=1}^{p} b_j g_j$ 이고 $G\boldsymbol{b} = \mathbf{0}_n$ 이라 하자. 식 (7.1) 에 따라 $G\boldsymbol{b} = \vec{g} = \mathbf{0}_n$ 이다. $\mathcal{G}$ 가 식별가능하므로 $g = 0$ 인데 $\mathcal{B}$ 가 선형독립이므로 $\boldsymbol{b} = \mathbf{0}_p$ 이다.

2 ⇒ 1. 일차로 $\mathcal{B}$ 의 선형독립성 증명을 위해 $g = \sum_{j=1}^{p} b_j g_j = 0$ 이라 하자. 식 (7.1) 에 따라 $G\boldsymbol{b} = \mathbf{0}_n$ 인데 G 가 최대순위이므로 $\boldsymbol{b} = \mathbf{0}_p$ 이다. 이차로 $\mathcal{G}$ 의 식별가능성 증명을 위해 $\mathcal{G}$ 의 원소 $\sum_{j=1}^{p} b_j g_j$ 가 조건 $\overrightarrow{\sum_{j=1}^{p} b_j g_j} = \mathbf{0}_n$ 을 만족한다고 하자. 식 (7.1) 에 따라 $G\boldsymbol{b} = \mathbf{0}_n$ 이므로 G 가 최대순위라는 가정을 이용하여 조건 $\boldsymbol{b} = \mathbf{0}_p$ 과 그에 따른 결과 $g = 0$ 를 얻는다. □

예 7.3. 예 7.1 에서 입력행렬 $X = \begin{bmatrix} 1 & 2 & 3 & 3 \end{bmatrix}^\top$ 에 대한 설계집합은 $\mathcal{D} = \{1, 2, 3\}$ 이고 $\mathcal{D}$ 위에서 0 인 직선은 영함수 뿐이므로 $\mathcal{G}$ 는 식별가능하고 정리 7.1 에 따라 입력행렬 X 에 대한 설계행렬 G 는 최대순위이다. 한편 입력행렬 $X' = \begin{bmatrix} 1 & 1 & 1 \end{bmatrix}^\top$ 에 대해 $g(x) = 1 - x$ 의 벡터화는

$\boldsymbol{g} = (0,0,0)$ 이지만 실직선 위에서 영함수는 아니므로 $\mathcal{G}$ 는 식별가능하지 않으며 정리 7.1 에 따라 입력행렬 X' 에 대한 설계행렬 G' 은 최대순위가 아니다.

정리 7.2 는 부분공간 $\mathcal{G}$ 이 식별가능할 때 부분공간 $\mathcal{G}$ 과 열공간 S 의 관계를 설명한다.

정리 7.2. *집합 $\mathcal{B}$ 가 선형독립이며 그 생성 $\mathcal{G}$ 이 식별가능하면 모든 벡터 $\boldsymbol{g} \in S$ 에 대해 조건 $\boldsymbol{g} = \vec{g}$ 을 만족하는 함수 $g \in \mathcal{G}$ 는 유일하게 존재한다.*

증명 열공간의 정의에 따라 S 에 속하는 벡터 $\boldsymbol{g}$ 를 선택하면 $\boldsymbol{g} = G\boldsymbol{b}$ 를 만족하는 계수벡터 $\boldsymbol{b}$ 가 존재한다. 이제 $g = \sum_{j=1}^{p} b_j g_j$ 라 하면 $g \in \mathcal{G}$ 이며 $\boldsymbol{g} = \vec{g}$ 이다. 한편 부분공간 $\mathcal{G}$ 의 원소 $h = \sum_{j=1}^{p} c_j g_j$ 가 $\boldsymbol{g} = \vec{g} = \vec{h}$ 를 만족하면 식 (7.1) 에 따라 $G\boldsymbol{b} = G\boldsymbol{c}$ 이다. 그런데 정리 7.1 에 따라 설계행렬 G 는 최대순위이므로 $\boldsymbol{b} = \boldsymbol{c}$ 이며 $g = h$ 이다. □

7.3 기저추정량의 정준형식 표현

향후 부분공간 $\mathcal{G}$ 이 기저 $\mathcal{B}$ 에 의해 생성되었으며 식별가능하다고 가정하는데 정리 7.1 에 따라 설계행렬 G 는 최대순위이다. 이 절에서는 $\mathcal{G}$ 의 식별가능성 가정하에 회귀함수에 대한 기저추정량basis estimator 의 형태를 살펴본다.

기저변환

정리들 2.2, 2.3 에 따르면 $\mathbb{R}^n$ 에 대한 직정기저 $\{\boldsymbol{u}_1, \ldots, \boldsymbol{u}_n\}$ 로서 $G = UR$ 을 만족하는 준직교 행렬 $U = \begin{bmatrix} \boldsymbol{u}_1 & \ldots & \boldsymbol{u}_p \end{bmatrix}$ 과 가역행렬 R 이 존재한다. 집합들 $\{\boldsymbol{g}_1, \ldots, \boldsymbol{g}_p\}$, $\{\boldsymbol{u}_1, \ldots, \boldsymbol{u}_p\}$ 이 모두 S 의 기저가 되므로 R 을 기저변환 행렬로 이해한다.

가역행렬 R 의 역행렬 $C = \begin{bmatrix} \boldsymbol{c}_1 & \ldots & \boldsymbol{c}_p \end{bmatrix}$ 이 상삼각행렬이므로 $\boldsymbol{c}_j = (c_{1j}, \ldots, c_{jj}, 0, \ldots, 0)$ 라 하면 조건 $U = GC$ 과 분할행렬 연산에 따라 다음이 성립한다.

$$\boldsymbol{u}_j = G\boldsymbol{c}_j = \sum_{i=1}^{j} c_{ij}\boldsymbol{g}_j$$

행렬 C 의 열벡터들을 계수벡터로 하는 선형결합들을

$$u_j = \sum_{i=1}^{j} c_{ij} g_j \tag{7.2}$$

으로 정의하면 정리 7.2 에 따라 벡터화가 $\boldsymbol{u}_j$ 가 되는 $\mathcal{G}$ 의 원소는 (7.2) 로 정의되는 함수 u_j 가 유일하다.

기저추정량과 최제근사

선형방법론에 따른 기저추정량을 최제추정법으로 정의한다. 기저추정량 $\hat{\mu}(\cdot)$ 은 잔차제곱합

$$\mathrm{RSS}(g) = \sum_{i=1}^{n} (Y_i - g(\boldsymbol{x}_i))^2, \quad g \in \mathcal{G} \tag{7.3}$$

을 최소로 하는 $\mathcal{G}$ 의 함수인데 이를 기호로 표현하면 다음과 같다.

$$\mathrm{RSS}(\hat{\mu}(\cdot)) \leq \mathrm{RSS}(g), \quad g \in \mathcal{G} \tag{7.4}$$

식 (7.4) 의 등호가 $g = \hat{\mu}(\cdot)$ 일 때만 성립하면 $\hat{\mu}(\cdot)$ 를 유일 기저추정량이라 부른다.

벡터화 연산의 선형성에 따라 잔차제곱합 $\mathrm{RSS}(g)$ 은 다음으로 재표현된다.

$$\mathrm{RSS}(g) = \|\boldsymbol{Y} - \boldsymbol{g}\|^2, \quad \boldsymbol{g} = \vec{g}, \quad g \in \mathcal{G} \tag{7.5}$$

반응벡터 $\boldsymbol{Y}$ 의 정준형식을 $Z_j = \boldsymbol{u}_j^\top \boldsymbol{Y}, 1 \leq j \leq n$ 라 하면 2 장 결과에 따라 $\|\boldsymbol{Y} - \boldsymbol{g}\|^2$ 을 최소로 하는 S 위 최제적합 $\hat{\boldsymbol{\mu}}$ 은 $\boldsymbol{Y}$ 의 S 위 정사영 $\Pi_S[\boldsymbol{Y}]$ 이므로 다음이 성립한다.

$$\hat{\boldsymbol{\mu}} = \Pi_S[\boldsymbol{Y}] = \sum_{j=1}^{p} Z_j \boldsymbol{u}_j \tag{7.6}$$

정리 7.3 에 따르면 기저추정량은 정준형식으로 표현되며 기저추정량 $\hat{\mu}(\cdot)$ 의 벡터화는 최제적합 $\hat{\boldsymbol{\mu}}$ 이 된다.

정리 7.3. *추정량*

$$\hat{\mu}(\cdot) = \sum_{j=1}^{p} Z_j u_j \tag{7.7}$$

이 유일 기저추정량이다.

증명 벡터화 연산의 선형성에 따라 $\overrightarrow{\hat{\mu}(\cdot)} = \hat{\boldsymbol{\mu}}$ 이다. $\mathcal{G}$ 가 식별가능하므로 정리 7.2 의 대우를 생각하면 $g \neq \hat{\mu}(\cdot)$ 이면 $\boldsymbol{g} \neq \hat{\boldsymbol{\mu}}$ 이다. 이제 잔차제곱합

재표현 (7.5) 와 최제적합 $\hat{\boldsymbol{\mu}}$ 의 유일성을 이용하여 다음을 얻는다.

$$\mathrm{RSS}(\hat{\mu}(\cdot)) = \mathrm{RSS}(\hat{\boldsymbol{\mu}}) < \mathrm{RSS}(\boldsymbol{g}) = \mathrm{RSS}(g), \quad g \in \mathcal{G},\ g \neq \hat{\mu}(\cdot)$$

□

선형방법론과 선형모형의 *근본적인 차이점*으로는 회귀함수 $\mu(\cdot)$ 가 부분공간 $\mathcal{G}$ 에 속한다는 가정이 없다는 사실이며 이에 따라 회귀함수 $\mu(\cdot)$ 에 대한 근사를 고려한다. 회귀함수 $\mu(\cdot)$ 에 대한 최제근사[least squares approximation] $\mu^*(\cdot)$ 는 다음과 같다.

$$\mu^*(\cdot) = \underset{g \in \mathcal{G}}{\mathrm{argmin}} \sum_{i=1}^{n} (\mu(\boldsymbol{x}_i) - g(\boldsymbol{x}_i))^2 \tag{7.8}$$

최제근사 $\mu^*(\cdot)$ 는 회귀함수 $\mu(\cdot)$ 에 대한 최적 근사로 간주한다.

정리 7.4. *평균벡터 $\boldsymbol{\mu}$ 에 대한 정준모수 $\xi_j = \boldsymbol{u}_j^\top \boldsymbol{\mu}$, $1 \le j \le p$, 를 사용하면 유일 최제근사 $\mu^*(\cdot)$ 는 다음과 같다.*

$$\mu^*(\cdot) = \sum_{j=1}^{p} \xi_j u_j \tag{7.9}$$

정리 7.3 의 증명에서 $\boldsymbol{Y}$ 를 μ 의 벡터화인 평균벡터 $\boldsymbol{\mu}$ 로 대치하면 정리 7.4 를 보일 수 있다. 그 근본적인 이유는 $\|\boldsymbol{\mu} - \boldsymbol{g}\|^2$ 을 최소로 하는 S 의 벡터 $\boldsymbol{\mu}^*$ 는 평균벡터 $\boldsymbol{\mu}$ 에 대한 최제적합이라는 것이다. 그런데 최제적합 $\boldsymbol{\mu}^*$ 는 평균벡터 $\boldsymbol{\mu}$ 의 S 위 정사영 $\Pi_S[\boldsymbol{\mu}]$ 이므로 다음이 성립한다.

$$\boldsymbol{\mu}^* = \Pi_S[\boldsymbol{\mu}] = \sum_{j=1}^{p} \xi_j \boldsymbol{u}_j \tag{7.10}$$

주목할 대목은 최제근사 $\mu^*(\cdot)$ 의 벡터화가 평균벡터 $\boldsymbol{\mu}$ 에 대한 최제적합 $\boldsymbol{\mu}^*$ 이 된다는 점이다.

7.4 기저추정량의 적률

기저추정량의 적률은 정준형식의 적률을 이용하여 구할 수 있다. 가정

$$\mathsf{E}[\boldsymbol{Y}] = \boldsymbol{\mu}, \quad \mathsf{Var}[\boldsymbol{Y}] = \sigma^2 I$$

과 정리 3.13 에 따라 다음을 얻는다.

$$\mathsf{E}\left[\boldsymbol{Z}\right] = \boldsymbol{\xi}, \quad \mathsf{Var}\left[\boldsymbol{Z}\right] = \sigma^2 I \tag{7.11}$$

정리 7.5 의 첫째 결과 (7.12) 는 고정된 $\boldsymbol{x} \in \mathcal{X}$ 에 대해

$$\mathsf{E}\left[\hat{\mu}(\boldsymbol{x})\right] = \mathsf{E}\left[\mu^*(\boldsymbol{x})\right]$$

을 뜻한다. 한편 $\mu(\cdot) \in \mathcal{G}$ 이면 (7.8) 의 $\mu^*(\cdot)$ 에 대한 정의에 따라 $\mu^*(\cdot) = \mu(\cdot)$ 이며 $\boldsymbol{\mu}^* = \boldsymbol{\mu}$ 이므로 추정량 $\hat{\mu}(\cdot)$, $\hat{\boldsymbol{\mu}}$ 은 각각 회귀함수 $\mu(\cdot)$, 평균벡터 $\boldsymbol{\mu}$ 의 불편추정량이 된다.

정리 7.5. *기저추정량 관련 일차 적률은 다음과 같다.*

$$\begin{aligned} \mathsf{E}\left[\hat{\mu}(\cdot)\right] &= \mu^*(\cdot) \\ \mathsf{E}\left[\hat{\boldsymbol{\mu}}\right] &= \boldsymbol{\mu}^* \end{aligned} \tag{7.12}$$

증명 식들 (7.6), (7.7), (7.9), (7.11) 에 따라

$$\begin{aligned} \mathsf{E}\left[\hat{\mu}(\boldsymbol{x})\right] &= \mathsf{E}\left[\sum_{j=1}^{p} Z_j u_j(\boldsymbol{x})\right] = \sum_{j=1}^{p} \mathsf{E}\left[Z_j\right] u_j(\boldsymbol{x}) = \sum_{j=1}^{p} \xi_j u_j(\boldsymbol{x}) = \mu^*(\boldsymbol{x}), \quad \boldsymbol{x} \in \mathcal{X} \\ \mathsf{E}\left[\hat{\boldsymbol{\mu}}\right] &= \mathsf{E}\left[\sum_{j=1}^{p} Z_j \boldsymbol{u}_j\right] = \sum_{j=1}^{p} \mathsf{E}\left[Z_j\right] \boldsymbol{u}_j = \sum_{j=1}^{p} \xi_j \boldsymbol{u}_j = \boldsymbol{\mu}^* \end{aligned}$$

이므로 원하는 결과들을 얻는다. □

회귀함수와 최제근사의 거리 D 는

$$D = \left(\sum_{i=1}^{n} \left(\mu(\boldsymbol{x}_i) - \mu^*(\boldsymbol{x}_i)\right)^2\right)^{1/2}$$

으로 정의하는데 벡터화를 이용하면 D 는 다음으로 표현된다.

$$D = \|\boldsymbol{\mu} - \boldsymbol{\mu}^*\| \tag{7.13}$$

그런데 $\mu(\cdot) \in \mathcal{G}$ 이면 $\mu(\cdot) = \mu^*(\cdot)$ 이므로 $D = 0$ 이다.

정리 7.6. *기저추정량 관련 이차 적률은 다음과 같다.*

$$\sum_{i=1}^{n} \mathsf{Var}[\hat{\mu}(\boldsymbol{x}_i)] = \mathsf{E}\left[\|\hat{\boldsymbol{\mu}} - \boldsymbol{\mu}^*\|^2\right] = p\sigma^2 \tag{7.14}$$

$$\mathsf{E}\left[\|\hat{\boldsymbol{\mu}} - \boldsymbol{\mu}\|^2\right] = D^2 + p\sigma^2 \tag{7.15}$$

$$\mathsf{E}\left[\|\boldsymbol{Y} - \boldsymbol{\mu}^*\|^2\right] = D^2 + n\sigma^2 \tag{7.16}$$

$$\mathsf{E}\left[\|\boldsymbol{Y} - \hat{\boldsymbol{\mu}}\|^2\right] = D^2 + (n-p)\sigma^2 \tag{7.17}$$

증명 일차로 (7.12), 확률변수 $\hat{\mu}(\boldsymbol{x}_i)$ 에 대한 분산 정의, 기댓값 성질, $\hat{\boldsymbol{\mu}}$, $\boldsymbol{\mu}^*$ 가 각각 $\hat{\mu}(\,\cdot\,)$, $\mu^*(\,\cdot\,)$ 의 벡터화라는 사실을 이용하면

$$\sum_{i=1}^{n} \mathsf{Var}[\hat{\mu}(\boldsymbol{x}_i)] = \sum_{i=1}^{n} \mathsf{E}\left[(\hat{\mu}(\boldsymbol{x}_i) - \mu^*(\boldsymbol{x}_i))^2\right] = \mathsf{E}\left[\sum_{i=1}^{n}(\hat{\mu}(\boldsymbol{x}_i) - \mu^*(\boldsymbol{x}_i))^2\right] = \mathsf{E}\left[\|\hat{\boldsymbol{\mu}} - \boldsymbol{\mu}^*\|^2\right].$$

식들 (7.7), (7.10), (7.11), 직정기저 연산에 따르면

$$\mathsf{E}\left[\|\hat{\boldsymbol{\mu}} - \boldsymbol{\mu}^*\|^2\right] = \mathsf{E}\left[\sum_{j=1}^{p}(Z_j - \xi_j)^2\right] = \sum_{j=1}^{p} \mathsf{E}\left[(Z_j - \xi_j)^2\right] = p\sigma^2.$$

따라서 (7.14) 가 성립한다.

이차로 식 (7.10), 피타고라스 정리 (2.6) 에 따라 다음이 성립한다.

$$\|\boldsymbol{\mu} - \hat{\boldsymbol{\mu}}\|^2 = \|\boldsymbol{\mu} - \boldsymbol{\mu}^*\|^2 + \|\boldsymbol{\mu}^* - \hat{\boldsymbol{\mu}}\|^2 \tag{7.18}$$

식들 (7.13), (7.18) 에 따르면

$$\mathsf{E}\left[\|\hat{\boldsymbol{\mu}} - \boldsymbol{\mu}\|^2\right] = \mathsf{E}\left[\|\hat{\boldsymbol{\mu}} - \boldsymbol{\mu}^*\|^2 + \|\boldsymbol{\mu} - \boldsymbol{\mu}^*\|^2\right] = \mathsf{E}\left[\|\hat{\boldsymbol{\mu}} - \boldsymbol{\mu}^*\|^2\right] + D^2$$

이므로 (7.15) 가 성립한다.

삼차로 식 (7.13), $\boldsymbol{\mu}^*$ 가 $\mu^*(\,\cdot\,)$ 의 벡터화라는 사실, 기댓값 성질, $\mathsf{E}[Y_i] = \mu(\boldsymbol{x}_i)$ 이므로 평균제곱오차 분해 공식, $\mathsf{Var}[\boldsymbol{Y}] = \sigma^2 I$ 라는

가정에 따라

$$\begin{aligned}\mathsf{E}\left[\|\boldsymbol{Y}-\boldsymbol{\mu}^*\|^2\right] &= \mathsf{E}\left[\sum_{i=1}^n (Y_i-\mu^*(\boldsymbol{x}_i))^2\right] = \sum_{i=1}^n \mathsf{E}\left[(Y_i-\mu^*(\boldsymbol{x}_i))^2\right] \\ &= \sum_{i=1}^n \left[(\mu(\boldsymbol{x}_i)-\mu^*(\boldsymbol{x}_i))^2 + \mathsf{Var}\left[Y_i\right]\right]^2 \\ &= \|\boldsymbol{\mu}-\boldsymbol{\mu}^*\|^2 + \sum_{i=1}^n \mathsf{Var}\left[Y_i\right] = D^2 + n\sigma^2\end{aligned}$$

인데 이는 (7.16) 을 보여준다.

사차로 식 (7.6), 피타고라스 정리 (2.6) 에 따라

$$\|\boldsymbol{Y}-\boldsymbol{\mu}^*\|^2 = \|\boldsymbol{Y}-\hat{\boldsymbol{\mu}}\|^2 + \|\hat{\boldsymbol{\mu}}-\boldsymbol{\mu}^*\|^2$$

이므로 식들 (7.15), (7.16) 을 추가로 적용하면

$$\begin{aligned}\mathsf{E}\left[\|\boldsymbol{Y}-\hat{\boldsymbol{\mu}}\|^2\right] &= \mathsf{E}\left[\|\boldsymbol{Y}-\boldsymbol{\mu}^*\|^2\right] - \mathsf{E}\left[\|\hat{\boldsymbol{\mu}}-\boldsymbol{\mu}^*\|^2\right] = \left(D^2+n\sigma^2\right) - p\sigma^2 \\ &= D^2 + (n-p)\sigma^2.\end{aligned}$$

따라서 (7.17) 이 성립한다. □

7.5 복잡도 결정

선형방법론을 포함한 최근 통계학에서 중요한 주제 중의 하나는 모형 복잡도를 결정하는 문제인데 기저추정량의 복잡도는 차원 또는 자유도 p 이다. 추정량의 성능을 평가하는 기준이 추정대상 함수에 의존한다면 실제 데이터를 통해 그 값을 추정 후 모형의 복잡도를 결정하는 것이 소위 데이터-주도 복잡도 결정 방법이다.

성능평가 기준으로서 잔차제곱합 (7.3) 은 일반적으로 p 가 커지면 줄어들게 된다는 점과, 추정에 사용된 훈련데이터가 평가에 사용된다는 점에서 추정량의 성능평가 기준으로 사용하는 데에 문제가 있다.

추정량의 성능평가 기준으로 널리 사용되는 것이 평균제곱오차인데 자유도가 p 인 기저추정량 $\hat{\mu}(\cdot)$ 의 MSE 는 다음과 같다.

$$\mathsf{MSE}\left[\hat{\mu}(\cdot)\right] = \mathsf{E}\left[\sum_{i=1}^n (\hat{\mu}(\boldsymbol{x}_i)-\mu(\boldsymbol{x}_i))^2\right] = \mathsf{E}\left[\|\hat{\boldsymbol{\mu}}-\boldsymbol{\mu}\|^2\right]$$

최적 복잡도는 여러 자유도에 대해 $\mathsf{MSE}\left[\hat{\mu}(\cdot)\right]$ 들을 구하고 이들 중에서

최소인 추정량의 자유도 p^* 로 정의한다.

모형선택 기준들은 최적 모형 복잡도 p^* 추정을 위한 제반 노력에서 나온다. $\mathsf{MSE}\left[\hat{\mu}(\cdot)\right]$ 에 대한 불편추정량 중의 하나가 C_p-기준인데 이는 다음으로 정의된다.

$$C_p = \sum_{i=1}^{n} (Y_i - \hat{\mu}(\boldsymbol{x}_i))^2 + (2p-n)\hat{\sigma}^2 = \|\boldsymbol{Y} - \hat{\boldsymbol{\mu}}\|^2 + (2p-n)\hat{\sigma}^2$$

여기서 $\hat{\sigma}^2$ 는 σ^2 의 불편추정량이다. C_p-기준은 MSE 의 불편추정량이 되는데 기호로는 다음과 같다.

$$\mathsf{E}\left[C_p\right] = \mathsf{MSE}\left[\hat{\mu}(\cdot)\right] \tag{7.19}$$

이를 이용하여 $\mathsf{MSE}\left[\hat{\mu}(\cdot)\right]$ 를 최소로하는 p^* 에 대한 추정량으로

$$\hat{p} = \underset{1 \le p \le q}{\operatorname{argmin}}\, C_p$$

을 사용한다. 여기서 q 는 p 값을 고려하는 범위를 나타낸다. C_p 가 데이터로 계산가능하므로 $\hat{p}$ 을 계산하는 것은 데이터-주도 복잡도 선택 방법이 된다.

7.6 연습문제

7.1 $\mathcal{F}$ 는 $\mathcal{X} = [0,1]$ 위 함수들의 집합, $\mathcal{G}$ 는 $\mathcal{X}$ 위 이차식들의 집합이라 하자. 다음을 보이시오.

1. $g_0(x) = 1, g_1(x) = x, g_2(x) = x^2$ 에 대해 $\mathcal{B} = \{g_0, g_1, g_2\}$ 라 하면 $\mathcal{G} = \mathrm{Span}\{\mathcal{B}\}$ 이다.
2. $\mathcal{G}$ 가 $\mathcal{F}$ 의 부분공간이다.
3. 서로 다른 세 점 $x_1, x_2, x_3 \in \mathcal{X}$ 에 대해 행렬 $A = \begin{bmatrix} 1 & x_1 & x_1^2 \\ 1 & x_2 & x_2^2 \\ 1 & x_2 & x_3^2 \end{bmatrix}$ 이 가역이다.
4. $\mathcal{B}$ 는 선형독립이다.
5. $\dim \mathcal{G} = 3$

7.2 $\mathcal{X} = [0,1]^M$ 라 할 때 $\mathcal{X}$ 를 위 아핀변환 집합 $\mathcal{G}$ 은 다음으로 정의되는 함수 g 들의 집합이다.

$$g(\boldsymbol{x}) = b_0 + b_1 x_1 + \cdots + b_M x_M, \quad \boldsymbol{x} = (x_1, \ldots, x_M)$$

다음을 보이시오.

1. 함수들 $g_0(\boldsymbol{x}) = 1, g_1(\boldsymbol{x}) = x_1, \ldots, g_M(\boldsymbol{x}) = x_M, \boldsymbol{x} = (x_1, \ldots, x_M)$ 로 구성된 집합을 $\mathcal{B}$ 라 하면 $\mathcal{G} = \text{Span}\{\mathcal{B}\}$ 이다.
2. $\mathcal{B}$ 는 선형독립이다.
3. $\mathcal{G}$ 의 차원이 $M+1$ 이다.

7.3 $\mathcal{X} = \{1, \ldots, L\}$ 위 모든 함수들의 집합을 $\mathcal{G}$, $1 \le l \le L$에 대해 I_l 를 $I_l(x) = \text{ind}(x = l), x \in \mathcal{X}, \mathcal{B} = \{I_1, \ldots, I_L\}$ 라 할 때 다음을 보이시오.

1. $\mathcal{G} = \text{Span}\{\mathcal{B}\}$
2. $\mathcal{B}$ 는 선형독립이다.
3. $\dim \mathcal{G} = L$

7.4 벡터화 연산과 식별가능성에 대해 다음을 보이시오.

1. 선형공간 $\mathcal{F}$ 의 영함수 0 애 대한 벡터화는 $\mathbb{R}^n$ 의 영벡터 $\mathbf{0}_n$ 이다.
2. 실수 a, b 에 대해 다음이 성립한다.

$$\overrightarrow{ag + bh} = a\vec{g} + b\vec{h}$$

3. 식 (7.1) 이 성립한다.
4. 설계집합 $\mathcal{D}$ 위 영함수 g 는 조건 $g(\boldsymbol{x}_i') = 0, i = 1, \ldots, n'$ 을 만족하는 함수이다.
5. $\mathcal{X}$ 위 영함수는 $\mathcal{D}$ 위 영함수이다.
6. $\vec{g} = \mathbf{0}_n$ 과 $g(\boldsymbol{x}_j') = 0, \boldsymbol{x}_j' \in \mathcal{D}$ 는 같은 조건이다.
7. 식별가능성과 "설계집합 $\mathcal{D}$ 위 영함수는 $\mathcal{X}$ 위 영함수로 유일하면 부분공간 $\mathcal{G}$ 은 식별가능하다" 는 말은 같다.

8. $\mathcal{G}$ 의 식별가능성과 다음 조건은 같다.

$$\vec{g} = \vec{h} \Rightarrow g = h$$

7.5 $\mathcal{G}$ 는 집합 $\mathcal{B} = \{g_1, \ldots, g_p\}$ 의 생성이고 $\mathcal{B}$ 에 대한 설계행렬은 G 이다. 식별가능성 관련하여 $\mathcal{B}$ 가 선형독립이라는 가정없이 다음을 보이시오.

1. $\text{rank}(G) \leq \dim \mathcal{G}$
2. $\mathcal{G}$ 의 식별가능성과 조건 '$\text{rank}(G) = \dim \mathcal{G}$' 은 같다.
3. $\mathcal{G}$ 가 식별가능하면 $\dim \mathcal{G} \leq n'$ 임을 보이시오.
4. $\mathcal{G}$ 가 식별가능하면 $\mathcal{B}$ 의 벡터화 집합 $\{\vec{g_1}, \ldots, \vec{g_p}\}$ 은 열공간 S 의 기저이다.

7.6 입력공간을 $\mathcal{X} = \mathbb{R}$, K 개의 매듭점들을 $-\infty < t_1 < \cdots < t_K < \infty$ 이라 하고 각 부분구간에 한 개 이상의 설계점이 존재한다고 가정한다.

1. 상수스플라인 기저 $g_k(x) = \text{ind}(x \in I_k)$ 들이 선형독립이다.
2. 집합 $\mathcal{G} = \text{Span}\{g_0, g_1, \cdots g_K\}$ 은 상수스플라인 집합이다.
3. $\dim \mathcal{G} = K + 1$ 이다.
4. $\mathcal{G}$ 는 식별가능하다.
5. 설계행렬 G 이 최대순위이다.
6. 문제 7.6 의 함수들 g_k 을 이용하여 $\hat{\mu}(\cdot) = \sum_{k=0}^{K} \hat{\beta}_k g_k$ 로 표현할 때 계수들 $\hat{\beta}_k$ 을 구체적으로 구하시오.
7. 함수들 $u_0, \ldots, u_K$ 을 구체적으로 구하시오.
8. $\hat{\mu}(\cdot) = \sum_{k=0}^{K} Z_k u_k$ 로 표현할 때 정준형식 Z_k 을 구체적으로 구하시오.
9. $\hat{\beta}_k$ 의 기댓값과 분산을 구하시오.
10. Z_k 의 기댓값과 분산을 구하시오.
11. 최제근사 $\mu^*(\cdot) = \sum_{k=0}^{K} \beta_k^* g_k = \sum_{k=0}^{K} \xi_k u_k$ 의 계수들 β_k^*, 정준모수들 ξ_k 을 구체적으로 구하시오.

12. $x_0 \in \mathbb{R}$ 에 대해 $\hat{\mu}(x_0)$ 의 기댓값과 분산을 구체적으로 구하고 기대예측오차 $\mathsf{E}[Y - \hat{\mu}(x_0)]^2$ 와 평균제곱오차 $\mathsf{E}[\mu(x_0) - \hat{\mu}(x_0)]^2$ 을 구체적으로 구하시오.

7.7 입력공간을 $\mathcal{X} = \mathbb{R}$, K 개의 매듭점들을 $-\infty < t_1 < \cdots < t_K < \infty$ 이라 하고 각 부분구간에 두 개 이상의 설계점이 존재한다고 가정한다. 일차스플라인들에 대해 다음을 보이시오.

1. $g_0(x) = 1, g_{-1}(x) = x, g_k(x) = (x - t_k)_+, 1 \le k \le K$ 라 하면 집합 $\mathcal{B} = \{g_0, g_{-1}, g_1, \ldots, g_K\}$ 들이 선형독립이다.
2. 집합 $\mathcal{G} = \mathrm{Span}\{\mathcal{B}\}$ 은 상수스플라인 집합이다.
3. $\dim \mathcal{G} = K + 2$ 이다.
4. $\mathcal{G}$ 는 식별가능하다.
5. 설계행렬 G 가 최대순위이다.

7.8 입력공간이 $\mathcal{X} = [a, b]$ 라 하고 K 개의 매듭점들은 $a < t_1 < \cdots < t_K < b$ 이라 하자. 일차 스플라인들에 대한 설계행렬 G 이 최대순위일 때 다음 물음에 답하시오.

1. 일차 스플라인 추정량 $\hat{\mu}(\cdot)$ 의 성능을 $\mathrm{MSE}[\hat{\mu}(\cdot)] = \mathsf{E}\left[\sum_{i=1}^{n} (\hat{\mu}(x_i) - \mu(x_i))^2\right]$ 으로 측정할 수 있는 이유를 설명하시오 (단, $p = K + 2$).
2. 매듭점의 개수 K 의 증감에 따라 '편향'으로 간주되는 $\|\mu(\cdot) - \mu^*(\cdot)\|^2$ 의 증감을 일반적으로 설명하시오.
3. 매듭점의 개수 K 의 증감에 따라 '분산'으로 간주되는 $p\sigma^2$ 의 증감을 설명하시오.
4. 성능평가 기준 $\mathrm{MSE}[\hat{\mu}(\cdot)]$ 을 최소로 하는 '이론적인 값' p^* 는 '편향'과 '분산'을 협상하에 결정된다는 말을 설명하시오.
5. C_p-기준으로 적절한 매듭점 수를 데이터 주도로 결정하는 방법을 설명하시오.
6. 정보기준 BIC로 적절한 매듭점 수를 데이터 주도로 결정하는 방법을 설명하시오.

부록

A

통계학 기본 사항들

이 장에서는 통계학 기본 사항들을 간략히 살펴보고자 하는데 참고문헌으로는 Bickel and Doksum [2015], Seber and Lee [2003], Stone [1996] 등이 있다.

A.1 기본 정의

표본공간 실험 experiment 결과들로 이루어진 집합이다.

확률변수 표본공간에서 정의된 실수값을 가지는 real-valued 실함수이다.

결합밀도함수 확률변수 Y가 벡터인 경우 확률벡터라 일컫는데 그 밀도함수를 결합밀도함수라 한다.

주변밀도함수 확률벡터 $(\boldsymbol{X}, \boldsymbol{Y}) \in \mathcal{X} \times \mathcal{Y} \subset \mathbb{R}^{m+n}$ 의 결합밀도함수를 f_{XY}라 하면 $\mathcal{X}$ 의 주변밀도함수는

$$f_X(\boldsymbol{x}) = \sum_{\boldsymbol{y} \in \mathcal{Y}} f_{XY}(\boldsymbol{x}, \boldsymbol{y}), \quad \boldsymbol{x} \in \mathcal{X}$$

로 정의되는데 연속형이면 적분으로 변경된다.

조건부밀도함수 확률벡터 $(\boldsymbol{X}, \boldsymbol{Y}) \in \mathcal{X} \times \mathcal{Y} \subset \mathbb{R}^{m+n}$ 에 대해 $\boldsymbol{X} = \boldsymbol{x}$ 일

때 $\boldsymbol{Y}$의 조건부밀도함수는

$$f_{Y|X}(\boldsymbol{y}|\boldsymbol{x}) = \frac{f_{XY}(\boldsymbol{x},\boldsymbol{y})}{f_X(\boldsymbol{x})}, \quad \boldsymbol{y} \in \mathcal{Y}$$

으로 정의하고 $f_{Y|X}(\cdot|\boldsymbol{x})$ 를 간단히 $\boldsymbol{x}$-조건부밀도함수라 부른다.

확률벡터들의 독립성 확률벡터 $(\boldsymbol{X},\boldsymbol{Y}) \in \mathcal{X} \times \mathcal{Y} \subset \mathbb{R}^{m+n}$ 에 대해 $f_{XY}(\boldsymbol{x},\boldsymbol{y}) = f_X(\boldsymbol{x})f_Y(\boldsymbol{y})$, $(\boldsymbol{x},\boldsymbol{y}) \in \mathcal{X} \times \mathcal{Y}$ 이면 $\boldsymbol{X}$와 $\boldsymbol{Y}$는 서로 독립이라고 한다.

확률행렬의 기대행렬 확률행렬 $\boldsymbol{T} \in \mathbb{R}^{m\times n}$ 의 기대행렬은 다음으로 정의한다.

$$\mathsf{E}[\boldsymbol{T}] = \begin{bmatrix} \mathsf{E}[T_{11}] & \dots & \mathsf{E}[T_{1n}] \\ \vdots & \ddots & \vdots \\ \mathsf{E}[T_{m1}] & \dots & \mathsf{E}[T_{mn}] \end{bmatrix} \in \mathbb{R}^{m\times n} \tag{A.1}$$

확률벡터의 공분산행렬 두 확률벡터들 $\boldsymbol{X} \in \mathbb{R}^m$ 와 $\boldsymbol{Y} \in \mathbb{R}^n$ 의 공분산행렬 $\mathsf{Cov}[\boldsymbol{X},\boldsymbol{Y}] \in \mathbb{R}^{m\times n}$ 은 확률벡터 $\boldsymbol{Y} \in \mathbb{R}^n$ 만의 공분산행렬 $\mathsf{Var}[\boldsymbol{Y}] \in \mathbb{R}^{n\times n}$ 은 각각

$$\mathsf{Cov}[\boldsymbol{X},\boldsymbol{Y}] = \mathsf{E}\left[(\boldsymbol{X} - \mathsf{E}[\boldsymbol{X}])(\boldsymbol{Y} - \mathsf{E}[\boldsymbol{Y}])^\top\right], \quad \mathsf{Var}[\boldsymbol{Y}] = \mathsf{Cov}[\boldsymbol{Y},\boldsymbol{Y}] \tag{A.2}$$

으로 정의한다.

조건부기댓값 함수 Y 가 실수값을 가질 때 Y 의 함수 $h(Y)$ 의 $\boldsymbol{x}$-조건부기댓값 함수는 다음으로 정의된다.

$$\mathsf{E}[h(\boldsymbol{Y})|\boldsymbol{X} = \boldsymbol{x}] = \sum_{\mathcal{Y}} h(\boldsymbol{y}) f_{Y|X}(y|\boldsymbol{x}), \quad \boldsymbol{x} \in \mathcal{X}$$

Y 가 연속형인 경우에는 적분으로 바뀐다.

조건부기댓값 함수 Y 가 실수값을 가질 때 Y 의 함수 $h(Y)$ 의 $\boldsymbol{X}$-조건부기댓값 $\mathsf{E}[h(\boldsymbol{Y})|\boldsymbol{X}]$ 은 $\boldsymbol{X}$ 의 함수인 확률변수로서 $\boldsymbol{X} = \boldsymbol{x}$ 으로 관측될 때 값 $\mathsf{E}[h(\boldsymbol{Y})|\boldsymbol{X} = \boldsymbol{x}]$ 을 가지는 확률변수이다.

조건부평균 함수 Y 가 실수값을 가질 때 조건부평균 함수 $\mu(\cdot)$ 는 회귀함

수라 일컫는데 이는 다음으로 정의된다.

$$\mu(\boldsymbol{x}) = \mathsf{E}[Y|\boldsymbol{X}=\boldsymbol{x}] = \sum_{\mathcal{Y}} y f_{Y|\boldsymbol{X}}(y|\boldsymbol{x}), \quad \boldsymbol{x} \in \mathcal{X}$$

조건부분산 함수 Y 가 실수값을 가질 때 조건부분산 함수는 $\sigma^2(\cdot)$ 으로 표현하며 이는 다음으로 정의된다.

$$\sigma^2(\boldsymbol{x}) = \mathsf{Var}[Y|\boldsymbol{X}=\boldsymbol{x}] = \sum_{\mathcal{Y}} (y-\mu(\boldsymbol{x}))^2 f_{Y|\boldsymbol{X}}(y|\boldsymbol{x}), \quad \boldsymbol{x} \in \mathcal{X}$$

연속형인 경우에는 적분으로 바뀐다.

A.2 분포의 재표현

A.2.1. *가역행렬 A 에 대해 $\boldsymbol{Y} = A\boldsymbol{X} + \boldsymbol{b}$ 라면 $f_{\boldsymbol{Y}}(\boldsymbol{y}) = \frac{1}{|\det A|} f_{\boldsymbol{X}}\left(A^{-1}(\boldsymbol{y}-\boldsymbol{b})\right)$ 이며 $f_{\boldsymbol{X}}(\boldsymbol{x}) = |\det A| f_{\boldsymbol{Y}}(A\boldsymbol{x}+\boldsymbol{b})$ 이다.*

증명. $\boldsymbol{y} = \boldsymbol{h}(\boldsymbol{x}) = A\boldsymbol{x} + \boldsymbol{b}$ 의 자코비안Jacobian은 $\det A$ 이고 $\boldsymbol{x} = \boldsymbol{g}(\boldsymbol{y}) = A^{-1}(\boldsymbol{y}-\boldsymbol{b})$ 의 자코비안은 다음과 같다.

$$\det(A^{-1}) = \frac{1}{\det A}$$

A.2.2. *확률변수들 $Y_1, \ldots, Y_n$ 이 서로 독립이며 같은 분포 $\mathcal{N}(0,1)$ 에 따르는 경우 확률변수 $\sum_{i=1}^{n} Y_i^2$ 의 분포는 자유도 n 인 카이제곱분포 χ_n^2 에 따른다.*

A.2.3. *$Y_1, \ldots, Y_n$ 가 독립인 $\mathcal{N}(\mu_i, 1)$ 인 확률변수들이라 한다. 확률변수 $\sum_{i=1}^{n} Y_i^2$ 는 비중심모수가 $\delta^2 = \sum_{i=1}^{n} \mu_i^2$ 인 비중심카이제곱분포 $\chi_n^2(\delta^2)$ 에 따른다.*

A.2.4. *확률변수들 Z와 V가 서로독립이며 각각 $\mathcal{N}(0,1)$ 와 χ_n^2 에 따를 때, $T = \frac{Z}{\sqrt{V/n}}$ 으로 정의된 확률변수 T 는 자유도 n인 티분포 $\mathcal{T}_n$ 에 따른다.*

A.2.5. *확률변수들 V 와 W 가 서로독립이며 각각 χ_m^2 와 χ_n^2 에 따른다고 하자. 확률변수 $S = \frac{V/m}{W/n}$ 는 자유도 (m,n) 인 에프분포 $\mathcal{F}_{m,n}$ 에 따른다.*

A.2.6. *확률변수들 V 와 W 가 독립이며 $V \sim \chi_m^2(\delta^2)$ 이고 $W \sim \chi_n^2$ 이면, $S = \frac{V/m}{W/n}$ 는 비중심모수가 δ^2 인 비중심에프분포 $\mathcal{F}_{m,n}(\delta^2)$ 에 따른다.*

A.3 행렬분해를 이용한 최제 문제 해결

이 절에서는 설계행렬 G 가 최대순위가 아니라 순위가 $r \leq p$ 일 때 특잇값분해와 큐알분해를 이용하여 최제적합를 구한다. 설계행렬이므로 $n \geq p$ 라는 가정은 유효하다.

설계행렬의 기본공간

설계행렬 G 에 의해 결정되는 네 기본공간들은 설계행렬의 행공간 $\mathsf{RS}(G)$, 영공간 $\mathsf{NS}(G)$, 열공간 $\mathsf{CS}(G)$ 들과 행렬 $G^\top$ 의 $\mathsf{NS}(G^\top)$ 를 말하는데 행벡터들은 열벡터 표기 방식을 따르기로 한다. 중요한 성질들을 나열하면 다음과 같다.

1. $r = \mathsf{rank}(G) = \dim \mathsf{RS}(G) = \dim \mathsf{CS}(G)$
2. $p = \dim \mathsf{CS}(G) + \dim \mathsf{NS}(G) = r + s$
3. 직교행렬 $\tilde{V} = \begin{bmatrix} V & V_1 \end{bmatrix} \in \mathbb{R}^{p \times p}$ 이 존재해서 $\mathsf{RS}(G) = \mathsf{CS}(V) = \mathrm{Span}\{\boldsymbol{v}_1, \ldots, \boldsymbol{v}_r\}$, $\mathsf{NS}(G) = \mathsf{CS}(V_1) = \mathrm{Span}\{\boldsymbol{v}_{r+1}, \ldots, \boldsymbol{v}_p\}$
4. 직교행렬 $\tilde{U} = \begin{bmatrix} U & U_1 \end{bmatrix} \in \mathbb{R}^{n \times n}$ 이 존재해서 $\mathsf{CS}(G) = \mathsf{CS}(U) = \mathrm{Span}\{\boldsymbol{u}_1, \ldots, \boldsymbol{u}_r\}$, $\mathsf{NS}(G^\top) = \mathsf{CS}(U_1) = \mathrm{Span}\{\boldsymbol{u}_{r+1}, \ldots, \boldsymbol{u}_n\}$
5. $\mathbb{R}^p = \mathsf{RS}(G) \oplus \mathsf{NS}(G)$
6. $\mathbb{R}^n = \mathsf{CS}(G) \oplus \mathsf{NS}(G^\top)$

특잇값분해와 최제적합

B.5.1 에 따라 일반형 SVD $G = \tilde{U}\tilde{D}\tilde{V}^\top$ 를 구하고 반응벡터 $\boldsymbol{y}$ 의 정준형식 벡터를 $\boldsymbol{z} = \tilde{U}^\top \boldsymbol{y}$, 계수벡터 $\boldsymbol{b}$ 에 대해 $\boldsymbol{c} = \tilde{V}^\top \boldsymbol{b}$, 잔차제곱합을 $\mathrm{RSS}(\boldsymbol{b}) = \|\boldsymbol{y} - G\boldsymbol{b}\|^2$ 라 한다.

가정에 따라 $\mathsf{rank}(G) = r$ 이므로 $d_1 \geq \cdots \geq d_r > 0 = d_{r+1} = \cdots = d_p$ 이다. 특잇값분해 성질에 따라

$$\|\boldsymbol{y} - G\boldsymbol{b}\|^2 = \left\|\tilde{U}^\top \left(\boldsymbol{y} - \tilde{U}\tilde{D}\tilde{V}^\top \boldsymbol{b}\right)\right\|^2 = \|\boldsymbol{z} - \tilde{D}\boldsymbol{c}\|^2 = \sum_{j=1}^{r} (z_j - d_j c_j)^2 + \sum_{j=r+1}^{n} z_j^2$$

이므로 잔차제곱합을 최소로 하는 벡터 $\tilde{\boldsymbol{c}} = (z_1/d_1, \ldots, z_r/d_r, c_{r+1}, \ldots, c_p)$ 인데 $c_{r+1}, \ldots, c_p$ 들은 맘대로 선택할 수 있다. 이때 최제적합는

$$\hat{\boldsymbol{y}} = G\tilde{\boldsymbol{b}} = \tilde{U}\tilde{D}\tilde{V}^\top \tilde{\boldsymbol{b}} = \sum_{j=1}^{r} d_j \boldsymbol{u}_j \boldsymbol{v}_j^\top \tilde{\boldsymbol{c}} = \sum_{j=1}^{r} d_j \boldsymbol{u}_j (z_j/c_j) = \sum_{j=1}^{r} z_j \boldsymbol{u}_j$$

으로 유일하게 정해진다. 한편 최제해의 일반 형태는 $\tilde{\boldsymbol{b}} = \tilde{V}\tilde{\boldsymbol{c}} = \sum_{j=1}^{n} \tilde{c}_j \boldsymbol{v}_j$ 이므로 다음이 성립한다.

$$G\tilde{\boldsymbol{b}} = \sum_{j=1}^{n} d_j \boldsymbol{u}_j \boldsymbol{v}_j^\top \tilde{\boldsymbol{c}} = \sum_{j=1}^{r} d_j \boldsymbol{u}_j (z_j/d_j) = \hat{\boldsymbol{y}},$$

$$\|\tilde{\boldsymbol{b}}\|^2 = \sum_{j=1}^{n} \tilde{c}_j^2 = \sum_{j=1}^{r} (z_j/d_j)^2 + \sum_{j=r+1}^{n} c_j^2 \geq \sum_{j=1}^{r} \hat{b}_j^2$$

간결 특잇값분해 (B.1) 은 $G = UDV^\top = \sum_{j=1}^{r} d_j \boldsymbol{u}_j \boldsymbol{v}_j^\top$ 인데 $D = \mathrm{diag}(d_1, \ldots, d_r) \in \mathbb{R}^{r \times r}$, $U = \begin{bmatrix} \boldsymbol{u}_1 & \ldots & \boldsymbol{u}_r \end{bmatrix}$, $V = \begin{bmatrix} \boldsymbol{v}_1 & \ldots & \boldsymbol{v}_r \end{bmatrix}$ 이다. 이를 이용하면 다음이 성립한다.

$$\hat{\boldsymbol{y}} = UU^\top \boldsymbol{y}, \quad \hat{\boldsymbol{b}} = VD^{-1}U^\top \boldsymbol{y}$$

큐알분해와 최제적합

행공간 $\mathrm{RS}(G)$ 의 직정기저 $\{\boldsymbol{v}_1, \ldots, \boldsymbol{v}_r\}$ 와 영공간 $\mathrm{NS}(G)$ 의 직정기저 $\{\boldsymbol{v}_{r+1}, \ldots, \boldsymbol{v}_p\}$ 를 구한 후 직교행렬 $\tilde{V} = \begin{bmatrix} V & V_1 \end{bmatrix} \in \mathbb{R}^{p \times p}$ 을 정하면 벡터들 $\boldsymbol{w}_j = G\boldsymbol{v}_j$ 로 구성된 집합 $\{\boldsymbol{w}_1, \ldots, \boldsymbol{w}_r\}$ 은 $\mathrm{CS}(G)$ 의 기저가 된다. 행렬 G 의 선형독립인 열벡터 r 개를 찾아 그람-슈미트 과정으로 직정화한 벡터들을 $\boldsymbol{u}_1, \ldots, \boldsymbol{u}_r$ 이라 하고 $W = \begin{bmatrix} \boldsymbol{w}_1 & \ldots & \boldsymbol{w}_r \end{bmatrix}$ 라 하면 $W = UR$ 를 만족하는 가역인 기저 변환 행렬 $R \in \mathbb{R}^{r \times r}$ 이 존재한다.

계수벡터 $\boldsymbol{b} = \boldsymbol{b}_0 + \boldsymbol{b}_1$, $\boldsymbol{b}_0 \in \mathrm{RS}(G)$, $\boldsymbol{b}_1 \in \mathrm{NS}(G)$ 가 주어지면

$$G\boldsymbol{b} = G\boldsymbol{b}_0 = W\boldsymbol{c}_0 = UR\boldsymbol{c}_0$$

을 만족하는 벡터 $\boldsymbol{c}_0 \in \mathbb{R}^r$ 가 존재한다. 직교행렬 $\tilde{U} = \begin{bmatrix} U & U_1 \end{bmatrix}$ 을

구하고 $\tilde{R} = \begin{bmatrix} R \\ \mathbf{0} \end{bmatrix}$ 라 하면 $\tilde{U}\tilde{R} = UR$ 이므로

$$\begin{aligned} \|\boldsymbol{y} - G\boldsymbol{b}\|^2 &= \left\|\tilde{U}^\top (\boldsymbol{y} - G\boldsymbol{b})\right\|^2 = \|\boldsymbol{z} - \tilde{R}\boldsymbol{c}_0\|^2 = \left\| \begin{bmatrix} \boldsymbol{z}_0 - R\boldsymbol{c}_0 \\ \boldsymbol{z}_1 \end{bmatrix} \right\|^2 \\ &= \|\boldsymbol{z}_0 - R\boldsymbol{c}_0\|^2 + \|\boldsymbol{z}_1\|^2 \geq \|\boldsymbol{z}_1\|^2 \end{aligned}$$

이 성립하는데 등호는 $\hat{\boldsymbol{c}}_0 = R^{-1}\boldsymbol{z}_0$ 일 때 성립한다. 최제해 일반 형태는 $\tilde{\boldsymbol{b}} = V\hat{\boldsymbol{c}}_0 + V_1\boldsymbol{c}_1$, $\boldsymbol{c}_1 \in \mathbb{R}^s$ 인데 이로써 정해지는 최제적합은

$$\boldsymbol{y} = G\tilde{\boldsymbol{b}} = GV\hat{\boldsymbol{c}}_0 = URR^{-1}\boldsymbol{z}_0 = UU^\top \boldsymbol{y}$$

로 유일하며 $\hat{\boldsymbol{b}} = V\hat{\boldsymbol{c}}_0$ 라 하면

$$\|\tilde{\boldsymbol{b}}\|^2 = \|V\hat{\boldsymbol{c}}_0\|^2 + \|V_1\boldsymbol{c}_1\|^2 \geq \|\hat{\boldsymbol{b}}\|^2$$

이므로 $\hat{\boldsymbol{b}}$ 는 길이가 최소인 최제해이다.

A.4 내적공간에서 기저추정량

내적공간 이론을 이용하면 기저추정량의 성질 규명에 다소 복잡한 행렬연산을 사용하지 않아도 된다. 이 절의 접근방식은 최적예측과 최적선형예측 문제들에도 적용가능하다.

예측벡터 관측값들 $\boldsymbol{x}_1, \ldots, \boldsymbol{x}_n$ 에 대해 예측공간 $\mathcal{X}$ 위 함수들 집합 $\mathcal{F}$ 위 내적과 길이는 다음으로 정의한다.

$$\langle f, g \rangle = \sum_{i=1}^{n} f(\boldsymbol{x}_i) g(\boldsymbol{x}_i), \quad \|f\| = \sqrt{\langle f, f \rangle}, \quad f, g \in \mathcal{F}$$

설계집합을 $\mathcal{D} = \{\boldsymbol{x}'_1, \ldots, \boldsymbol{x}'_{n'}\}$ 라 하고 $\boldsymbol{x}'_j \in \mathcal{D}$ 에 대해 예측벡터 관측값들 중에서 $\boldsymbol{x}'_j$ 과 같은 벡터의 개수를 $n_j = \#\left\{\boldsymbol{x}_i : \boldsymbol{x}_i = \boldsymbol{x}'_j\right\}$ 로 나타내면 $\langle f, g \rangle = \sum_{\boldsymbol{x}'_j \in \mathcal{D}'} n_j f(\boldsymbol{x}'_j) g(\boldsymbol{x}'_j)$ 이다.

7 장의 기호와 정의에 따라 식별가능한 부분공간 $\mathcal{G}$ 이 선형독립인 집합 $\mathcal{B}$ 로 생성되었다고 가정한다. 지금부터 선형공간 $\mathcal{F}$ 의 일반 원소 f 로, 부분공간 $\mathcal{G}$ 의 일반 원소는 g 로 , $\mathcal{X}$ 위 영함수는 0 으로 나타낸다.

A.4.1. *$\|g\| = 0$ 이면 $g = 0$ 이다.*

증명 $\|g\| = 0$ 이면 그 벡터화는 $\vec{g} = \mathbf{0}_n$ 이다. 그런데 $\mathcal{G}$ 가 식별가능하므로 $g = 0$. □

잔차제곱합 $\mathrm{RSS}(g) = \sum_{i=1}^{n} (Y_i - g(\boldsymbol{x}_i))^2$ 을 최소화하는 문제를 고려하자. 이를 위해 $\mathcal{X}$ 위 반응함수 y 를 다음으로 정의한다.

$$y(\boldsymbol{x}) = \begin{cases} \dfrac{1}{n_j} \displaystyle\sum_{\boldsymbol{x}_i = \boldsymbol{x}'_j} Y_i & (\boldsymbol{x} = \boldsymbol{x}'_j \in \mathcal{D} \text{ 일 때}) \\ 0 & (\boldsymbol{x} \notin \mathcal{D} \text{ 일 때}) \end{cases}$$

다시 말해 $y(\boldsymbol{x}'_j)$ 는 대응하는 예측벡터 관측값 $\boldsymbol{x}_i$ 이 $\boldsymbol{x}'_j$ 과 같은 Y_i 들의 평균이다.

A.4.2. *잔차제곱합 최소화 문제는 $\|y - g\|^2$ 의 최소화 문제와 같다.*

증명 먼저 다음을 주목한다.

$$\begin{aligned}
\mathrm{RSS}(g) &= \sum_{i=1}^{n} (Y_i - g(\boldsymbol{x}_i))^2 = \sum_{\boldsymbol{x}'_j \in \mathcal{D}} \sum_{\boldsymbol{x}_i = \boldsymbol{x}'_j} (Y_i - y(\boldsymbol{x}_i) + y(\boldsymbol{x}_i) - g(\boldsymbol{x}_i))^2 \\
&= \sum_{\boldsymbol{x}'_j \in \mathcal{D}} \sum_{\boldsymbol{x}_i = \boldsymbol{x}'_j} \Big[(Y_i - y(\boldsymbol{x}_i))^2 + (y(\boldsymbol{x}_i) - g(\boldsymbol{x}_i))^2 + 2\,(Y_i - y(\boldsymbol{x}_i))\,(y(\boldsymbol{x}_i) - g(\boldsymbol{x}_i)) \Big] \\
&= \sum_{\boldsymbol{x}'_j \in \mathcal{D}} \sum_{\boldsymbol{x}_i = \boldsymbol{x}'_j} (Y_i - y(\boldsymbol{x}_i))^2 + \|y - g\|^2 + 2 \sum_{\boldsymbol{x}'_j \in \mathcal{D}} \sum_{\boldsymbol{x}_i = \boldsymbol{x}'_j} (Y_i - y(\boldsymbol{x}_i))\,(y(\boldsymbol{x}_i) - g(\boldsymbol{x}_i))
\end{aligned}$$

위 식의 첫째 항은 g 와 무관하므로 원하는 결과는 다음에 따른다.

$$\begin{aligned}
&\sum_{\boldsymbol{x}'_j \in \mathcal{D}} \sum_{\boldsymbol{x}_i = \boldsymbol{x}'_j} (Y_i - y(\boldsymbol{x}_i))\,(y(\boldsymbol{x}_i) - g(\boldsymbol{x}_i)) \\
&= \sum_{\boldsymbol{x}'_j \in \mathcal{D}} \Big(y(\boldsymbol{x}'_j) - g(\boldsymbol{x}'_j) \Big) \sum_{\boldsymbol{x}_i = \boldsymbol{x}'_j} (Y_i - y(\boldsymbol{x}_i)) = \sum_{\boldsymbol{x}'_j \in \mathcal{D}} \Big(y(\boldsymbol{x}'_j) - g(\boldsymbol{x}'_j) \Big) \times 0 = 0
\end{aligned}$$

□

알고리즘 A.1 을 이용하여 $\mathcal{G}$ 의 직정기저 $\{u_1, \ldots, u_p\}$ 를 구할 수 있다.

알고리즘 A.1. 선형독립인 함수들 $g_1, \ldots, g_p \in \mathcal{F}$ 에 대해 $\hat{g}_1 = 0$, $r_1 = g_1$,

$u_1 = r_1/\|r_1\|$ 로 초기화 한 후 $j = 2, \ldots, p$ 에 대해 다음을 계산한다.

$$\hat{g}_j = \sum_{i=1}^{j-1} \langle g_j, u_i \rangle u_i, \quad r_j = g_j - \hat{g}_j, \quad u_j = \frac{r_j}{\|r_j\|}$$

직정벡터들 $u_1, \ldots, u_p$ 이 얻어진다.

모든 $f \in \mathcal{F}$ 의 $\mathcal{G}$ 위 정사영을 $\Pi_{\mathcal{G}}[f]$ 로 표현하면 $\Pi_{\mathcal{G}}[f]$ 는 다음을 만족하는 함수로 정의한다.

$$\Pi_{\mathcal{G}}[f] \in \mathcal{G}, \quad \langle g, f - \Pi_{\mathcal{G}}[f] \rangle, \quad g \in \mathcal{G}$$

A.4.3. *f 의 $\mathcal{G}$ 위 정사영은 $\Pi_{\mathcal{G}}[f] = \sum_{j=1}^{p} \langle u_j, f \rangle u_j$ 로 유일하다.*

증명 $\Pi_{\mathcal{G}}[f] \in \mathcal{G}$ 는 자명하고 직정성을 이용하면

$$\langle u_k, f - \Pi_{\mathcal{G}}[f] \rangle = \left\langle u_k, f - \sum_{j=1}^{p} \langle u_j, f \rangle u_j \right\rangle = \langle u_k, f \rangle - \langle u_k, f \rangle = 0$$

이고 $\mathcal{G} = \text{Span}\{u_1, \ldots, u_p\}$ 이므로 $f - \Pi_{\mathcal{G}}[f] \perp S$ 이다. 이제 유일성 증명을 위해 $\tilde{f}$ 가 정사영이라 하자. 먼저 $\tilde{f} \in S$ 이므로 $\tilde{f} = \sum_{j=1}^{p} a_j u_j$ 인 실수 a_j 들이 존재한다. 또한 $f - \tilde{f} \perp \mathcal{G}$ 이라는 조건을 만족하므로 다음이 성립한다.

$$0 = \langle u_k, f - \tilde{f} \rangle = \langle u_k, f \rangle - \left\langle u_k, \sum_{j=1}^{p} a_j u_j \right\rangle = \langle u_k, f \rangle - a_k$$

따라서 $\tilde{f} = \sum_{j=1}^{p} a_j u_j = \sum_{j=1}^{p} \langle u_k, f \rangle u_j = \Pi_{\mathcal{G}}[f]$ 이다. □

A.4.4 는 소위 피타고라스 정리이다.

A.4.4. $\|f - g\|^2 = \|f - \Pi_{\mathcal{G}}[f]\|^2 + \|\Pi_{\mathcal{G}}[f] - g\|^2$

증명 $\Pi_{\mathcal{G}}[f] - g \in \mathcal{G}$ 이므로 정사영 정의에 따라 다음이 성립한다.

$$\begin{aligned} \|f - g\|^2 &= \|f - \Pi_{\mathcal{G}}[f]\|^2 + \|\Pi_{\mathcal{G}}[f] - g\|^2 + 2\langle f - \Pi_{\mathcal{G}}[f], \Pi_{\mathcal{G}}[f] - g \rangle \\ &= \|f - \Pi_{\mathcal{G}}[f]\|^2 + \|\Pi_{\mathcal{G}}[f] - g\|^2 \end{aligned}$$

□

반응함수 y 와 그 거리가 최소인 $\mathcal{G}$ 의 원소를 최제적합이라 하고 이를 $\hat{\mu}(\cdot)$ 로 나타내는데 이는 반응함수 y 의 정준형식들 $Z_j = \langle u_j, y \rangle$,

$j = 1, \ldots, p$ 로 표현된다.

A.4.5. *잔차제곱합을 최소로 하는 $\mathcal{G}$ 의 원소는* $\hat{\mu}(\cdot) = \sum_{j=1}^{p} Z_j u_j$ *로 유일하다.*

증명 A.4.2 에 따라 잔차제곱합을 최소로 하는 최제적합은 $\|y - g\|^2$ 을 최소로 하는 원소이다. A.4.4 를 이용하면 $\|y - g\|^2 = \|y - \Pi_{\mathcal{G}}[y]\|^2 + \|\Pi_{\mathcal{G}}[y] - g\|^2 \geq \|y - \Pi_{\mathcal{G}}[y]\|^2$ 이므로 $\Pi_{\mathcal{G}}[y]$ 는 잔자제곱합을 최소화한다. 한편 등호는 $\|\Pi_{\mathcal{G}}[y] - g\|^2$ 일 때만 성립하는데 A.4.1 에 따라 $g = \Pi_{\mathcal{G}}[y]$ 일 때만 성립한다. 그런데 반응함수 y 의 $\mathcal{G}$ 위 정사영은 $\Pi_{\mathcal{G}}[y] = \sum_{j=1}^{p} Z_j u_j$ 이다. □

회귀함수 $\mu(\cdot)$ 와 그 거리가 최소인 $\mathcal{G}$ 의 원소를 최제근사라 하고 이를 $\mu^*(\cdot)$ 로 나타내는데 이는 $\mu(\cdot)$ 에 대한 정준모수를 $\xi_j = \langle u_j, \mu(\cdot) \rangle$, $j = 1, \ldots, p$ 로 표현된다.

A.4.6. $\|\mu(\cdot) - g\|^2$ *을 최소로 하는 $\mathcal{G}$ 의 원소는* $\mu^*(\cdot) = \sum_{j=1}^{p} \xi_j u_j$ *로 유일하다.*

증명 A.4.6 의 증명은 y 를 $\mu(\cdot)$ 로 대치한 후 A.4.5 의 증명 방법을 그대로 이용하면 된다. □

정리 A.1. $\mathsf{E}[\hat{\mu}(\cdot)] = \mu^*(\cdot)$

증명 $\mathsf{E}[Z_j] = \xi_j$ 이므로 다음이 성립한다.

$$\mathsf{E}[\hat{\mu}(\boldsymbol{x})] = \mathsf{E}\left[\sum_{j=1}^{p} Z_j u_j(\boldsymbol{x})\right] = \sum_{j=1}^{p} \mathsf{E}[Z_j]\, u_j(\boldsymbol{x}) = \sum_{j=1}^{p} \xi_j u_j(\boldsymbol{x}) = \mu^*(\boldsymbol{x}), \quad \boldsymbol{x} \in \mathcal{X}$$

□

회귀함수와 최제근사의 거리 D 는 $D = \|\mu(\cdot) - \mu^*(\cdot)\|$ 로 나타낸다. 그런데 $\hat{\mu}(\cdot) \in \mathcal{G}$ 이면 $\hat{\mu}(\cdot) = \mu^*(\cdot)$ 이므로 $D = 0$ 이다.

정리 A.2.

$$\sum_{i=1}^{n} \mathsf{Var}\,[\hat{\mu}(x_i)] = \mathsf{E}\left[\|\hat{\mu}(\cdot) - \mu^*(\cdot)\|^2\right] = p\sigma^2 \tag{A.3}$$

$$\mathsf{E}\left[\|\hat{\mu}(\cdot) - \mu(\cdot)\|^2\right] = D^2 + p\sigma^2 \tag{A.4}$$

$$\mathsf{E}\left[\|y - \mu^*(\cdot)\|^2\right] = D^2 + n\sigma^2 \tag{A.5}$$

$$\mathsf{E}\left[\|y - \hat{\mu}(\cdot)\|^2\right] = D^2 + (n-p)\sigma^2 \tag{A.6}$$

증명 일차로 A.1 을 이용하면

$$\begin{aligned}\sum_{i=1}^{n} \mathsf{Var}\,[\hat{\mu}(x_i)] &= \sum_{i=1}^{n} \mathsf{E}\left[(\hat{\mu}(x_i) - \mu^*(x_i))^2\right] = \mathsf{E}\left[\sum_{i=1}^{n} (\hat{\mu}(x_i) - \mu^*(x_i))^2\right] \\ &= \mathsf{E}\left[\|\hat{\mu}(\cdot) - \mu^*(\cdot)\|^2\right]\end{aligned}$$

이 성립하고 직정기저 연산에 따라

$$\mathsf{E}\left[\|\hat{\mu}(\cdot) - \mu^*(\cdot)\|^2\right] = \mathsf{E}\left[\sum_{j=1}^{p} (Z_j - \xi_j)^2\right] = \sum_{j=1}^{p} \mathsf{E}\left[(Z_j - \xi_j)^2\right] = p\sigma^2$$

이므로 (A.3) 을 얻는다.

이차로 피타고라스 정리 A.4.4, (A.3) 에 따라

$$\begin{aligned}\mathsf{E}\left[\|\hat{\mu}(\cdot) - \mu(\cdot)\|^2\right] &= \mathsf{E}\left[\|\hat{\mu}(\cdot) - \mu^*(\cdot)\|^2 + \|\mu(\cdot) - \mu^*(\cdot)\|^2\right] \\ &= \mathsf{E}\left[\|\hat{\mu}(\cdot) - \mu^*(\cdot)\|^2\right] + D^2\end{aligned}$$

이므로 (A.4) 가 성립한다.

삼차로 반응함수 y 의 정의, 평균제곱오차의 분해공식에 따라

$$
\begin{aligned}
&\mathsf{E}\left[\|y-\mu^*(\cdot)\|^2\right] = \mathsf{E}\left[\sum_{x'_j\in\mathcal{D}}\sum_{x_i=x'_j}(y(x_i)-\mu^*(x_i))^2\right]\\
&= \sum_{x'_j\in\mathcal{D}} n_j\,\mathsf{E}\left[y(x'_i)-\mu^*(x'_i)\right]^2\\
&= \sum_{x'_j\in\mathcal{D}} n_j\left(\left(\mathsf{E}\left[y(x'_j)\right]-\mu^*(x'_j)\right)^2+\mathsf{Var}\left[y(x'_j)\right]\right)\\
&= \sum_{x'_j\in\mathcal{D}} n_j\left(\left(\mu(x'_j)-\mu^*(x'_j)\right)^2+\frac{1}{n_j}\sum_{x_i=x'_j}\mathsf{Var}\left[Y_i\right]\right)\\
&= \|\mu(\cdot)-\mu^*(\cdot)\|^2+\sum_{x'_j\in\mathcal{D}}\sum_{x_i=x'_j}\sigma^2 = \|\mu(\cdot)-\mu^*(\cdot)\|^2+n\sigma^2
\end{aligned}
$$

이므로 (A.5) 가 증명된다.

사차로 피타고라스 정리 A.4.4 에 따라 $\|y-\mu^*(\cdot)\|^2 = \|y-\hat{\mu}(\cdot)\|^2 + \|\hat{\mu}(\cdot)-\mu^*(\cdot)\|^2$ 이므로 (A.4), (A.5) 를 추가로 적용하면

$$
\begin{aligned}
\mathsf{E}\left[\|y-\hat{\mu}(\cdot)\|^2\right] &= \mathsf{E}\left[\|y-\mu^*(\cdot)\|^2\right]-\mathsf{E}\left[\|\hat{\mu}(\cdot)-\mu^*(\cdot)\|^2\right]\\
&= \left(D^2+n\sigma^2\right)-p\sigma^2 = D^2+(n-p)\sigma^2
\end{aligned}
$$

을 얻을 수 있는데 이는 (A.6) 을 의미한다. □

B

수리적 기본 사항들

이 장에서는 행렬대수에 관한 기본 사항과 간단한 미분법에 대해 살펴본다. 벡터공간인 유클리드 공간 $\mathbb{R}^n$ 의 벡터들은 두꺼운체 알파벳 $\boldsymbol{g}, \boldsymbol{u}, \boldsymbol{v}, \boldsymbol{w}$ 등으로 나타내며 기호 $\mathbb{R}^{m\times n}$ 는 대문자로 표시하는 행렬들의 집합을 나타낸다. 특히 $\mathbb{R}^n$ 의 영벡터는 그 크기를 명시할 때는 $\mathbf{0}_n$ 으로 표시한다. 향후 별도의 언급이 없으면 모든 벡터와 행렬은 모든 성분이 실수인 벡터 또는 행렬이며 $A \in \mathbb{R}^{p\times p}$ 이고 $G \in \mathbb{R}^{n\times p}$ 라 가정한다. 참고문헌으로는 Halmos [1958], Golub and Loan [1989], Kim and Koo [2010], Rudin [1976], Seber and Lee [2003] 등이 있다.

B.1 용어와 기호 정리

생성 벡터공간 $\mathbb{R}^n$ 의 부분집합 W 의 생성은 W 에 속하는 벡터들의 선형결합들로 이루어진 집합으로 정의하고 $\mathrm{Span}\{W\}$ 로 나타낸다. W 가 행렬 G 의 열벡터들 집합이면 $\mathrm{Span}\{W\}$ 는 열공간 CSG 이다.

선형독립과 선형종속 벡터공간 $\mathbb{R}^n$ 의 부분집합 $W = \{\boldsymbol{w}_1, \ldots, \boldsymbol{w}_r\}$ 이 조건 "$c_1\boldsymbol{w}_1 + \cdots + c_r\boldsymbol{w}_r = \mathbf{0}_n$ 이면 $\boldsymbol{c} = \mathbf{0}_r$ 이다" 을 만족하면 W 는 선형독립이다. 이 조건을 만족하지 않으면 W 는 선형종속이다.

벡터와 부분공간의 직교 벡터 $\boldsymbol{v}$ 가 부분공간 S 에 속하는 모든 벡터들과 직교하면 벡터 $\boldsymbol{v}$ 와 부분공간 S 이 직교한다고 하며 $\boldsymbol{v} \perp S$ 라 쓴다.

부분공간들의 직교 부분공간 S_1 에 속하는 모든 벡터와 부분공간 S_2 에 속하는 모든 벡터들이 직교하면 S_1 과 S_2 가 직교한다고 하며 $S_1 \perp S_2$ 라 쓴다.

부분공간의 직교 여 부분공간들 S 의 직교 여 $S^\perp$ 는 S 에 속하는 벡터들과 수직인 벡터들의 집합이다.

부분공간들의 합 부분공간들 $S_1, \ldots, S_r$ 의 합은 $S_1 + \cdots + S_r$ 으로 쓰며 그 정의는 다음과 같다.

$$S_1 + \cdots + S_r = \{\boldsymbol{g}_1 + \cdots + \boldsymbol{g}_r : \boldsymbol{g}_j \in S_j\}$$

부분공간들의 직합 부분공간들 $S_1, \ldots, S_r$ 의 직합direct sum은 $S_1 \oplus \cdots \oplus S_r$ 으로 쓰며 그 정의는 다음과 같다.

$$S_1 \oplus \cdots \oplus S_r = \left\{\boldsymbol{g}_1 + \cdots + \boldsymbol{g}_r : \boldsymbol{g}_j \in S_j,\ \ \boldsymbol{g}_j^\top \boldsymbol{g}_k = 0,\ j \neq k\right\}$$

$\mathrm{diag}(d_1, \ldots, d_m)$ 행렬 $D = \mathrm{diag}(d_1, \ldots, d_m) \in \mathbb{R}^{n \times p}$ 은 $D_{ii} = d_i$, $i = 1, \ldots, m$ 이고 그 외의 원소들은 모두 0 인 행렬이다.

벡터의 m-길이 벡터 $\boldsymbol{v} \in \mathbb{R}^k$ 의 m-길이는 $\|\boldsymbol{v}\|_m$ 으로 표현하며 이는

$$\|\boldsymbol{v}\|_m = \left(\sum_{j=1}^{k} |v_j|^k\right)^{1/m},\ 1 \leq m < \infty, \quad \|\boldsymbol{v}\|_\infty = \max_{1 \leq j \leq k} |v_j|$$

으로 정의되는데 $m = 2$ 이면 $\|\cdot\| = \|\cdot\|_2$ 로 간략히 쓴다.

행렬의 프로베니우스 길이 행렬 G 의 프로베니우스Frobenius 길이는 $\|G\|_F$ 로 표현하며 이는 다음으로 정의된다.

$$\|G\|_F^2 = \sqrt{\mathrm{trace}(G^\top G)} = \sum_{i=1}^{n} \sum_{j=1}^{n} g_{ij}^2$$

행렬의 m-길이 행렬 G 의 m-길이는 $\|G\|_m$ 으로 표현하며 이는 다음으로 정의된다.

$$\|G\|_m = \sup_{\|\boldsymbol{b}\|_m = 1} \|G\boldsymbol{b}\|_m$$

행렬의 부호 대칭행렬 A 가 $\boldsymbol{x}^\top A\boldsymbol{x} \geq 0,\ \boldsymbol{x} \in \mathbb{R}^p$ 이면 A 는 양의 준정부호positive semi-definite 행렬이라 하며 $\boldsymbol{x}^\top A\boldsymbol{x} > 0,\ \boldsymbol{x} \neq \boldsymbol{0},\ \boldsymbol{x} \in \mathbb{R}^p$ 이면 A

는 양의 정부호 positive definite 행렬이라 한다.

SPD 행렬 A 가 대칭이며 양의 정부호이면 SPD 행렬이라 하는데 SPD 는 'symmetric positive definite' 의 약어이다.

argmin 'argmin' 은 함수를 최소로 하는 인자를 의미한다. 예컨대, 함수 $f(x) = (x-1)^2$ 를 최소로 하는 값은 $x = 1$ 이므로 $\text{argmin}_x f(x) = 1$ 이다. 한편, $f(x) = 1$이라 하면 $\text{argmin}_x f(x) = \mathbb{R}$ 으로 모든 x가 f를 최소로 한다.

크로넥커 Kronecker 델타 크로넥커 델타 함수 δ_{ij} 는 $i = j$ 이면 1 이고 그렇지 않으면 0 인 함수이다.

B.2 간단한 결과들

B.2.1. *부분공간 S 이 $\{\mathbf{0}\}$ 아닌 경우 S 는 기저를 가진다.*

증명. S 에 속하면서 그 개수 $p \geq 1$ 가 최대인 선형독립 벡터들의 집합 $\{\boldsymbol{g}_1, \ldots, \boldsymbol{g}_p\}$ 을 선택하고 $\boldsymbol{g} \in S$ 에 대해 $c_1\boldsymbol{g}_1 + \cdots + c_p\boldsymbol{g}_p + c_{p+1}\boldsymbol{g} = 0$ 라 가정한다. p 의 정의에 따라 $c_{p+1} = 0$ 이면 모순이 발생한다. 이로 부터 $\boldsymbol{g} = -(c_1/c_{p+1})\boldsymbol{g}_1 - \cdots - (c_p/c_{p+1})\boldsymbol{g}_p$ 이므로 $S = \text{Span}\{\boldsymbol{g}_1, \ldots, \boldsymbol{g}_p\}$.

B.2.2. *부분공간 $S = \text{Span}\{\boldsymbol{g}_1, \ldots, \boldsymbol{g}_p\}$ 의 차원이 r 이면 벡터들 $\boldsymbol{g}_1, \ldots, \boldsymbol{g}_p$ 중에서 선형독립인 벡터들의 개수는 r 이다.*

증명. 집합 $\{\boldsymbol{g}_1, \ldots, \boldsymbol{g}_p\}$ 의 부분집합 중에서 선형독립이면서 그 개수가 최대인 부분집합 $\{\boldsymbol{w}_1, \ldots, \boldsymbol{w}_k\}$ 을 선택하고 $\boldsymbol{g} \in S$ 에 대해 $c_1\boldsymbol{w}_1 + \cdots + c_k\boldsymbol{w}_k + c_{k+1}\boldsymbol{g} = 0$ 라 가정한다. k 의 정의에 따라 $c_{k+1} = 0$ 이면 모순이 발생한다. 이로 부터 $\boldsymbol{g} = -(c_1/c_{k+1})\boldsymbol{w}_1 - \cdots - (c_k/c_{k+1})\boldsymbol{w}_k$ 이므로 $S = \text{Span}\{\boldsymbol{w}_1, \ldots, \boldsymbol{w}_k\}$. 따라서 $\boldsymbol{w}_1, \ldots, \boldsymbol{w}_k$ 는 S 의 기저가 되므로 $k = r$.

B.2.3. *부분공간 S 의 두 기저 $\{\boldsymbol{g}_1, \ldots, \boldsymbol{g}_p\}$, $\left\{\boldsymbol{g}'_1, \ldots, \boldsymbol{g}'_p\right\}$ 에 대해 이들을 열벡터로 하는 두 행렬을 G, G' 이라 하면 $G' = GC$, $G = G'C^{-1}$ 을 만족하는 가역행렬 $C \in \mathbb{R}^{p \times p}$ 이 존재한다.*

증명. $\boldsymbol{g}_i$ 들이 S 의 기저이고 $\boldsymbol{g}'_j \in S$ 이므로 $\boldsymbol{g}'_j = \sum_i c_{ij}\boldsymbol{g}_i$ 즉 $G' = GC$ 를 만족하는 행렬 C 가 존재하는데 같은 이유로 $G = G'C'$ 인 행렬 C' 가 존재한다. 따라서 $G = GCC' \triangleq GB$ 이다. 이는 $\boldsymbol{g}_j = \sum_i b_{ij}\boldsymbol{g}_i$ 를 의미하는데 $\boldsymbol{g}_i$ 들의 선형독립성에 따라 $b_{ij} = \delta_{ij}$ 이므로 $CC' = I$ 이다.

B.2.4. *부분공간 S 의 기저가 $\{g_1, \ldots, g_p\}$ 일 때 $v^\top g_1 = \cdots = v^\top g_p = 0$ 이면 $v \perp S$.*

증명. $g = b_1 g_1 + \cdots + b_p g_p \in S$ 에 대해 $v^\top g = b_1 v^\top g_1 + \cdots + b_p v^\top g_p = 0$.

B.2.5. *$\mathbb{R}^n$ 의 부분공간 S 에 대해 식들 $(S^\perp)^\perp = S$, $\mathbb{R}^n = S \oplus S^\perp$, $\dim S + \dim S^\perp = n$ 이 성립한다.*

증명. 첫째 결과는 직교여 정의에 따른다. 이제 $\dim S = r$ 이라 하고 $S = \mathrm{Span}\{u_1, \ldots, u_r\}$ 인 $\mathbb{R}^n$ 의 직정기저 $\{u_1, \ldots, u_n\}$ 를 구하여 나머지 결과들을 보인다.

B.2.6. *$\mathbb{R}^p = \mathsf{RS}(G) \oplus \mathsf{NS}(G)$ 이며 $\dim \mathsf{RS}(G) + \dim \mathsf{NS}(G) = p$ 이다. 한편 $\mathbb{R}^n = \mathsf{CS}(G) \oplus \mathsf{NS}(G^\top)$ 이며 $\dim \mathsf{CS}(G) + \dim \mathsf{NS}(G^\top) = n$ 이다.*

증명. 첫째 결과는 B.2.5 와 다음에 따른다.

$$b \in \mathsf{RS}(G)^\perp \iff b \text{ 가 } G \text{ 의 행벡터들과 직교} \iff Gb = \mathbf{0}_n \iff b \in \mathsf{NS}(G)$$

둘째 결과는 같은 방법으로 증명된다.

B.2.7 (차원 정리)**.** $\dim \mathsf{CS}(G) + \dim \mathsf{NS}(G) = p$

증명. B.2.6 에 따라 $\mathbb{R}^p$ 의 직정기저 $\{w_1, \ldots, w_p\}$ 가 존재하여 $\mathsf{RS}(G) = \mathrm{Span}\{w_1, \ldots, w_r\}$, $\mathsf{NS}(G) = \mathrm{Span}\{w_{r+1}, \ldots, w_p\}$ 이다. 이제 집합 $W = \{w_1, \ldots, w_r\}$ 이 $\mathsf{CS}(G)$ 의 기저임을 보이면 된다. 식 $G\left(\sum_{j=1}^p c_j w_j\right) = \sum_{j=1}^r c_j G w_j \in \mathrm{Span}\{W\}$ 과 식 $\sum_{j=1}^r c_j G w_j = G\left(\sum_{j=1}^r c_j w_j\right) \in \mathsf{CS}(G)$ 에서 $\mathsf{CS}(G) = \mathrm{Span}\{W\}$ 임을 알 수 있다. 또한 $\sum_{j=1}^r c_j G w_j = \mathbf{0}_n$ 이라 하자. 식 $\sum_{j=1}^r c_j w_j \in \mathsf{RS}(G) \cap \mathsf{NS}(G) = \{\mathbf{0}_p\}$ 에 따라 $c = \mathbf{0}_r$ 이다. 따라서 W 는 선형독립이다.

B.2.8. *행렬 G 의 순위 $\mathsf{rank}(G)$ 는 행순위*row rank *$\dim \mathsf{RS}(G)$ 또는 열순위*column rank *$\dim \mathsf{CS}(G)$ 로 잘 정의된다*well-defined.

증명. B.2.6, B.2.7 에 따라 $\dim \mathsf{RS}(G) = p - \dim \mathsf{NS}(G) = \dim \mathsf{CS}(G)$.

B.2.9. $\mathsf{rank}(G) = \mathsf{rank}(G^\top G)$

증명. $Gb = \mathbf{0} \Rightarrow G^\top G b = \mathbf{0}$ 이며 $G^\top G b = \mathbf{0} \Rightarrow b^\top G^\top G b = \|Gb\|^2 = 0 \Rightarrow Gb = \mathbf{0}$ 이다. 이는 $\mathsf{NS}(G) = \mathsf{NS}(G^\top G)$ 를 뜻하므로 B.2.7, B.2.8 을 이용하여 원하는 결과를 얻는다.

B.2.10. $\|G\|_F = \sqrt{\mathrm{trace}(G^\top G)}$

증명. $\mathrm{trace}(G^\top G) = \sum_{j=1}^{p}(G^\top G)_{jj} = \sum_{j=1}^{p}\sum_{i=1}(G^\top)_{ji}g_{ij} = \sum_{j=1}^{p}\sum_{i=1}g_{ij}^2$

B.2.11 **(코시-슈바르츠**Cauchy-Schwarz **부등식).** $|\boldsymbol{v}^\top\boldsymbol{w}| \le \|\boldsymbol{v}\|\|\boldsymbol{w}\|$

증명. $\|\boldsymbol{w}\| = 0$ 이면 등호가 성립하므로 $\|\boldsymbol{w}\| \neq 0$ 라 한다. b 의 함수 $\|\boldsymbol{v} - b\boldsymbol{w}\|^2$ 는 $\beta = \boldsymbol{v}^\top\boldsymbol{w}/\|\boldsymbol{w}\|^2$ 일 때 최솟값 $\dfrac{\|\boldsymbol{v}\|^2\|\boldsymbol{w}\|^2 - (\boldsymbol{v}^\top\boldsymbol{w})^2}{\|\boldsymbol{w}\|^2} = \|\boldsymbol{v} - \beta\boldsymbol{w}\|^2 \ge 0$ 을 가진다.

B.2.12 **(삼각 부등식).** $\|\boldsymbol{v}+\boldsymbol{w}\| \le \|\boldsymbol{v}\| + \|\boldsymbol{w}\|$

증명. B.2.11 을 이용하면

$$\|\boldsymbol{v}+\boldsymbol{w}\|^2 = \|\boldsymbol{v}\|^2 + 2\boldsymbol{v}^\top\boldsymbol{w} + \|\boldsymbol{w}\|^2 \le \|\boldsymbol{v}\|^2 + 2\|\boldsymbol{v}\|\|\boldsymbol{w}\| + \|\boldsymbol{w}\|^2 = (\|\boldsymbol{v}\| + \|\boldsymbol{w}\|)^2$$

B.3 직교성

B.3.1. *직정기저 $W = \{\boldsymbol{u}_1, \ldots, \boldsymbol{u}_n\}$ 에 대해 $\boldsymbol{y}$ 의 정준형식을 $z_j = \boldsymbol{u}_j^\top\boldsymbol{y}$ 라 할 때 다음 조건들은 같다.*

1. *W 를 진부분집합으로 하는 직정집합은 존재하지 않는다.*
2. *모든 j 에 대해 $z_j = 0$ 이면 $\boldsymbol{y} = \boldsymbol{0}$.*
3. *$\mathbb{R}^n$ 이 W 로 생성된다.*
4. *$\boldsymbol{y} = \sum_{j=1}^{n} z_j\boldsymbol{u}_j$.*
5. *(플랑처럴*Plancherel *등식)* $\boldsymbol{y}' \in \mathbb{R}^n$ *의 정준형식을* $z'_j = \boldsymbol{u}_j^\top\boldsymbol{y}$ *라면* $\boldsymbol{y}^\top\boldsymbol{y}' = \sum_{j=1}^{n} z_j z'_j$.
6. *(파스발*Parseval *등식)* $\|\boldsymbol{y}\|^2 = \sum_{j=1}^{n} z_j^2$.

증명.

1 ⇒ 2. 모든 j 에 대해 $z_j = 0$ 이면서 $\boldsymbol{y} \neq \boldsymbol{0}$ 라면 W 에 $\boldsymbol{y}/\|\boldsymbol{y}\|$ 를 추가하여 W 보다 큰 직정집합을 얻는다.

2 ⇒ 3. W 의 생성에 속하지 않는 $\boldsymbol{y}$ 가 존재한다고 하고 $\boldsymbol{r} \triangleq \boldsymbol{y} - \sum_k z_k\boldsymbol{u}_k$ 라 한다. $\boldsymbol{y} \notin \mathrm{Span}\{W\}$ 이므로 $\boldsymbol{r} \neq \boldsymbol{0}$ 이고 다음이 성립한다.

$$\boldsymbol{u}_j^\top\boldsymbol{r} = \boldsymbol{u}_j^\top\left(\boldsymbol{y} - \sum_k z_k\boldsymbol{u}_k\right) = z_j - \sum_k z_k\boldsymbol{u}_j^\top\boldsymbol{u}_k = z_j - \sum_k z_k\delta_{jk} = z_j - z_j = 0$$

따라서 $\boldsymbol{r} \neq \mathbf{0}$ 이며 각 $\boldsymbol{u}_j$ 와 수직이므로 가정에 모순된다.

$3 \Rightarrow 4.$ $\mathbb{R}^n = \mathrm{Span}\{W\}$ 이므로 $\boldsymbol{y} = \sum_k a_k \boldsymbol{u}_k$ 로 표현되는데 $z_j = \boldsymbol{u}_j^\top \boldsymbol{y} = \sum_k a_k \boldsymbol{u}_j^\top \boldsymbol{u}_k = \sum_k a_k \delta_{jk} = a_j$.

$4 \Rightarrow 5.$ $\boldsymbol{y}^\top \boldsymbol{y}' = \left(\sum_j z_j \boldsymbol{u}_j\right)^\top \left(\sum_k z'_k \boldsymbol{u}_k\right) = \sum_{j,k} z_j z'_k \boldsymbol{u}_j^\top \boldsymbol{u}_k = \sum_{j,k} \delta_{jk} z_j z'_k = \sum_j z_j z'_j$.

$5 \Rightarrow 6.$ $\boldsymbol{y}' = \boldsymbol{y}$ 라 한다.

$6 \Rightarrow 1.$ W 를 진부분집합으로 하는 직정집합 W' 이 존재한다고 하자. $\boldsymbol{y} \in W' - W$ 는 모든 $\boldsymbol{u}_j$ 에 수직이므로 $\|\boldsymbol{y}\|^2 = \sum_{j=1}^n z_j^2 = 0$ 를 얻는데 이는 W' 의 원소들의 길이는 모두 1 이라는 사실과 모순된다.

B.3.2. *부분공간 W 에 속하는 직정벡터들 $\{\boldsymbol{u}_1, \ldots, \boldsymbol{u}_p\}$ 은 선형독립이다.*

증명. $c_1\boldsymbol{u}_1 + \cdots + c_p\boldsymbol{u}_p = \mathbf{0}$ 이라 가정하면 $0 = \boldsymbol{u}_j^\top (c_1\boldsymbol{u}_1 + \cdots + c_p\boldsymbol{u}_p) = c_j, 1 \le j \le p$

B.4 스펙트럴분해

이 절에서 행렬 A 는 대칭이라 가정한다.

B.4.1 (스펙트럴 정리). *A 는 실수 고윳값들과 실수 직정 고유벡터들을 가진다. 한편 행렬 A 의 스펙트럴분해*[spectral decomposition] 는

$$A = V\Lambda V^\top$$

를 말하는데 $\Lambda = \mathrm{diag}(\lambda_1, \ldots, \lambda_p)$, $\lambda_1 \ge \cdots \ge \lambda_p$ 이고 $V = \begin{bmatrix} \boldsymbol{v}_1 & \ldots & \boldsymbol{v}_p \end{bmatrix}$ 는 직교행렬이다.

증명. Golub and Loan [1989] 의 정리 8.1.1 증명에 따른다.

B.4.2. *A 가 양의 정부호일 필요충분조건은 A 의 고윳값들이 양수라는 조건이다. 한편, A 가 양의 준정부호일 필요충분조건은 A 의 고윳값들이 음이 아니라는 조건이다.*

증명. A 가 양의 정부호인 경우에 대해 증명하면 충분하다. ($\Rightarrow$) $A\boldsymbol{x} = \lambda\boldsymbol{x}$ 이며 $\boldsymbol{x} \neq \mathbf{0}$ 라 하자. 양의 정부호 가정에 따라 $0 < \boldsymbol{x}^\top A\boldsymbol{x} = \boldsymbol{x}^\top(\lambda\boldsymbol{x}) = \lambda\|\boldsymbol{x}\|^2$ 인데 $\|\boldsymbol{x}\|^2 > 0$ 이므로 $\lambda > 0$ 이다. ($\Leftarrow$) 벡터 $\boldsymbol{x} \neq \mathbf{0}$ 에 대해

$\boldsymbol{a} = V^\top \boldsymbol{x}$ 라면 $\boldsymbol{x} = V\boldsymbol{a}$ 이고 $\boldsymbol{a} \neq \boldsymbol{0}$ 이므로 다음이 성립한다.

$$\boldsymbol{x}^\top A\boldsymbol{x} = (V\boldsymbol{a})^\top (V\Lambda V^\top)(V\boldsymbol{a}) = \boldsymbol{a}^\top \Lambda \boldsymbol{a} = \sum_j \lambda_j a_j^2 \geq (\min_i \lambda_i) \sum_j a_j^2 > 0$$

B.4.3. *A 가 양의 정부호이면 가역이다.*

증명. B.4.2 에 따라 $\lambda_j > 0$ 이므로 $\Lambda^{-1} = \mathsf{diag}(\lambda_1^{-1}, \ldots, \lambda_p^{-1})$ 이고 $A^{-1} = V\Lambda^{-1}V^\top$.

B.4.4. *순위 rank(A) 와 0이 아닌 고윳값 개수는 같다.*

증명. $\boldsymbol{y} = V^\top \boldsymbol{x} \iff \boldsymbol{x} = V\boldsymbol{y}$ 이며 $A\boldsymbol{x} = V\Lambda V^\top \boldsymbol{x} = V\Lambda \boldsymbol{y}$ 이므로 $\mathsf{CS}(A) = \mathsf{CS}(V\Lambda)$ 이다. 이제 0이 아닌 고윳값 개수를 r 이라 하면 $\mathsf{CS}(V\Lambda) = \mathsf{Span}\{\lambda_1\boldsymbol{v}_1, \ldots, \lambda_r\boldsymbol{v}_r\}$ 이다. 직정성에 따라 집합 $\{\lambda_1\boldsymbol{v}_1, \ldots, \lambda_r\boldsymbol{v}_r\}$ 의 선형독립성을 얻는다.

B.4.5 (첫째 레일리[Rayeigh] 분수). $\max_{\|\boldsymbol{x}\|=1} \boldsymbol{x}^\top A\boldsymbol{x} = \boldsymbol{v}_1^\top A\boldsymbol{v}_1 = \lambda_1$

증명. $\boldsymbol{y} = V^\top \boldsymbol{x}$ 라면 $\boldsymbol{x}^\top A\boldsymbol{x} = \boldsymbol{y}^\top \Lambda \boldsymbol{y} = \sum_{j=1}^p \lambda_j y_j^2 \geq \lambda_1$ 이며 등호는 $\boldsymbol{x} = \boldsymbol{v}_1$ 일 때 성립한다.

B.4.6 (k 번째 레일리 분수). *직교 행렬을 $V = \begin{bmatrix} V_0 & V_1 \end{bmatrix}$, $V_0 = \begin{bmatrix} \boldsymbol{v}_1 & \ldots & \boldsymbol{v}_k \end{bmatrix} \in \mathbb{R}^{p\times k}$ 로 분할하면 다음이 성립한다.*

$$\lambda_{k+1} = \max_{\substack{\boldsymbol{x}\perp \mathsf{CS}(V_0) \\ \|\boldsymbol{x}\|=1}} \boldsymbol{x}^\top A\boldsymbol{x} = \boldsymbol{v}_{k+1}^\top A\boldsymbol{v}_{k+1}$$

증명. $AV_0 = V_0\Lambda_0$ 를 이용하여 $V_0^\top AV_0 = V_0^\top V_0\Lambda_0 = \Lambda_0$, $V_1^\top AV_0 = V_1^\top V_0\Lambda_0 = \boldsymbol{0}$ 이고 A 의 대칭성을 추가하면

$$V_0^\top AV_1 = (A^\top V_0)^\top V_1 = (AV_0)^\top V_1 = (V_0\Lambda_0)^\top V_1 = \Lambda_0 V_0^\top V_1 = \boldsymbol{0}$$

이므로 분할행렬 연산을 이용하여 다음을 얻는다.

$$V^\top AV = \begin{bmatrix} \Lambda_0 & \boldsymbol{0} \\ \boldsymbol{0} & V_1^\top AV_1 \end{bmatrix} \triangleq \begin{bmatrix} \Lambda_0 & \boldsymbol{0} \\ \boldsymbol{0} & \Lambda_1 \end{bmatrix}, \quad A = V_0\Lambda_0V_0^\top + V_1\Lambda_1V_1^\top$$

한편 $\boldsymbol{z} = V^\top \boldsymbol{x}$, $\boldsymbol{x} = V\boldsymbol{z}$ 에 대해 $\boldsymbol{x} \perp \mathsf{CS}(V_0)$, $\|\boldsymbol{x}\| = 1 \iff \boldsymbol{z} =$

$\begin{bmatrix} V_0^\top x & V_1^\top x \end{bmatrix} \equiv \begin{bmatrix} 0 & y \end{bmatrix}$, $y \in \mathbb{R}^{p-k+1}$, $\|y\| = 1$ 이므로

$$\max_{\substack{x \perp \mathsf{CS}(V_0) \\ \|x\|=1}} x^\top V_1 \Lambda_1 V_1^\top x = \max_{\substack{y \in \mathbb{R}^{p-k} \\ \|y\|=1}} y^\top V_1 \Lambda_1 V_1^\top y = \max_{\substack{y \in \mathbb{R}^{p-k} \\ \|y\|=1}} \sum_{j=k+1}^{p} \lambda_j y_j^2 \le \lambda_{k+1}$$

이 성립하는데 등호는 $y = (1, 0, \ldots, 0)$, $x = v_{k+1}$ 일 때 성립한다.

B.5 특잇값분해

이 절에서는 $n \ge p$ 라고 가정하지 않는다.

B.5.1 (특잇값분해). *행렬 G 의 특잇값분해*[singular value decomposition, SVD]

$$G = \tilde{U}\tilde{D}\tilde{V}^\top$$

이 성립한다. 단, $m = \min(n, p)$, $r = \mathsf{rank}(G) \le m$ 에 대해 $\tilde{D} = \mathsf{diag}(d_1, \ldots, d_m) \in \mathbb{R}^{n \times p}$, $d_1 \ge \cdots \ge d_r > d_{r+1} = \cdots = d_m = 0$ 이며 $\tilde{U} = \begin{bmatrix} u_1 & \ldots & u_n \end{bmatrix} \in \mathbb{R}^{n \times n}$, $\tilde{V} = \begin{bmatrix} v_1 & \ldots & v_p \end{bmatrix} \in \mathbb{R}^{p \times p}$ 들은 직교행렬들이다.

증명. $G^\top G$ 는 대칭이며 $b^\top G^\top G b = \|Gb\|^2 \ge 0$, $b \in \mathbb{R}^p$ 이다. B.2.9, B.4.1, B.4.2 에 따라 $G^\top G$ 의 고윳값들 $\tilde{\lambda}_1 \ge \cdots \ge \tilde{\lambda}_r > 0 = \tilde{\lambda}_{r+1} = \cdots = \tilde{\lambda}_p$ 과 직정 고유벡터들 $v_1, \ldots, v_p$ 을 구한다. $1 \le j \le r$ 에 대해 $d_j = \sqrt{\tilde{\lambda}_j}$, $u_j = Gv_j/d_j$ 라 하고 $D = \mathsf{diag}(d_1, \ldots, d_r) \in \mathbb{R}^{r \times r}$, $U = \begin{bmatrix} u_1 & \ldots & u_r \end{bmatrix}$, $V = \begin{bmatrix} v_1 & \ldots & v_r \end{bmatrix}$ 라 하면 특잇값분해의 한 형태

$$G = UDV^\top = \sum_{j=1}^{r} d_j u_j v_j^\top \tag{B.1}$$

가 성립한다. $U = GVD^{-1}$ 이므로 $U^\top U = D^{-1}V^\top G^\top GVD^{-1} = D^{-1}D^2D^{-1} = I$ 이다. $d_{r+1} = \cdots = d_m = 0$ 라 하고 $u_1, \ldots, u_r$ 들을 포함한 직정벡터들 $u_1, \ldots, u_n$ 을 구한 다음 $\tilde{D}$, $\tilde{U}$, $\tilde{V}$ 를 위와 같이 정의하면 원하는 결과가 성립한다.

B.5.2. *$Gv_j = d_j u_j$, $G^\top u_j = d_j v_j$, $1 \le j \le r$.*

증명. 처음 등식은 u_j 의 정의에 따르며 $G^\top u_j = G^\top G v_j / d_j = \tilde{\lambda}_j v_j / d_j = d_j$.

B.5.3. *B.5.1 에 따라 G 의 SVD 를 구했을 때 $d_1 \geq \cdots \geq d_r > 0 = d_{r+1} = \cdots = d_p$ 일 때 D, U, V 를 (B.1) 로 정의하면 다음이 성립한다.*

$$\mathsf{CS}(G) = \mathsf{Span}\{\boldsymbol{u}_1, \ldots, \boldsymbol{u}_r\}, \quad \mathsf{NS}(G) = \mathsf{Span}\{\boldsymbol{v}_{r+1}, \ldots, \boldsymbol{v}_p\},$$
$$\mathsf{rank}(G) = \dim \mathsf{CS}(G) = \dim \mathsf{RS}(G) = r,$$
$$UU^\top = \Pi_G[\,\cdot\,], \quad VV^\top = \Pi_{G^\top}[\,\cdot\,]$$

증명. 첫째 $W = \mathsf{Span}\{\boldsymbol{u}_1, \ldots, \boldsymbol{u}_r\}$ 라 하자. 벡터 $\boldsymbol{b} \in \mathbb{R}^p$ 에 대해 $G\boldsymbol{b} = \sum_{j=1}^r \left(d_j \boldsymbol{v}_j^\top \boldsymbol{b}\right)\boldsymbol{u}_j \in W$ 이며 벡터 $\boldsymbol{g} = \sum_{j=1}^r b_j \boldsymbol{u}_j \in W$ 에 대해 $\boldsymbol{g} = G\left(\sum_{j=1}^r (b_j/d_j)\boldsymbol{v}_j\right)$ 이므로 $\mathsf{CS}(G) = W$ 이다. 둘째 $W = \mathsf{Span}\{\boldsymbol{v}_{r+1}, \ldots, \boldsymbol{v}_p\}$ 라 하자. 벡터 $\boldsymbol{b} \in W \subset \mathbb{R}^p$ 에 대해 $\boldsymbol{b} = \sum_{j=1}^p c_j \boldsymbol{v}_j$ 인데 $\boldsymbol{0} = G\boldsymbol{b} = \sum_{j=1}^r c_j d_j \boldsymbol{u}_j$ 에서 $c_1 = \cdots = c_r = 0$ 을 얻는다. 한편 $\boldsymbol{b} = \sum_{j=r+1}^p c_j \boldsymbol{v}_j \in W$ 이면 $G\boldsymbol{b} = \boldsymbol{0}$ 이다. 따라서 $\mathsf{NS}(G) = W$ 이다. 셋째 결과는 $G^\top = \sum_{j=1}^r d_j \boldsymbol{v}_j \boldsymbol{u}_k^\top$ 이므로 첫째 결과에 따른다. 넷째, 다섯째 결과들은 정리 2.5 에 따른다.

B.5.4. *만약 $k < p$ 에 대해 $V_0 = \begin{bmatrix}\boldsymbol{v}_1 & \ldots & \boldsymbol{v}_k\end{bmatrix} \in \mathbb{R}^{p\times k}$ 라 하면 다음이 성립한다.*

$$\max_{\substack{\boldsymbol{x}\perp \mathsf{CS}(V_0)\\ \|\boldsymbol{x}\|=1}} \|G\boldsymbol{x}\| = d_{k+1}$$

증명. $A = G^\top G$ 라면 A 는 대칭이며 $\|G\boldsymbol{x}\|^2 = \boldsymbol{x}^\top A\boldsymbol{x}$ 이므로 원하는 결과는 B.4.6 에 따른다.

B.5.5 (Courant, Fischer 의 특잇값 특성화characterization).

$$d_k = \max_{\substack{W\subset\mathbb{R}^p\\ \dim V=k}} \min_{\substack{\boldsymbol{b}\in W\\ \|\boldsymbol{b}\|=1}} \|G\boldsymbol{b}\|, \quad d_{k+1} = \min_{\substack{W\subset\mathbb{R}^p\\ \dim W=p-k}} \max_{\substack{\boldsymbol{b}\in W\\ \|\boldsymbol{b}\|=1}} \|G\boldsymbol{b}\|$$

증명. k 차원 부분공간 W 과 $\mathsf{Span}\{\boldsymbol{v}_k, \ldots, \boldsymbol{v}_p\}$ 의 교집합에는 단위벡터 $\boldsymbol{b} = \sum_{j=k}^p b_j \boldsymbol{v}_j$, $\sum_{j=k}^p b_j^2 = 1$ 가 존재한다. $\|G\boldsymbol{b}\|^2 = \|\sum_{j=k}^p b_j d_j \boldsymbol{u}_j\|^2 = \sum_{j=k}^p b_j^2 d_j^2 \leq d_k^2$ 이므로 $\min_{\boldsymbol{b}\in W, \|\boldsymbol{b}\|=1} \|G\boldsymbol{b}\| \leq d_k^2$ 인데 등호는 $W = \mathsf{Span}\{\boldsymbol{v}_1, \ldots, \boldsymbol{v}_k\}$ 일 때 성립한다. 둘째 식은 $\mathsf{Span}\{\boldsymbol{v}_1, \ldots, \boldsymbol{v}_{k+1}\}$ 을 이용하여 증명한다.

B.5.6. *만약 $k < r = \mathsf{rank}(G)$ 에 대해 $G_k = \sum_{j=1}^k d_j \boldsymbol{u}_j \boldsymbol{v}_j^\top$ 이라 하면 다음이 성립한다.*

$$\min_{\mathsf{rank}(H)\leq k} \|G - H\|_2 = \|G - G_k\|_2 = d_{k+1}$$

증명. $\text{rank}(G_k) = k$ 이고 $U^\top GV = \text{diag}(d_1, \ldots, d_r, 0, \ldots, 0)$ 이므로 다음이 성립한다.

$$U^\top (G - G_k)V = \text{diag}(0, \ldots, 0, d_{k+1}, \ldots, d_p), \quad \|G - G_k\|_2 = d_{k+1}$$

이제 $\text{rank}(H) \le k$ 라 하자. $W = \text{NS}(H)$ 라면 가정과 B.2.7 에 따라 $\dim W \ge p - k$ 이다. B.5.5 에 따라 $\boldsymbol{b} \in W$, $\|G\boldsymbol{b}\| \ge d_{k+1}$, $H\boldsymbol{b} = \boldsymbol{0}$ 인 단위벡터 $\boldsymbol{b}$ 가 존재하므로 $\|(G - H)\boldsymbol{b}\| = \|G\boldsymbol{b}\| \ge d_{k+1}$ 이다.

B.6 선형식과 이차형식 편미분

편미분 연산자는 $\nabla f(\boldsymbol{x}) = (\partial f(\boldsymbol{x})/\partial x_1, \ldots, \partial f(\boldsymbol{x})/\partial x_p)$ 으로 나타내며 행렬 A 은 대칭이라 가정하고 다음에 주목한다.

$$\frac{\partial x_i}{\partial x_j} = \delta_{ij}, \quad 1 \le i, j \le p$$

B.6.1. *상수벡터 $\boldsymbol{c}$ 에 대해* $\nabla\left(\boldsymbol{c}^\top \boldsymbol{x}\right) = \nabla\left(\boldsymbol{x}^\top \boldsymbol{c}\right) = \boldsymbol{c}$.

증명. 상수곱 미분법을 이용하여 $j = 1, \ldots, p$ 에 대해 다음을 얻는다.

$$\frac{\partial(\boldsymbol{c}^\top \boldsymbol{x})}{\partial x_j} = \frac{\partial}{\partial x_j}\sum_{i=1}^{p} c_i x_i = \sum_{i=1}^{p} c_i \frac{\partial x_i}{\partial x_j} = \sum_{i=1}^{p} c_i \delta_{ij} = c_j \times 1 + \sum_{i \ne j} c_i \times 0 = c_j$$

B.6.2. $\nabla\left(\boldsymbol{x}^\top A\boldsymbol{x}\right) = 2A\boldsymbol{x}$

증명. 곱의 미분법을 이용하여 $k = 1, \ldots, p$ 에 대해 다음을 얻는다.

$$\begin{aligned}
\frac{\partial(\boldsymbol{x}^\top A\boldsymbol{x})}{\partial x_k} &= \frac{\partial}{\partial x_k}\sum_{i,j} a_{ij} x_i x_j = \sum_{i,j} a_{ij}\left(\frac{\partial x_i}{\partial x_k} x_j + x_i \frac{\partial x_j}{\partial x_k}\right) = \sum_{i,j} a_{ij}\left(\delta_{ik} x_j + x_i \delta_{jk}\right) \\
&= \sum_j \left(\sum_i a_{ij}\delta_{ik}\right) x_j + \sum_i \left(\sum_j a_{ij}\delta_{jk}\right) x_i = \sum_j a_{kj} x_j + \sum_i a_{ik} x_i = 2\sum_j a_{kj} x_j \\
&= 2(A\boldsymbol{x})_k
\end{aligned}$$

B.6.3. $\nabla^2\left(\boldsymbol{x}^\top A\boldsymbol{x}\right) = 2A$

증명. B.6.1, B.6.2 를 종합하면 $1 \le k, l \le p$ 에 대해 다음이 성립한다.

$$\frac{\partial^2(\boldsymbol{x}^\top A\boldsymbol{x})}{\partial x_k \partial x_l} = \frac{\partial}{\partial x_l}\frac{\partial(\boldsymbol{x}^\top A\boldsymbol{x})}{\partial x_k} = \frac{\partial}{\partial x_l} 2\sum_j a_{kj} x_j = 2\sum_j a_{kj}\delta_{jl} = 2\, a_{kl}$$

참고 문헌

P. J. Bickel and K. A. Doksum. *Mathematical Statistcs. Basic Ideas and Selected Topics.*, volume I, II. Wiley, second edition, 2015.

S. Boyd and L. Vandenberghe. *Convex Optimization.* Cambridge University Press, New York, seventh printing edition, 2009.

S. Chatterjee and A. S. Hadi. *Regression Analysis by Example.* Wiley, fourth edition, 2006.

C. de Boor. *A Practical Guide to Splines.* Springer-Verlag, New York, 1978.

F. Galton. Regression towards mediocrity in hereditary stature. *Journal of the Anthropological Institute of Great Britain and Ireland*, 15(246-263), 1886.

G. H. Golub and C. F. Van Loan. *Matrix Computation.* The Johns Hopkins University Press, second edition, 1989.

P. R. Halmos. *Finite-Dimensional Vector Spaces.* Springer-Verlag, New York, 1958.

T. Hastie, R. Tibshirani, and J. Friedman. *The Elements of Statistical Learning.* Springer-Verlag, New York, second edition, 2008.

P. T. Kim and J. Y. Koo. *Matrix Algebra.* Freedom Academy, 2010.

K. Pearson and A. Lee. On the laws of inheritance in man: I. inheritance of physical characters. *Biometrika*, 2:357–462, 1903.

W. Rudin. *Principles of Mathematical Analysis*. McGraw-Hill, Tokyo, third edition, 1976.

G. A. F. Seber and A. J. Lee. *Linear Regression Analysis*. Wiley, second edition, 2003.

Bernhard W Silverman. Some aspects of the spline smoothing approach to non-parametric regression curve fitting. *Journal of the Royal Statistical Society: Series B (Methodological)*, 47(1):1–21, 1985.

C. J. Stone. *A Course in Probability and Statistics*. Duxbury Press, 1996.

C. J. Stone and C. -Y. Koo. Additive splines in statistics. In *Proceedings of the Statistical Computing Section*, pages 45–48, Washington, D.C., 1986a. American Statistical Association.

C. J. Stone and C. -Y. Koo. Logspline density estimation. In *Function Estimates*, pages 1–15, Humbold, CA, 1986b. American Mathematical Society.

R. Tibshirani. Regression selection and shrinkage via the lasso. *J. Royal Statist. Soc. Ser. B*, 58:267–88, 1996.

J. W. Tukey. Curves as parameters and touch estimation. In *Proceedings of 4th Berkeley Symposium Mathematical Statististic and Probability*, pages 681–694, Berkelely, CA, 1961. University of California Press.

H. Zou, T. Hastie, and R. Tibshirani. On the "degrees of freedom" of the lasso. *The Annals of Statistics*, 35(5):2173–2192, 2007.

찾아보기

저자 소개

구자용
고려대학교 통계학과 교수

박관영
성신여자대학교 수리통계데이터사이언스학부 조교수

신재경
고려대학교 통계학과 박사과정

정재환
충북대학교 정보통계학과 조교수

선형방법론

저　　자　구자용 · 박관영 · 신재경 · 정재환
발 행 인　김지영
발 행 처　자유아카데미
주　　소　경기도 파주시 회동길 37-42 파주출판도시
전　　화　031-955-1321
팩　　스　031-955-1322
홈페이지　www.freeaca.com
전자우편　main@freeaca.com (대표)
editor@freeaca.com (편집)
crm@freeaca.com (영업)
등　　록　제406-2003-017호, 1980. 7. 12
제1판1쇄　2022년 8월 25일 발행

저자와의 협의하에 인지생략

ISBN 979-11-5808-376-2　93310